糸とファッション

糸を紡ぎ、布を織る道具・機械の発展とファッションの変遷

日下部 信幸

東京図書出版

はじめに
― 出版に当たって ―

　太古の時代から人はなぜ衣服を身に着けるようになったかということについては、様々な説があります。寒さ・暑さや外敵から身を守るためという生理的・肉体的な説や、装飾を通して自己顕示するという精神的な説、裸体を隠すためという羞恥的・社会的な説などがあり、これらが複雑に絡み合って衣服が誕生したと考えられています。

　特に、文明が発達してくると、王や高官、貴族などの支配者たちは、自己顕示のために優雅で美しい布を多く使った衣服を身に着け、ボリューム感とドレープ感を生かした身分ファッションや貴族ファッションが誕生しました。

　ファッションは社会現象の一つで、人間の行動から生まれるものです。その意味で、人類が歩んできた大昔からの生活や文化・芸術・科学など様々な分野でファッションが生まれてきました。今日コスチュームという言葉で語られているものは当時の衣服ファッションで、生活文化の歴史そのものです。

　古代の衣服ファッションは出土した遺物、壁画、彫刻などに刻まれた着衣像などによって、中世や近世のファッションはモザイク画、フレスコ画、絵画（主に肖像画）や、羊皮紙や紙に描かれた挿絵のある書物などによって、近代からはより現実的に写真や図版、実物等によって知ることができます。それらを見ると、古代から現代まで、美しい布をできるだけ多く使って、ボリューム感とともに優雅なドレープ感を表現してきたようでした。優雅なドレープ感は糸で作った布で表現できました。このため、糸を紡ぎ、布を織る技術の発展が、様々なドレープ感のあるファッションを権力者や貴族から庶民へと広めてきました。そこで、糸と布を作る技術の発展とともに、ボリューム感とドレープ感によるファッションが、どのように変遷してきたかについて注目しました。

　大昔からファッションに用いてきた衣服は、どのようなものを使って、どのようにして作ってきたのでしょうか。繊維から糸を紡ぐことを知らなかった時代の衣服は、動物の毛皮や皮革、樹皮布でした。衣服を自己顕示や身分制度に

利用するようになった時代は、綿、麻、毛、絹などの自然界の繊維を発見し、育て、糸を紡ぎ、布を作る方法を考案してきました。当時の人々は、ドレープ感を表現するには糸で作った布がよいことに気付きました。特に、古代ギリシャ・ローマ時代の石像や銅像などに表現されている衣服は、多くの布を使って美しいドレープを表現しています。古代インドや中国、日本などの仏像、石窟寺院の壁画、摩崖仏などにも同じように衣服の美しいドレープが表現されています。

　ドレープとは布の垂れ下がりの状態ですが、糸で作った布を体に巻きつけることで、カーテンや緞帳のような立体的な曲線やひだのある美しさを生み出します。このドレープは古代からファッションにとって最も重要なことでした。

　今日では、糸は機械で簡単に大量に造られていますが、紀元前3000年以上前から産業革命までの5000年以上もの長い間は、紡錘車や糸車を使って一人で1本または2本の糸しかできませんでした。このため、産業革命以前は糸や布はとても貴重なものでした。貴重な糸や布だからこそ、身分ファッションや宗教服ファッション、貴族ファッションが生まれ、王や高官、宗教家、貴族たちは多くの布を使ってボリューム感とドレープ感のあるファッションで威厳を示してきました。その後、機械化により糸や布が大量にできるようになった産業革命期に富豪族ファッションが生まれ、糸や布がさらに豊富となった産業革命以後は庶民もファッションを楽しむことができるようになりました。

　5000年のファッションの歴史の中で、イギリスで興った産業革命は最も大きな影響を及ぼしました。特に産業革命前後から"コットンは世界を動かしている"といわれたほど重要なものでした。"コットン"を使った紡績工業で産業革命を確立させ、綿糸・綿布を世界に広め、その素晴らしさをファッション界に知らせました。

　イギリスの歴史学者で国際政治学者の元外交官カー（Edward H. Carr）が著書『歴史とは何か（*What is History?*）』（清水幾太郎訳、岩波新書、1961年）の中で、"歴史とは現代と過去の対話である"、"現在に生きる私たちは過去を主体的にとらえることなしに未来への展望を立てることはできない"と主張しているように、"歴史を調べないと現代は語れないし、過去を忘れると未来はない"といえます。また、"イギリスの歴史を学べば大まかに世界の歴史が分か

る”といわれています。日本よりも国土の狭いイギリスが中世に議会制度を導入し、近世からは世界の大国となり、二院制による議会運営、帝国社会、植民地化推進、産業革命、資本主義社会などを世界に先駆けて実行し、多くの国がそれらを見習ってきたからでしょう。

イギリスは綿が育たない国でありながら、世界に先駆けて綿の良さを知り、綿に注目して産業革命を興し、綿で国を繁栄させ、"cotton is king" という名言を生みました。そのイギリスは、社会的に綿製品をどのようにして知り入手し、ファッションに生かしたのか、産業革命の発端がなぜ綿紡績工業であったのか、必要な大量の綿花をどのようにして確保したのか、ヨーロッパ諸国間、特にイギリスとスペインやオランダ、フランスなどとの戦争は何が原因であったのか、東インド会社、三角貿易、奴隷制度、植民地化は何故生まれたのか、王朝制度がなぜ維持できたのか。「糸とファッション」の関係を調べる上では、これらの疑問に答える必要があり、そのためにはイギリスの歴史を知る必要がありました。

本書の章立ては歴史学上の古代、中世、近世、近代、現代に分けず、糸を紡ぐ道具・機械の歴史的な発展とファッションの関わりに注目して構成しました。

第1章は紡錘車が使われた文明発祥時代からギリシャ・ローマ時代を経て9世紀ころまで、糸・布が最も重要で、それを使った身分ファッションの時代です。

第2章は糸車が出現した10世紀ころから15世紀ころまで、羊毛の糸が普及して色彩豊かで重厚な宗教服ファッションが生まれた時代です。

第3章はフライヤー式糸車が出現した16世紀から18世紀半ばまで、繊細な羊毛糸や亜麻糸を紡ぐことができるようになり、高級毛織物とリネンレースのラフやフリルで飾った貴族ファッションが生まれた時代です。

第4章は綿を紡ぐ三大紡機の発明によって産業革命が始まった18世紀後半から産業革命終結の19世紀半ばまでの約1世紀、綿紡織機械によって綿糸・綿布が大量生産され、それを使った富豪族ファッションが生まれた時代です。

第5章は洋式紡績が確立して綿紡績機械が大型化された産業革命後の19世紀半ばから20世紀半ばまでの約1世紀、綿紡績のほかに亜麻、苧麻、毛や絹

の紡績方法がそれぞれ確立し、綿や麻の漂白法や染色技術、毛織物の整理加工技術などが向上し、それに化学繊維レーヨン、化学染料、ミシンの三大発明が加わり、糸や布が豊富で、デザイナーが活躍し、庶民もファッションを楽しむことができるようになったデザイナーズファッションの時代です。

第6章は革新紡織機が生まれた戦後から今日まで、自動紡績システムが誕生し、革新的な紡織機による糸・布の大量生産と、次々と新しい素材やファッションが生まれた若者ファッションの時代です。

なお、年代で紀元前は前と略し、紀元後は西暦年数で示しました。繊維の生産、糸紡ぎと布造りの道具・機械の発展やファッションの変遷と直接関係がある内容は本文に述べ、"こぼれ話"的な内容は「コラム」で紹介しました。

1992年文部省（当時）短期在外研究員として、今まで写真や図版でしか見たことがなかった産業革命を担った三大紡機や力織機などの紡織機械、イギリスの世界最初の水力式綿紡績工場（クロムフォードミル）とアメリカ最初の水力式綿紡績工場（スレイターミル）、イギリスの産業革命発祥の地マンチェスターとその周辺、及びアメリカの産業革命発祥の地ロードアイランド州とその周辺、南部の綿作地帯などの調査を行いました。その後、機会を見てイギリスのテキスタイル博物館や歴史ある紡織工場、コスチューム博物館等を訪問しました。これらの博物館等の展示を見学して、産業革命は何をもたらし、社会にどのような影響を与え、ファッションがどのように変化したのかなどに興味を持ちました。そして産業革命がもたらした最も大きな変化は、貴族や富豪族のファッションを庶民も楽しむことができるようになったことではないかと思いました。

産業革命の糸造りがファッションに大きく関わり、16～18世紀のシルクファッションに対して、産業革命後にコットンファッションが世界に浸透しました。コットンでこれだけのファッションを生み出した背景は何かを知ることでした。ファッションの歴史については全くの素人なので、先輩諸氏の服装史の著書を参考にしました。また、Victoria & Albert Museum（V&A）や Bath の Fashion Museum（旧 Costume Museum）などの展示ファッションの解説は役立ちました。

本書は、短期在外研究の成果をまとめた月刊誌『技術教室』（編集：産業教

育研究連盟、出版：農山漁村文化協会、2011年12月号 No. 713で休刊）の No. 494（1993年9月号）から No. 533（1996年12月号）の40回にわたり連載した「紡績機械の発展史」と、既刊『写真で紹介・イギリスのテキスタイル・コスチューム博物館のすべて』（家政教育社刊、2002年）、発刊後に調査した「イギリスのテキスタイル・コスチューム博物館のその後（1〜7）」（月刊『家庭科教育』78巻4〜9、12号〈2004年〉家政教育社、2005年79巻3号で休刊）を基にして、糸・布造りとファッションの関係を歴史的にまとめたものです。

　本書の出版に当たり、ご尽力下さいました東京図書出版の皆様に心より感謝致します。

　2019年3月

日下部信幸

目　次

はじめに ― 出版に当たって ― i

プロローグ ― 糸で造った布の秘密とファッションの誕生 ― 21

第1章　紡錘車の時代と身分ファッション
― 亜麻、毛、綿、絹の始まりと交流 ― 25

1-1　紡錘車の時代（古代～9世紀）の世界とファッション
― 四大文明の発祥地と東ローマ帝国 ― 25

　　コラム1-1　古代ローマ帝国とブリタニア 28

1-1-1　古代ファッションの誕生 ― いろいろな衣服形態 ― 28

　　コラム1-2　旧石器時代クロマニヨン人の三大発明による衣服 29

1-1-2　古代エジプトの身分ファッション ― 亜麻布のプリーツ ― 29

　　コラム1-3　古代から栽培されているエジプトの亜麻と亜麻仁油 32

1-1-3　メソポタミアの身分ファッション
― フェルトでボリューム感を表したシュメール人と、毛織物
でドレープ感を出したカルデア人 ― 32

　　コラム1-4　現代にも引き継がれている動物の飼育と絨毯、そして
　　　　　　　綿栽培 34

1-1-4　古代インドの身分ファッション
― 綿のドレープ感を生かした釈迦牟尼の衣装 ― 34

　　コラム1-5　現代にも引き継がれているインドとパキスタンの
　　　　　　　綿栽培 35

1-1-5　古代中国の身分ファッション ― 絹と麻のファッション ― 35

　　コラム1-6　現代の中国はファッション素材の最大生産国 36

1-1-6　古代日本の身分ファッション
― 麻の生成り布から絹の染色布へ ― 36

　　コラム1-7　紙の発明と和紙、紙衣、紙布 38

　　コラム1-8　日本のファッション素材の生産の変遷 38

1-1-7 古代ギリシャ時代の毛織物でドレープ感とボリューム感を
表現したファッション ― チュニック・キトン・ヒメーショ
ン・ペプロス・パリアム・クラミス ― 38

1-1-8 古代ローマ時代のドレープ感を追求した身分ファッション
― トガ、ストラの出現と、宗教服ダルマチカとビザンチン
ドレス ― 40

コラム1-9 トガの布はなぜ楕円形や半円形にして使ったので
しょう 43

コラム1-10 シルクロードとヨーロッパの養蚕、そしてマルベリー
ジャム 43

1-2 糸を紡ぐ最初の道具・紡錘車 43

1-2-1 紡錘車の種類 43

1-2-2 紡錘車とディスタッフの使い方 45

1-2-3 糸を紡ぐスピンドル、スピンスターとディスタッフ 46

コラム1-11 常用漢字から外された錘の字 46

コラム1-12 ディスタッフに関わる３つの話 47

1-2-4 亜麻の靭皮繊維を糸にする方法と漂白方法 47

コラム1-13 糸を作る方法 ― 紡ぐ、績む、紬ぐ、繰る ― 48

コラム1-14 紡錘車による糸紡ぎとトガに使われた糸の長さ 48

コラム1-15 紡錘車から生まれた独楽、ベンハム独楽（Benham's
top）、ニュートン色付き独楽（Newton's colored
top） 49

1-3 古代の織り機とカード織り、手編み 49

1-4 第１章のまとめ 52

第2章 糸車の時代と宗教服ファッション ―彩色毛織物― 53

2-1 糸車の時代（10〜15世紀）の世界とファッション ― キリ
スト教とイスラム教の対立と、大航海時代の幕開け ― 53

コラム2-1 十字軍とIS 54

2-1-1　イギリスのノルマン王朝の始まりと、二院制と議会制度の
誕生 55

コラム2-2　ノルマンディ公（ウイリアム1世）と兵士のファッ
ション 56

2-1-2　英仏によるファッション素材を作る毛織物産地争奪と百年
戦争、そしてイギリスのギルド制による毛織物増産計画 56

2-1-3　キリスト教の普及、彩色毛織物の宗教服とルネサンスファッ
ション 59

コラム2-3　リネン室とリネンサプライの由来 61

コラム2-4　染色技術が進んだヨーロッパと東洋 61

2-1-4　ファッションを紹介したパピルスから羊皮紙、印刷できる
紙へ 62

2-1-5　わが国の十二単ファッションと武家衣装 62

2-2　糸車の出現 ― 紡錘車より生産性の良い道具 ― 63

2-3　亜麻と羊毛を紡ぐボビンとフライヤーを備えた手回し糸車
の出現 64

2-4　綿と亜麻または羊毛の交織織物"ファスチアン" 65

コラム2-5　今日のファスチアン 65

コラム2-6　亜麻と毛の漂白方法 66

2-5　糸車の時代の水平手織り機 66

2-6　第2章のまとめ 68

第3章　フライヤー式糸車の時代と貴族ファッション
― 三大発明による高級毛織物とリネンファッションの誕生 ― 69

3-1　フライヤー式糸車の時代（16〜18世紀半ば）の世界とファッ
ション ― 大航海時代と奴隷貿易の始まり、ルネサンス・
バロック・ロココの芸術と三大発明によるファッ
ション ― 69

3-1-1 奴隷貿易の始まりとアシエント権導入、砂糖きびと綿花の栽培 70

3-1-2 イギリス王朝の繁栄 71

3-1-3 エンクロージャー（囲い込み）政策と羊毛増産、フライヤー式糸車による高級毛織物、マニュファクチャーによる毛織物の生産 72

コラム3-1 "羊が農民を食う"とハーフ・ティンバー 73

3-1-4 イギリスの綿花の入手方法 73

　(1) 大航海時代とアシエント権による奴隷貿易と砂糖きびや綿花の栽培 74

　(2) クロムウェルによる航海法と綿等の独占貿易 74

　(3) 探検家による西インド諸島などの植民地化と砂糖きびや綿花栽培 74

　(4) イギリスの三角貿易で確保した綿花等 74

コラム3-2 輪作農業と綿花栽培 75

3-1-5 エリザベス1世の時代から王室用に使用の最高級の海島綿 75

コラム3-3 今日の高級海島綿と栽培地 76

3-1-6 フライヤー式糸車の時代に活躍した画家と肖像画ファッション 76

3-1-7 ボリューム感とドレープ感が復活した豪華なファッション ― ファージンゲールとコルセットの出現 ― 77

3-1-8 繊細で高級リネンの美しいレースラフの貴族ファッション 79

3-1-9 毛や絹の装飾的なパフやスラッシュのファッション 80

コラム3-4 ファッションで威厳を示した国王と妃、そして貴族や豪商 81

3-1-10 わが国の絹で彩った桃山～江戸時代の貴族・武家ファッションと、糸車による綿糸や麻糸の藍染めの庶民ファッション 81

コラム3-5 わが国の綿の伝来と普及 82

コラム3-6 童話や小説の中の糸車 82

コラム3-7 わが国へ漂着した外国人と毛織物、使節団の派遣と
文化財 82

コラム3-8 日本とイギリスの国交の始まり 83

3-1-11 特殊なファッションに使った金糸・銀糸 83

3-2 フライヤー式糸車（サキソニーホイールとフラックスホイ
ール） 84

3-2-1 足踏みフライヤー式糸車、飛び杼、靴下編み機の三大発明 84

3-2-2 足踏みフライヤー式糸車の構造と糸紡ぎの方法 86

3-2-3 携帯用糸車とダブルフライヤー式糸車への改良 87

3-2-4 均一な糸を紡ぐための打綿と梳き道具等の工夫 88

コラム3-9 ダ・ビンチの幻の紡績機 89

3-3 インド綿布の良さを知ったイギリス人と産業革命の兆し 89

3-4 イギリス人を魅了したファッション用のインドのキャリコ、
更紗（チンツ）、モスリン、ダッカモスリン、ジャムダーニ、
そしてマドラス 91

コラム3-10 現代のキャリコとモスリン 92

3-5 産業革命前のマニュファクチャーによる糸の生産 93

3-6 新しい飛び杼手織り機とダッチルーム 93

3-7 ウイリアム・リーの靴下編み機の発明 95

コラム3-11 ニューコメンの蒸気力揚水装置の発明と製鉄業の
関係 96

3-8 第3章のまとめ 96

第4章 三大紡機の時代と富豪族ファッション
― 綿紡績工業の発展と産業革命 ― 98

4-1 三大紡機の時代（18世紀後半〜19世紀半ば）の世界と
ファッション 98

4-2 イギリス産業革命の始まりと終わり 99

4-2-1 イギリス王朝と産業革命そして新社会の出現と議会制度 100

4-2-2 イギリスで産業革命が興った理由
― 綿糸の生産を待ち望んだイギリスの人々 ― 100

4-2-3 綿紡績工場の労働問題と対策 102

4-2-4 産業革命期に必要な綿花の確保と植民地政策 102

4-2-5 奴隷貿易と奴隷制の廃止運動 104

コラム4-1 オグルソープと綿花輸出港サバナの建設 105

コラム4-2 探検家で軍人クックとオセアニアの植民地化、博物
学者バンクスや植物学者マッソンの植物収集と王立
植物園 105

4-3 産業革命期のシルクからコットンファッションへ
― 綿糸の大量生産によるキャリコとローラー捺染機による
更紗の生産 ― 106

4-3-1 目まぐるしく変わったフランスのシルクファッション 107

4-3-2 目まぐるしく変わったイギリスのコットンファッション 107

コラム4-3 "ブルーストッキングクラブ"のファッション簡素化
運動 110

4-3-3 綿の白モスリンシュミーズドレスファッションの出現 110

4-3-4 新しいスタイルの既製服とテキスタイルデザイナーの出現 ...111

4-3-5 男性ファッション
― 3人ジョージのダンディファッション ― 112

4-3-6 ファッションを紹介した肖像画家と写真技術の誕生 112

4-3-7 毛織物 (梳毛と紡毛) の紳士服と毛モスリンのファッション ...113

4-3-8 スコットランドのタータンファッションと伝統的毛織物 114

4-4 紡績機械の発明と産業革命 115

4-4-1 三大紡機・力織機・蒸気機関の発明による産業革命の始
まり 115

4-4-2 綿糸を紡ぐ三大紡機の発明(1) ― ジェニー紡機とファッション素材のファスチアンの増産 ― 116

  (1) ハーグリーブスのジェニー紡機 ― 糸車の応用 ― 116

  (2) 作業を容易にしたジェニー紡機の改良 118

  (3) ジェニー紡機発明のきっかけと波紋 118

4-4-3 綿糸を紡ぐ三大紡機の発明(2) ― 水力紡機による強い綿糸の生産 ― 119

  (1) ポールとワイアットの繊維束を細くするローラードラフト装置 119

  (2) アークライトの水力紡機 ― フライヤー式糸車の応用とローラードラフト装置の組み合わせ ― 119

  (3) アークライトの自動糸巻き取り改良型水力紡機 121

  (4) 世界最初の水力式綿紡績工場クロムフォードミルと、「産業革命の父」と呼ばれたリチャード・アークライト 122

4-4-4 綿糸を紡ぐ三大紡機の発明(3) ― ミュール紡機とイギリスモスリンや更紗の誕生 ― 123

  (1) クロムトンのミュール紡機 ― ジェニー紡機と水力紡機の組み合わせ ― 123

  (2) ミュール紡機の大型化と水力式への改良そして自動化 124

  (3) ミュール紡機のOHPの推移、水力紡機とミュール紡機の糸価格 125

  (4) ミュール紡機発明のきっかけ 126

4-4-5 精紡機の種類と生産性の高いリング精紡機の発明 127

  (1) スロッスル精紡機 ― 水力紡機の改良 ― 127

  (2) キャップ精紡機 ― 加撚・巻き取りをフライヤーからキャップへ ― 127

  (3) リング精紡機 ― リングと軽いトラベラーで加撚・巻き取り ― 128

4-4-6 均一な糸を紡ぐための前紡工程紡績機械の発明(1) ― 不純物を除き繊維塊をほぐす開繊機と連続した篠にするカード機 ― 129

  (1) 打綿機と開繊機、ラップ製造機 129

  (2) カード機 (梳綿機) 129

  (3) カード機の梳き作用 130

⑷ 大型化したカード機 131

4-4-7 均一な糸を紡ぐための前紡工程紡績機械の発明⑵
── 篠と粗糸を均一にする練条機と粗紡機 ── 131

⑴ 練条機の発明 131

⑵ 粗紡機の発明 ── ランターン粗紡機 ── 132

⑶ 効率のよいフライヤー粗紡機の開発 133

⑷ 粗紡機の使い方 ── 始紡機から精練紡機 ── 134

4-5 綿糸の大量生産を行った水力式綿紡績工場と工場村 135

4-5-1 世界最初の水力式綿紡績工場のクロムフォードミル 135

コラム4-4 世界遺産のダーウェント渓谷工場群 137

4-5-2 デールとオーエンの水力式大綿紡績工場村・ニューラナーク 137

コラム4-5 世界遺産のニューラナーク 140

4-5-3 サムエル・グレッグの大綿紡織工場クオーリー・バンクミル 140

4-6 イギリスの毛紡織工業の発展とタイタス・ソルトのソルテールやベンジャミン・ゴットのアームレイミル 141

コラム4-6 世界遺産のソルテール 142

4-7 イギリスの綿紡績工場で働いた子どもと工場法の制定 143

コラム4-7 紡織機械メーカー・プラットブラザーズ社の出現 144

コラム4-8 綿業都市カタナポリスとなったマンチェスター 144

4-8 亜麻茎から繊維束（ラインとトウ）を取り出す方法とプランタ糸車 145

4-9 アメリカの綿紡績工業の発展と産業革命 149

4-9-1 サムエル・スレイターによるアメリカ綿紡績工業と、産業革命の始まりのスレイターミルとウィルキンソンミル 149

4-9-2 アメリカの綿紡績工業のロードアイランド型とウォルサム型、そして"ミルガールズ"によるファッション素材の生産 150

コラム4-9 ローエルの綿紡織工場群と国立歴史公園 151

4-9-3 アメリカ大プランテーションとコットンジン（綿繰り機）の
        発明 152

　　(1) 木製の綿繰り器 152

　　(2) 綿の種類と綿繰りの難易性 153

　　(3) ホイットニーのコットンジンとホームズのソージンの発展、
　　　　そして黒人奴隷による綿花の増産 154

　　コラム4-10　ホイットニーのコットンジンの発明と銃器の関係 156

4-10　日本の糸紡ぎと織り、藍染め糸の縞と絣 157

4-11　産業革命期の織機 ─ 綿糸の需要を拡大したカートライト
　　　の力織機、ハロック織機、ロバーツの半自動織機の発明と
　　　ランカシャー織機の普及、ハッタスレイ織機、ドブクロス
　　　織機、ハリソン織機 ─ 157

4-12　テープやリボンを織る回転織機（ダッチルーム）の開発 160

4-13　柄織りができる空引手織り機からジャカード織機の発明と
　　　ドビー装置 160

　　コラム4-11　イギリスのペイズリー市とジャカード織り 161

4-14　編み機、レース機、ネット機の発明とファッション 162

4-15　ミシンの発明とファッション 164

4-16　イギリス更紗を造ったローラー捺染（シリンダープリント）
　　　機 165

4-17　さらし粉漂白法の開発 166

4-18　高級毛織物の加工 166

4-19　ウィルキンソンやモズリーらによる工作機械の発明 167

4-20　産業革命に対する負の連鎖・反産業革命のラッダイト運動
　　　とその後 168

4-21　産業革命を支え、ファッションに影響を及ぼした蒸気機関
　　　や運河と鉄道による輸送、製鉄業と針工業など 169

(1) ワットの蒸気機関の発明と世界初の蒸気力式綿紡績工場 169

　コラム4-12　ワットと馬力 169

　　(2) トレビシックの小型高圧蒸気機関の蒸気機関車や蒸気船
　　　への応用と、交通機関の発展 169

　　(3) ブリッジウオーターとブリンドリー、テルフォードらによる
　　　運河建設 ― 石炭や綿花・綿糸・綿布等の輸送 ― 170

　　(4) ブルネルの鉄道建設 ― 物資や人の大量輸送とニューヨーク
　　　航路 ― 170

　　(5) 産業革命を支えたもう一つの工業・製鉄業と針工場 171

　コラム4-13　イギリスの産業革命に貢献した人々 172

　4-22　第4章のまとめ 173

第5章　洋式紡績の時代とデザイナーズファッション
　　― レーヨン・モーブ・本縫いミシンの三大発明 ― 175

　5-1　洋式紡績の時代 (19世紀後半〜20世紀半ば) の世界と
　　　ファッション 175

　　5-1-1　産業革命後のイギリス 176

　　5-1-2　イギリスと植民地インド、南北戦争時の綿花の確保と
　　　　　日本綿 177

　　5-1-3　ガンジーの糸紡ぎと独立運動、イギリスの綿紡績工業との
　　　　　対抗 178

　　5-1-4　産業革命後のファッション ― 肥大化したボリューム感から
　　　　　人体の曲線を表現したドレープ感、そして綿プリントによる
　　　　　コットンファッションとフレアの出現 ― 179

　　5-1-5　ドレスメーカーとマネキンの出現、デザイナーズファッ
　　　　　ション 184

　　5-1-6　イギリス王室が発信したファッション 186

　　　(1) ビクトリア女王の3つのファッションと映画衣装 186

　　　(2) ファッションリーダーの皇太子エドワード (7世と8世) 187

　　　(3) イギリス王室の映画とファッション 188

　　5-1-7　イギリス貴族社会が発信したファッション ― ツイードや
　　　　　スポーツファッションの発祥、そして合理服の推奨 ― 188

コラム5-1　TVドラマ『ダウントン・アビー』や映画『The Duchess』、『日の名残り』などの貴族生活と衣装 190

コラム5-2　モリス作品の展示 190

コラム5-3　ファッションに影響を及ぼした画家たち 191

コラム5-4　イギリスのファンタジーとファッション 192

5-2　洋式紡績機械の発展 192

5-2-1　混打綿工程と梳綿（カード）機の発展 193

5-2-2　新しいコーマ機の発明と高品質綿糸・コーマ糸の生産 194

コラム5-5　綿糸のカード糸とコーマ糸 194

5-2-3　練条機と粗紡機の発展 194

5-2-4　リング精紡機とエプロンローラーの開発 195

5-2-5　糸を紡ぐ三方法 ― スピンドル法、フライヤー法、チューブ法 ― 196

5-2-6　世界一の紡織機械メーカーのプラットブラザーズ社と、わが国の洋式紡績機械の導入 197

5-3　コットンジンの発展とピッカーの出現 197

5-3-1　綿の種類によって使い分けたコットンジン ― ナイフローラージン、マカーシージンとソージン ― 197

5-3-2　スチームエンジンによるコットンジンハウス 199

コラム5-6　コットンジンハウスがあるアグリラマ生活歴史博物館 200

5-3-3　綿摘み機・ピッカーの出現 201

5-4　アメリカの綿花栽培と奴隷制そして南北戦争 201

コラム5-7　アメリカの綿花栽培や紡績を扱った小説 202

5-5　日本の近代化と綿紡績工業の発展そして産業革命 203

5-5-1　日本の近代化への道のり 203

コラム5-8　「教草」の編纂と地場産業の育成 204

コラム5-9　わが国の洋装化、ハイカラとモガ・モボファッション 205

コラム5-10　藍染めの縞物と絣物による庶民ファッション 205

5-5-2　日本の産業革命と世界一となった製糸業と綿紡織業 205

5-5-3　わが国の綿紡績工業の始まり・鹿児島紡績所など始祖三紡績所 207

5-5-4　渋沢栄一・山辺丈夫による大阪紡績会社の設立と綿紡績の発展 208

5-5-5　日本の殖産興業による官営の千住製絨所、富岡製糸場、新町紡績所の設立と現在 210

5-5-6　わが国の亜麻栽培と羊毛生産の始まりと終わり 212

5-6　毛紡績、絹紡績、苧麻（ラミー）紡績および亜麻紡績 212

5-7　わが国で発明されたガラ紡機 215

5-7-1　ガラ紡機の原理とクラッチ機構、天秤機構 215

5-7-2　ガラ紡の水車紡績と舟紡績の盛衰 216

コラム5-11　S撚りを右撚り、Z撚りを左撚りとは 217

5-8　綿布を増産する織機等の発展 218

5-8-1　新しい自動織機の出現
― ノースロップ織機とG型自動織機 ― 218

5-8-2　イギリスのハッタスレイ織機の改良と杼の無い織機の発明 220

5-8-3　編み機の発展とわが国のレース生産 221

5-9　洋式紡績時代の三大発明とファッション ― 化学繊維（レーヨン）、化学染料（モーブ）、本縫いミシン（シンガー）― 221

⑴ 化学繊維の発明とファッション　.........................221

コラム5-12　イギリスのコートルズ社とレーヨンそしてリヨセル ...223

コラム5-13　マーセル化（シルケット加工）による綿の染色性向上 223

⑵ 化学染料の発明とファッション、そして毒性問題 223

⑶ シンガーらによる本縫いミシンの大量生産とファッション 224

5-10　第5章のまとめ 226

第6章　革新紡績の時代と若者ファッション
　　　　── 紡織レボリューションと合成繊維の発展 ── 227

6-1　革新紡績の時代（戦後〜現代）の世界とファッション
　　── 科学・技術の三大発展と生活様式の変化、糸とファッ
　　ションの三大発展と三大発明、そして若者ファッションへ
　　の影響 ── 227

　6-1-1　戦後のイギリス社会 ── 植民地の独立から生じた"イギリス
　　　　　病"そして油田発掘と再興 ── 228

　　コラム6-1　イギリスのミレニアム事業
　　　　　　　 ── 大英博物館、ミレニアムブリッジ、テート美術館、
　　　　　　　 綿栽培のエデンプロジェクト ── 229

　　コラム6-2　ロンドンオリンピックと王位60周年のイギリス 230

　6-1-2　アフリカと東南アジア植民地の独立 230

　6-1-3　現代ファッションとデザイナー、そして若者ファッション 231

　　コラム6-3　イギリスのファッションデザイナーを輩出する大学 ...235

　　コラム6-4　イギリスのドレス年間賞（DOY）と使用素材、そして
　　　　　　　 ブリティッシュ・ファッション・アワード（BFA）......236

　　コラム6-5　現代、近代、古代の三大プリーツとドレープファッ
　　　　　　　 ション 237

　6-1-4　わが国の復興と、しわしわファッションから若者ファッ
　　　　　ション 237

　　コラム6-6　衣・食・住に関わる三種の神器 238

6-2　現代の紡績機械の発展 ── 自動化とコンピュータ化による
　　全自動紡績や革新紡績機の出現 ── 239

　6-2-1　混打綿工程の発展 239

　6-2-2　カード機、コーマ機、練条機、粗紡機の発展 239

　6-2-3　リング精紡機の発展 240

　6-2-4　連続自動紡績システム（CAS）と全自動紡績システム（FAS）...242

6-2-5 革新精紡機の出現 ─ ローター式オープンエンド精紡機と
エアージェット式空気精紡機など ─ 242

コラム6-7 毛羽が少なく細く均整なコンパクトヤーン 244

6-2-6 ファンシーヤーンを造る撚糸機とファッション 245

コラム6-8 伸縮性かさ高加工糸の造り方 245

コラム6-9 国際繊維機械見本市と紡織機械の発展 247

6-3 わが国の衣料不足を補ったガラ紡と特紡、そしてリサイクル
反毛 247

6-4 わが国の戦後の紡績業再興の過程と衰退 248

6-5 特殊な糸のロープメイキング 249

6-6 自動織機（有杼織機）から四大革新織機（無杼織機）の開発 ...250

6-7 コンピュータによる無縫製編み機、レース機、刺しゅう機、
ミシン等とファッション 251

6-8 現代のピッカーとコットンジン 252

6-8-1 ピッカーの発展 252

6-8-2 コットンジン工場の発展 253

6-9 大プランテーションによる三大綿花栽培地と小規模産地 254

コラム6-10 話題の四種のコットン ─ オーガニックコットン、カ
ラードコットン、遺伝子組み換えコットン、ハイブ
リットコットン ─ 255

コラム6-11 デニムファッション（廃坑の古着デニムが数百万円）...255

6-10 再生繊維リヨセルの開発と、合成繊維生産とファッション
への影響 255

6-11 ポリエステルの改質による新合繊 256

コラム6-12 映画『シャレード』のポリエステル、小説『氷壁』の
ナイロン、TVドラマ『刑事コロンボ』「溶ける糸」の
ビニロン 257

コラム6-13　故ダイアナ妃のファッションドレスと二人の妃の
　　　　　　　ドレス 258

6-12　新しい糸と繊維 258

コラム6-14　糸で造らないファッション素材 — 不織布と人工
　　　　　　　皮革 — 259

6-13　古くて新しいファッション素材の糸
　　　— 麻類の糸、紙糸、金糸・銀糸 — 260

コラム6-15　ファッション用糸を展示するジャパン・ヤーン
　　　　　　　フェアと、テキスタイル・マテリアルセンター 261

6-14　第6章のまとめ 261

エピローグ — 糸・布造りの三大発明による発展とファッション
　　　　　　の多様化 — 263

おわりに — 百聞・百見は一験・一触にしかず — 272

総　　括 — 糸を紡ぎ、布を作る道具・機械等の三大発明に
　　　　　　よるファッションの変遷とマズローの"5段階欲
　　　　　　求説" — 275

写真等の出典場所 278

文献（図、表等）・参考文献 280

索引 286

プロローグ

― 糸で造った布の秘密とファッションの誕生 ―

　被服の布は、動物の皮から直接作った毛皮、皮革、動物の毛を刈り取りからめて作ったフェルト、繊維質の多い木の皮を叩いて延ばした樹皮布、戦後生まれの不織布や人工皮革などの繊維から直接造った布と、織物、編み物、組み物（レース、ネット）のような繊維を糸にして造った布の２つに大きく分類できます。今日私たちが身に着けている被服の布は、繊維を糸にして織ったり編んだりしたものがほとんどです。それはどうしてでしょうか。

　繊維や繊維集合体から直接造った布は一般に斜め方向に伸びにくく、図 p-1 のように布の両端を持って左右または上下に動かしても布がずれにくいのに対し、糸で造った織物や編み物、レースの布は斜め方向に伸びやすく、容易にずれる性質をもっています。このような“ずれ”のことを専門用語で「せん断（shear）」といい、図 p-2 のように A から B のような変形をいいます。布にせん断性があると斜め方向に伸びやすくなり、図 p-3 のように布を垂らすと、裾線が丸みのある滑らかな形状を示しますが、せん断性の少ない不織布やフェルトなどは丸みができにくくなります。図 p-4 の右側の同じ硬さのギンガムと薄不織布が図 p-3 の丸みが異なるのは、硬さではなくせん断性によるためです。このような布の垂れ下がりの状態をドレープ（drape）といいます。

　せん断性がある布は、緞帳やカーテンなどのように美しい曲線状の垂れ下がりが生まれ、この布で人体を被うと体になじみ、美しいドレープが生まれます。そのため、人々は古代から現代まで糸で造った織物や編み物を使って、美しいドレープ感のあるファッションを生み出してきました。

　さらに、図 p-5 のように糸でできた布にギャザーを寄せると、美しいドレープが生まれますが、不織布やフェルトではドレープは出ません。古代ギリシャ時代では、ギャザー技法の代わりに布を寄せて紐やピンで留め、ドレープを出しました。また、図 p-6 のようにせん断しやすい織物は袖山のような曲線部分を、いせ込みによって美しく縫合することができますが、フェルトや不織布は縫い目しわが発生します。図 p-7 はバイヤスに縫合しても織物は縫い目しわが

できないことを示しています。また、図p-8のように織物や編み物はボールのような丸い物に被せると曲面になじみ、布の端にはドレープが生じます。一方不織布やビニールシートは曲面に沿わず布の端は広がり、ドレープは見られません。これらは布の自重によって生じる現象で、織り目は菱形になってせん断変形している様子が分かります。このために、織物や編み物は図p-9の西瓜のような丸い物を容易に包むこともできます。さらに、図p-10のように糸でできた布は丈夫で肘や膝を曲げても破れず、抵抗なく動かすことができます。

　糸の重要性を知った大昔の人々は、糸にできそうな繊維を探し、発見し、大切に育てて糸を作り、丈夫でドレープ感が出る布を作ってファッションを生み出してきました。例えば、四大文明として有名な古代エジプト文明は亜麻、メソポタミア文明は動物の毛、インダス文明は綿、黄河文明は絹というように、今日の四大天然繊維はそれぞれの文明の地で大切に保護され育てられ、糸にし布にしてきました。これらの天然繊維は、その後古代国家間の争いや侵略、交易等によって世界各地に広がり、ファッションのために糸を紡ぎ、布を織ることが、およそ5000年の歴史を経て、今日まで連綿と受け継がれてきました。

　自然界には繊維状のものはたくさんありますが、四大文明地で発見された麻（特に亜麻）、綿、毛（特に羊毛）、絹（特に家蚕）は栽培・飼育がしやすく、各繊維に固有の特徴があり、糸にするのも比較的容易だったことから、これらの地域では、糸を紡ぎ布を織る道具が考案され、これらの糸で作った布によって、それぞれの地域や時代のファッションが生み出されてきました。その後、特にヨーロッパでは、人々は均一な糸をできるだけ多く作れるように道具を工夫し、さらに大量生産するための機械を発明してきました。

　それでは、糸を紡ぎ、布を織り編む技術の発展とファッションの関わりについて、糸で作った布が大昔から今日までどのようなファッションを生み出してきたかについて、およそ5000年にわたる世界の歴史、特に世界に先駆けて産業革命を成功させたイギリスの歴史を中心に、わが国との関わりにも注目して振り返り、「糸とファッション」のあり方を考えてみましょう。

プロローグ

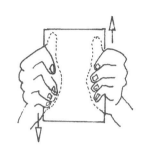

図 p-1 布のせん断性の調べ方

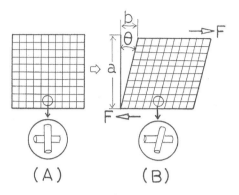

図 p-2 織物のせん断性

図 p-3 布の垂れ下がり状態

(左からデシン、ギンガム、厚不織布、薄不織布)

図 p-5 ギャザーを寄せる

(上：デシン、下：不織布)

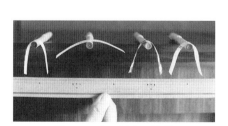

図 p-4 布の硬さの比較

(左からデシン、厚不織布、ギンガム、薄不織布)

23

  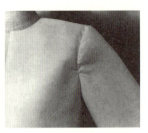

図p-6　いせ込みの状態（左：サージ、中：フェルト、右：不織布）

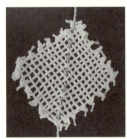 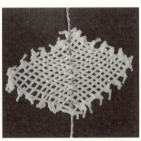

図p-7　紐で作った織物のバイヤス方向に糸を通し、
　　　　左右に引っ張った状態

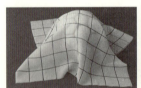  

図p-8　布をボールに被せた状態（左：デシン、中：不織布、右：ビニールシート）

図p-9　布でボールを包む　　　　　図p-10　膝を曲げた織物の状態
　　（左：デシン、右：不織布）

第1章 紡錘車の時代と身分ファッション
― 亜麻、毛、綿、絹の始まりと交流 ―

1-1 紡錘車の時代（古代～9世紀）の世界とファッション
― 四大文明の発祥地と東ローマ帝国 ―

　紡錘車の時代は、紡錘車を使用していた紀元前（以下前と略す）5000～3000年ころから糸車が出現する前の9世紀までを指し、その間に四大文明が発祥し、ヨーロッパではオリエント時代からギリシャ・ローマ時代を経て東ローマ帝国の時代の途中までに当たり、わが国では縄文・弥生時代から古墳時代を経て平安時代の途中までに当たります。

　人類が誕生し、先史時代を経て、部族国家が発展して地域が統一され、そこに都市ができ国家が形成され、文明・文化が生まれました。特に、四大文明地と称する古代エジプト（Ancient Egypt）、メソポタミア（Mesopotamia）、インダス（Indus）、黄河（Yellow River）の各文明地では、前3000年ころに高度な文明・文化をもつ国家を建設していました。そこには、権力者と庶民という身分制度が生まれ、衣服や装飾品による身分ファッションがありました。前1500年ころから国家間の争いが起こり、前671年エジプトとの戦いで勝利したアッシリア（Assyria）はオリエントの統一を行いました。エジプト軍の兵士は亜麻布の腰衣に対して、アッシリア軍は厚手のフェルトの衣服でした。

　争いは一方で文明の交流を生み出し、エジプト・メソポタミア文明の共存が生まれました。メソポタミアからエジプトに柔らかい毛が、エジプトからメソポタミアに紡錘車による糸紡ぎの方法が伝わり毛織物が生まれました。エジプトのナイル川（Nile）流域とメソポタミアのチグリス・ユーフラテス川（Tigris-Euphrates）流域で生まれた文明を古代オリエント（Ancient Orient）文明といいます。前331年アレクサンドロス（Alexandros、アレキサンダー大王）3世による両地域の統一までおよそ3000年続いた古代文明でした。

　また、前3000年ころ地中海のクレタ島を中心にギリシャ人（Greek）によるアテネ（Athens）やスパルタ（Sparta）を都市としたエーゲ文明（Aegean civilization）がありました。前5世紀後半に建てられたパルテノン神殿（Parthenon）の人物像や陶器類にドレープ感のある衣装を身に着けた人物像が描かれていました。

　ギリシャの隣国マケドニアのアレクサンドロス3世とその軍隊は前334年東方に遠征してインダス川に、さらに北上してインド・ガンダーラ（Gandhara）に達し、エジプト、ギリシャ、ペルシア、小アジア（Asia Minor）まで広範囲なオリエント一帯を支配して大帝国を建設しました。この遠征で東西文明の交流が行われ、それぞれの文化が融合しました。特にエジプトやマケドニアの亜麻、ペルシアの羊毛、インドの綿に加えて中国の絹の四大天然繊維がここで交流し、ファッションに大きな影響を与えました。アレクサンドロス3世は遠征した各地で東方の美しい衣装を身に着けたといわれ、ファッションの交流に大きな役割を果たしました。

　前323年ころから前30年の約300年間をヘレニズム（Hellenism）時代といい、ギリシャ文化と東洋、特にインド文化との交流がありました。ヘレニズム文化はインド仏教徒の袈裟衣と古代ギリシャのキトン、ヒマチオン（ヒメーション、himation）などドレープ感のあるファッションに影響を与えました。ギリシャとインドの文化の融合は、前2世紀パキスタン北東部ガンダーラのタキシラ（Taxila、1980年世界遺産）にギリシャ人が築いた古代都市のシルカップ（Shirkap）遺跡に残るガンダーラ美術の人物像などや、ギリシャ、ペルシア、インド風の彫刻が混在したものに見られ、ファッションにも同じような融合が見られました。

　その後、前27年オクタヴィウス（Gaius Octavius）は初代ローマ皇帝となり、地中海の両沿岸、ヨーロッパ地域、アラビア半島などを支配し、巨大権力を持ったローマ帝国を構築し、400年にわたる平和国家が誕生しました。平和国家は新しいファッションを生み出しました。それは戦いをするには不向きな、1枚の幅広い長い布を体に巻いたドレープ感にあふれたトガという衣服でした。

　395年テオドシウス（Theodosius）1世の死後、2人の息子がローマ帝国を東西に分けて支配しました。西半分の西ローマ帝国皇帝となったホノリウス（Honorius）は幼かったことから側近が支配し、その後、ゲルマン人の大移動に

よって476年西ローマ帝国が滅亡し、ヨーロッパ各地に諸国が生まれました。

東半分を統治したアルカディウス（Arcadius）皇帝はキリスト教を普及させて安定国家・東ローマ帝国の基礎を築き、その後、ユスティニアヌス（Justinianus）1世が皇帝になると、彼は地中海沿岸の地域を支配し、それをビザンチン（Byzantine）帝国（東ローマ帝国）として繁栄させました。キリスト教会はビザンチン教会（東方正教会）といい、世界的宗教として広まりました。ビザンチン式建築は、巨大な4本の柱と大ドーム、内部の大理石やモザイクが特徴です。ユスティニアヌス1世が537年ビザンチオン（Byzantion、現イスタンブール、1985年世界遺産）に建立したハギア・ソフィア（Hagia Sophia）大聖堂や、547年イタリアのラベンナ（Ravenna、1996年世界遺産）のサン・ビターレ（San Vitale）聖堂などは内部に精巧なモザイク画が多くあり、これらの絵には、キリスト教教皇らの権力を示すための美しく彩色された宗教服の身分ファッションを見ることができます。

7世紀初めころ、アラビア半島のメッカ（Mecca）で生まれたマホメット（ムハンマド、Muhammad）がアッラー（Allah）の神の啓示を受け、イスラム教を創始して布教を始めるとともに、630年アラビア半島を征服しましたが、その後はキリスト教とイスラム教の対立が起こり始めました。

シリアにあるローマ時代の都市遺跡パルミュラ（Palmyra、1980年世界遺産）などにドレープ感のある衣装を着けた石窟像が多く発掘されています。パルミュラはラクダ隊による商路の中継地で絹や胡椒などの流通によって栄えました。2015年テロ集団のイスラム教過激派組織 IS（イスラム国）は、異教徒の崇拝的な歴史的建造物などは不要と、ローマ時代の神殿や石像などを破壊しました。

中国では、仏教が広く行きわたった隋（581〜618）や唐（618〜907）の時代に繁栄をきわめ、各地に洞窟壁画が多くあり、そこに描かれた飛天は軽い絹織物を広くなびかせています。絹織物は空を舞うほど軽い羽衣のようでした。

わが国では、麻の布を着た埴輪や絹の十二単の衣装に代表される華やかな身分ファッションの時代です。当時は、庶民は麻、貴族は植物で多色に染めた色彩豊かでドレープ感のある華やかな絹の衣装でした。

> **コラム 1-1** 古代ローマ帝国とブリタニア

古代ローマ帝国の皇帝クラウディウス（Claudius）1世は、ブリタニア（Britannia）に数万人の軍隊とともに遠征して、多くのローマ人を移住させました。その後、14代皇帝ハドリアヌスはブリテン島の北部カレドニア（Caledonia、スコットランド）からの防御のために、石の壁ハドリアヌスの長城（Hadrian's Wall、1987年世界遺産）を築き、南部ブリタニアをローマ属領として約350年間支配しました。ブリタニアは大ブリテン島の古代ローマ時代の呼称ですが、イギリス人にとって"イギリス象徴の女人像"として50pコインにも描かれています。

図1-1
50pコインとブリタニア

1-1-1 古代ファッションの誕生 ─ いろいろな衣服形態 ─

古代衣服の形態は大まかに、腰衣式（Ligature type）、掛け衣式（Drapery type）、貫頭衣式（Poncho type）、体形式（Tunic type）、前開き式（Caftan type）、袈裟式（Kesa type）などがあります。腰衣式はロインクロス（loincloth、腰布）という長方形の小さな布をひもで腰につける形式で、古代エジプトのシャンティ（shenti）や巻き衣があります。掛け衣式は長方形の布を肩から掛けたり体に巻いたりするもので、ひもで括ってボリューム感やドレープ感を表す形式です。貫頭衣式は長方形の布の中央部に頭が通る大きさの穴を開けてかぶる形式です。体形式は上下の2部式に分けた形式です。これらはいずれも平面的な衣服でした。初期の織り機は風呂敷大くらいの正方形か、手拭いより少し長い長方形のもので、それを繋いで大きくして使いました。立体的な初期の衣服形態は円筒衣式（Cylindrical type）といい、前身と後身を肩で剥ぎ、脇を縫い合わせて袖を付け、体に合わせて円筒状にしたものでした。ゲルマン民族が古代中国の騎馬民族・匈奴の衣服をまねて、これを戦いやすい衣服形態に発展させました。

それでは、各文明地で生まれたファッションはどのようなもので、それが

どのようにしてその後の古代ギリシャ、古代ローマ時代のドレープ感のある
ファッションに繋がってきたか、また、人々が繊維からどのようにして糸を作
り布にしてきたかを見てみましょう。

コラム 1-2　旧石器時代クロマニヨン人の三大発明による衣服

　旧石器時代のネアンデルタール人は「火」を発見し毛皮を身に着け、後期ク
ロマニヨン人は「なめし・針・紡錘車」の三大発明による衣服を着ました。

　人類史上最古の氷河時代のネアンデルタール人は獣皮をそのまま利用してい
ましたが、硬く腐りやすく、衣服としては不適なものでした。後期旧石器時代
のクロマニヨン人は、植物タンニンによる毛皮のなめし法を発見し、なめし皮
を縫い合わせる針を動物や魚類の骨から作りました。縫い糸は蔓状の丈夫な木
の皮を細く裂いて、撚りをかけて強くして用いました。撚りかけに紡錘車を発
明しました。紡錘車は粘土を数センチメートルの円盤状に固めたものや太い
骨や平らな丸い木、石の中心に穴を開け、細長い木の棒を差して使いました。
このような衣服のための三大発明をしたクロマニヨン人はホモ・サピエンス
（Homo sapiens、現生人類、知恵のある人類）の先駆けといえます。新石器
時代、スイス湖上住民は紡錘車で亜麻糸を紡ぎ、布を織り、網を編み、針で縫
い合わせていました。

1-1-2　古代エジプトの身分ファッション ― 亜麻布のプリーツ ―

　前3000年ころから30王朝という長い国家を築いた古代エジプト文明では、
王ファラオの絶対権力のもとで歴代王の墓ピラミッドを築きました。ピラミッ
ドの内部の壁画等には衣服を身に着けた王や高官、庶民、狩人などが描かれて
おり、王や高官は庶民と身分を区別するためにかつらを被り宝石を付け、プ
リーツを付けた透けるほど薄い布をまとい、権威を示すための身分ファッショ
ンが生まれました。一方、壁画に描かれた庶民は下半身を一片の布で被ってい
ますが、その布は硬いなめし皮や樹皮布ではなく、亜麻の糸で織った布で体に
ぴったりしていました。

　図1-2の人物像を見ると、右端の太陽神・ラー（Ra）と左端の創造神・アト
ム（Atom）の女性像はロインクロスという長い布を腰部に巻きつけた下着を

着け、その上にカラシリス（kalasiris）という薄い布で作られたシースルーの
スカートをはき、上着にもシースルーのローブを身に着けているように描かれ
ていますが、ドレープは見られません。中央の男性2人は短い腰衣のみを身に
着けています。図1-3は前15～前10世紀の高官夫婦像で、かつらを被り、衣装
は細かいプリーツで表現したスカートで、ドレープは見られません。図1-4の
狩人はプリーツもボリューム感も無いシャンティという紐のついた簡単な腰布
ロインクロスで、身分が高い人はプリーツを付けた腰衣でした。女性はチュ
ニック（tunic）のようなものだけでした。

　古代エジプトで見られる衣服では、亜麻を栽培して、できるだけ細い亜麻糸
にして織った布を使っていました。エジプトの気候上、亜麻布（リネン）は涼
しくて衣服に適していましたが、張りがありドレープが出ないので、プリーツ
を付けてボリューム感と美しさを表現し、庶民の衣服と区別したのでしょう。

　プリーツは太陽神の光線を表しているともいわれますが、王のみでなく多く
の高官の衣装もプリーツを付けていたので、象徴のためのプリーツであったか
どうかは分かりません。最近の研究で、王の衣装は赤く染められていたと発表
されました。王ファラオは太陽神ラーの子であり、太陽のような赤の衣装に太
陽光線の光を表すために細かいプリーツを付け、高官は白のプリーツだったの
でしょう。石像や壁画像の彩色は顔料でしたので、自然の色素で濃く染めるこ
とが難しい亜麻布を、何を使ってどのように染めたかは分かりません。古代エ
ジプトでは壁画などに描かれた着衣の人物に美しく彩色されたものは毛皮でし
た。多くの衣服は亜麻布を白く漂白して着用したと考えられます。

　ピラミッドの内部から出土するミイラ（図1-5）を包んだ亜麻布の糸は図1-6
（左）のように相当に太いものでした。太くて硬い亜麻糸を使っても織物なの
で容易に人体を包むことができ、数千年経ってもその状態を保つことができた
のでしょう。衣服用に図1-6（右）のような細い亜麻糸もありました。

　当時亜麻の布にどのようにして均一な幅で美しいプリーツを付け、しわが付
きやすく水が付くと消えやすいプリーツをどのように保持したかは分かりませ
ん。プリーツは洗濯板のような溝を付けた2枚の板に亜麻布を挟むか、細かく
畳み、強く圧縮して作ったと考えられます。

　古代エジプトのファッションの一つにかつらがありました。暑さを防ぐため

第1章　紡錘車の時代と身分ファッション

図1-2　古代エジプトの人物像（前1350年）(1)

図1-3　高官夫婦像(2)

図1-4　狩人の腰衣(2)とプリーツ腰衣(6)

図1-5　亜麻布で包まれたミイラ(2)

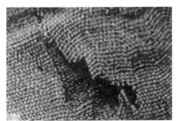
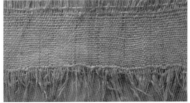

図1-6　ミイラを包んだ亜麻布（左）と細い亜麻糸と布（右）(2)

　人々は髪を切っていましたが、儀式や人前に出るときは装飾的なかつらを付けて威厳を保ったのでしょう。これも身分ファッションでした。
　前16世紀ころカラシリスという貫頭衣式、前15世紀に多くの布を使った巻き衣式が現れました。毛織物や絹織物、綿織物が入ってきて、人々はプリーツに代わってドレープ感を楽しみました。最近、クレオパトラ時代の海底遺跡か

ら半透明のドレープ感のある美しいドレス姿のビーナス像が発見されました。クレタ島から発掘された前15世紀ころの陶器に描かれたビーナス像の円筒衣式ドレスは、美しく彩色されドレープ感がありました。薄い絹織物だったのでしょう。

ギリシャ・ローマ時代から7世紀以降にかけて、キリスト教徒やイスラム教徒らがヨーロッパやアジアへ進出して広範囲に亜麻や羊毛が伝わりました。亜麻は温暖地でも寒冷地でも育ち、羊の飼育も容易だったため、ヨーロッパ全域に広まりました。アレクサンドロス3世の遠征によってもたらされたインダス文明の綿の木は温暖な地中海沿岸、エジプト、シリア、小アジア、アラビア半島などに移植されましたが、栽培が難しかったのかあまり普及しませんでした。

コラム 1-3　古代から栽培されているエジプトの亜麻と亜麻仁油

古代エジプトで栽培した亜麻は、5000年にわたり現在も生産されています。亜麻は繊維を採取するのみでなく、種から亜麻仁油（linseed oil）が取れるので、今日では世界の多くの国で栽培しています。亜麻仁油は古代から近世までは灯かり用として、今日では乾きが速い特徴を生かしてペイント、印刷インク、リノリウムなどの貴重な油原料として使われています。また、α-リノレン酸が多く含まれ、ドレッシングやマヨネーズなどに使われています。今日の亜麻の繊維生産地は中国、フランス、エジプト、ロシア、エストニア、ベルギー、オランダなどで、特に、ベルギー産は高品質です。日本も1870年代から繊維用に主に北海道などで栽培してきましたが、1970年代に消滅しました。

1-1-3　メソポタミアの身分ファッション
─ フェルトでボリューム感を表したシュメール人と、毛織物でドレープ感を出したカルデア人 ─

メソポタミア文明では、前3000〜前2500年にシュメール人（Sumerian）が古代都市ウルク（Uruk）を建設し、その遺跡からは楔形文字が発見され、彼らが高度な文明を築いていたことが分かっています。気温差の大きいメソポタミアの地でシュメール人は動物を飼育し、刈り取った毛でフェルトを作って衣服などに使いました。図1-7左のワンピース型の裾はプリーツのような装飾

をしています。ドレープ感がでないフェルトは、図1-7右のようにスカートにドレープのような飾りを付けて広げています。シュメールの王や高官らは、多くの装飾とボリューム感を工夫したフェルトの布を身に着けました。図1-8はアッシリア人兵士の服装で、長いフェルトのスカートは身を守るためのものでした。アッシリア人は弓の技術に長けフェルトを身に着けて戦い、シャンティをまとっただけのエジプト軍に勝利しました。

東西の諸国と交易を始めると、インダスから綿布を、エジプトから亜麻布を手に入れ、前1000年ころ、メソポタミア文明地域を支配していたカルデア人（Chardeans）は羊毛から糸を紡いで毛織物を作りました。図1-9の石像は大人

図1-7 フェルトの衣装（前2500〜前1000年）(2)

図1-8 フェルトを着たアッシリアの兵士（前800年）(2)

図1-11 釈迦牟尼の衣装（2世紀）(2)

図1-9 糸紡ぎの伝授(3)

図1-10 婦人像(ア)

が子どもに紡錘車で糸紡ぎの方法を教えている様子です。図1-10は後期メソポタミア文明の遺跡から出土した人物像で、ドレープが出ており毛織物で作ったファッションと思われ、糸紡ぎと織りを知ったカルデア人はフェルトでは表現できなかったドレープ感を見事に出しています。

コラム 1-4　現代にも引き継がれている動物の飼育と絨毯、そして綿栽培

　現在もメソポタミア文明を引き継いでいるかのように、メソポタミアの地のシリア、イラク、イラン、トルコなどでは羊、山羊、牛、らくだなどを飼育し、それらの毛で作ったペルシア絨毯やトルコ絨毯が有名ですし、地中海東岸やチグリス川・ユーフラテス川の沿岸地域のトルコ、シリア、イラク、イランなどではアレクサンドロス3世の遠征以来、今日まで綿栽培を行っています。

1-1-4　古代インドの身分ファッション
― 綿のドレープ感を生かした釈迦牟尼の衣装 ―

　インダス文明では、前3000〜前2000年にモヘンジョダロ（Mohenjo-Daro）やハラッパ（Harappa）などの都市が現れ、人々は農耕を行い、綿の木を育てていました。さらに、ガンジス（Ganges）川方面にも進出したアーリア人（Aryan）が文明を引き継ぎました。その後、インダス川からガンジス川までの広範囲を支配したのはクシャン朝（Kushan）で、ここでは仏教やヒンズー教が生まれ、綿布を肩から掛けるドレープ感のある宗教的な新しい衣服形態が生まれました。

　仏教はネパール地方のゴータマ・シッダールタ・釈迦牟尼（Gautama Siddhartha Shakyamuni、ブッダ、Buddha）が悟りを開き、「人の価値は身分によらない」という思想を広めました。ネパールのルンビニ村（Lumbini、1997年世界遺産）は彼の生誕地で、各地からの巡礼者が絶えませんでした。

　図1-11は教養のある老人から話を聞く釈迦牟尼を描いており、彼がまとう綿布の袈裟衣装は全身にドレープ感があり、老人や侍従の衣装は少ない布でもドレープ感が出ています。戦いには不向きなこれらの衣服は不戦や平和を意味していたのでしょう。

第1章　紡錘車の時代と身分ファッション

　インドへの行路として栄えたガンダーラでは前2世紀ころ、ギリシャ文化と仏教文化が融合して美しいドレープ感のある衣装を身に着けた仏像が生まれ、紀元後のグプタ朝（Gupta）に影響を与え、アジャンタ（Ajanta、1983年世界遺産）石窟寺院の壁画や摩崖仏、石仏などを見ると、衣服の美しいドレープ感を表しています。この石窟寺院の摩崖仏や石仏の衣装は中国の雲崗や敦煌、日本の臼杵などにも見られます。仏教を通じて東西の文化交流が行われ、仏教徒のドレープ感のある衣服や古代ギリシャのヒマチオンは古代ローマのトガなどのファッションに大きな影響を及ぼしたと考えられます。

コラム 1-5　現代にも引き継がれているインドとパキスタンの綿栽培

　数千年の綿花栽培の歴史を引き継ぐインドは、現在（2017年）綿花生産量が世界で1位（約24％）、中国（約21％）が2位、アメリカ（約18％）が3位です。

　また、インドは極細綿花や虫害に強いハイブリットコットンなどを開発しており、綿紡績工業も盛んで、中国とともに綿王国の一つです。隣国のパキスタンもインダス川西岸で綿作を続け、今日では、アメリカに次いで世界4位（約8％）の綿花生産量で、綿紡績工業は主要産業になっています。(A)

1-1-5　古代中国の身分ファッション ― 絹と麻のファッション ―

　黄河流域で栄えた黄河文明は、前1500年ころに生まれた最初の王国である殷の時代から前1000年の周、春秋、前300年の戦国の時代を経て、前221年秦が再び全国統一を成し遂げました。初代皇帝は始皇帝で、外敵からの侵入を防ぐために、万里の長城（1987年世界遺産）を築き始めました。始皇帝の衣服は、図1-12のように紫に染色した絹織物に刺しゅうを施し、幾重にも重ねたボリューム感のある豪華なものでした。1974年秦始皇帝陵（1987年世界遺産）近くの発掘で発見された兵馬俑抗には、8000体の兵士立像と馬が隊列を組んで並んでいました。その兵士立像の衣装はズボン式ではなくワンピース型で、ドレープ感やボリューム感のない麻の布を横に重ね合わせてひもで絞めたものでした。

35

秦が滅びた後、楚の国を経て漢の国に移り、前202年劉邦が高祖となりました。漢の第7代皇帝・武帝が即位すると、数回にわたり匈奴に遠征して勢力を伸ばし、中華帝国を築くとともに始皇帝が始めた万里の長城をさらに延長しました。武帝の匈奴への遠征によりトルコを通じて中国と西洋の間に繋がりができました。これで中国の絹が大陸を通じてヨーロッパに伝えられ、後世にシルクロード（Silk Road）と呼ばれる有名な交易ルートが生まれました。(C) 匈奴は紀元前後の秦、漢の時代にモンゴル高原で活動していた騎馬民族でしたが、武帝の侵入で一部がヨーロッパへ逃亡し、ゲルマン人に戦いやすいズボン式衣装を伝えました。繊維も糸紡ぎや織りもファッションも、戦いや遠征を通じて広まりました。

コラム 1-6　現代の中国はファッション素材の最大生産国

　中国は現在（2014年）も古代から引き継いで絹の最大生産国（66%）です。また、苧麻（96%）、綿花（25%）、アンゴラ（98%）・キャメル（43%）、レーヨン（46%）・三大合繊（50%）とも世界一の繊維生産国で、亜麻（12%）、羊毛（20%）、カシミア（41%）も多く、繊維生産量は世界の約33%を占めています。紡織・縫製産業も盛んで、中国はファッション素材も製品も最大の生産国です。(A)

1-1-6　古代日本の身分ファッション
── 麻の生成り布から絹の染色布へ ──

　わが国では、古墳時代の埴輪で当時の衣服を知ることができます。図1-13のように埴輪の衣服は男女ともスカートをはき、上部は体に密着した衣服を身に着けています。衣服は上下ともストレートでドレープは見られませんが、これは大麻や苧麻、藤、科、楮などの草木の皮から採取した靭皮繊維の硬い糸で織った布を使っていたからでした。『古事記』や『万葉集』などに述べられている妙、藤服、藤衣、木綿、麻布などでは、それぞれの靭皮繊維を「績む」という技法で糸にし、紡錘車で加撚して強く長い糸にしました。太い糸で織った織り目が粗く硬い布は荒妙、細い糸で織った高級な布は和妙といい、布を木槌で叩いて柔らかくし、白く漂白して用いました。縄文時代は織物のほかに、図

第 1 章　紡錘車の時代と身分ファッション

図1-12　　　　　　図1-13　　　　　　図1-14
始皇帝の衣装(イ)　　埴輪の衣装(4)　　あんぎん（複製品）(5)

1-14に示す"あんぎん"と呼ばれる麻の編み布がありました。
　弥生時代に大陸から養蚕が伝えられ、絹織物が生まれました。絹は麻と違って、多くの植物で様々な色に美しく染めることができ、とても柔らかくドレープが出るため、身分ファッションとして多く使われました。603年聖徳太子は身分制度として、最高位の大徳は濃い紫色とする「冠位十二階」を色で定めました。
　高松塚古墳内から発見された石室の彩色壁画には、重ね着の衣装をまとった女子群像の"飛鳥美人"が描かれています。また、奈良・平安時代の貴族の十二単のように、美しく彩色された絹の衣服を何層にも着てボリューム感とドレープ感を表した身分ファッションがありました。奈良・平安時代に建てられた寺院に安置してある仏像、例えば、奈良の新薬師寺の薬師如来像は腕や肩から垂れた絹織物独特のドレープの美しさで穏やかな顔立ちが一層引き出されています。周りを守る十二神将は戦いやすいように麻の織物でストレートな衣服をまとって表現されています。香薬師如来立像も見事なドレープ感を表現しています。仏像や仏画などの衣服は美しいドレープ感が多く出るように表現しています。
　わが国は縄文時代から紡錘車で麻を績み、弥生時代から絹を美しく染め、世界に類を見ない色彩豊かな"源氏絵"などに見られる身分ファッションや、仏像などに見られるドレープファッションを生みだしました。

37

コラム 1-7　　紙の発明と和紙、紙衣、紙布

　1世紀初期、中国の蔡倫が樹皮や麻で初めて紙を作り、それが7世紀初期に
日本に伝わると、楮や三椏で丈夫な和紙が作られました。平安時代、和紙に柿
渋を塗って揉んで柔らかくした紙衣（紙子）は防水性と保温性があり、僧侶の
衣服として使われました。近世には旅人の防水防寒用にも使用しました。経糸
（warp yarn）に麻や絹糸、緯糸（weft yarn, filling or woof）に和紙を細く
切って撚った糸を使った紙布もありました。

コラム 1-8　　日本のファッション素材の生産の変遷

　わが国では、古代からの大麻、苧麻などの麻と絹に、安土桃山時代から綿、
明治時代から亜麻と羊毛が加わり、四大天然繊維の生産を行ってきましたが、
1970年代には生産が止まり、戦前に世界一の生産を誇ったレーヨン、戦後の
合繊も、現在世界生産量のわずか2％を占めるのみで、一時期世界一の生産量
を誇った絹も0.1％にも満たない状態です。1960年代まで世界のファッション
素材を担ったわが国は、今やファッション素材や製品の多くを輸入に頼ってい
ます。

1-1-7　古代ギリシャ時代の毛織物でドレープ感とボリューム感を表現 したファッション ― チュニック・キトン・ヒメーション・ペ プロス・パリアム・クラミス ―

　紀元前の古代ギリシャでは、前600〜前550年ころ男女とも簡単なチュニッ
クをまとい、それには短いものと長いものがありました。その後、図1-15の
ような広幅で長めの布を使った簡単な巻き衣式の美しいドレープが出ている衣
装が現れました。前5世紀ころドレープ感を生かしたキトン（chiton）もあり
ました。図1-16は有名なアテネのアクロポリス（Acropolis、1987年世界遺産）
の女性像支柱で、美しいドレープを示したキトンを着ています。図1-17はド
リス式のパルテノン神殿にあるアテナ女神像（Athena）で、腰部にひもを使い
3段に分けたキトンで美しいドレープ感を出しています。前3世紀ころ、図
1-18の長方形の布を腰に巻いて腕に垂らすクローク（cloak）の一種、ヒメー
ションも男女共用のファッションになりました。

第1章　紡錘車の時代と身分ファッション

図1-15
巻き衣式(2)

図1-16
キトン(2)

図1-17
キトン(2)

図1-18
ヒメーション(2)

図1-19　チュニックの衣装（前5世紀）(2)

図1-20　ペプロスの衣装(2)

図1-22　古代ギリシャの衣装像(92)

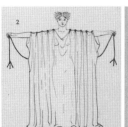
図1-21　キトン（左）とペプロス（右）の着方(2)

39

チュニックは布を多めに使い、ゆったりとしたインドの仏像のようなドレープ感を表現しました。大英博物館に展示されているエルギン・マーブル（Elgin Marble、図1-19）はパルテノン神殿にあった大理石彫刻群の一部で、チュニックで見事なドレープ感を表現しています。

その他、ペプロス（peplos、ドリス式キトン）、パリアム（palliam）、クラミス（chlamys）などのドレープ感を表現するためのファッションがありました。図1-20はドレープ感のあるペプロスを着た女性がアテナに貴重な反物をささげているレリーフです。ペプロスは図1-21のように1枚の布を2つ折りにして両肩で留め、筒状にしてボリューム感とドレープ感を出し、ウエスト部を紐でくくり、肩、胸、腰、足元などで二段、三段の様々なドレープを出し、キトンとは違ったドレープ感を出しました。パリアムは男性用の衣服で、長方形の大きな布を下着の上に巻きました。この形態は後にカトリック司教やローマ皇帝が身に着けた毛織物の祭服の肩掛けになりました。クラミスは男性用で、1枚の布を肩で留める短いマントのような外衣でドレープ感も表現しました。

図1-22のドレープ衣装群はヨーロッパ各地の歴史建造物等に飾ってあるギリシャ時代の衣装彫刻です。古代ギリシャでは広幅の長い毛織物を織ることができ、平面の布で全身を覆う巻き衣式で、手でたくし上げ、ひもを使い、肩にかけ、ベールのようにかぶり、様々な優美なドレープ感を表現しました。

1-1-8　古代ローマ時代のドレープ感を追求した身分ファッション　―トガ、ストラの出現と、宗教服ダルマチカとビザンチンドレス―

大帝国を築いたローマ時代、図1-23に見られるような幅広の布を体に巻きつけてドレープ感とボリューム感を多く表現した、戦いなどできそうにない衣装トガ（toga）が現れ、平和なローマ時代の公式の場で着る高官の衣服となりました。

トガの布は、幅（半径）2〜3m、長さ（直径）5〜6mもある長方形の布を楕円形または正方形を円形にして、これを半分に折り重ね、肩から体に巻いていかに多く美しくドレープ感を出すかを工夫しました(B)。このため重量感がありドレープの出やすい毛織物が主に使われました。トガの下には亜麻の

第1章　紡錘車の時代と身分ファッション

図1-23　正装のトガ(2)

図1-24　クラフトマンのチュニック(2)

図1-25　貴族の子のトガ(2)

図1-26　左：トガ、右：ストラとパラ(2)

図1-27　ダルマチカ（左下は子ども用）(7)

チュニックを着ました。トガに使う布の量は身分、階級、職業などによって異なり、庶民は高官の半分以下の布の量でした。庶民は図1-24のような簡単なもので、貴族の子どもはロングトガ（図1-25）をまといました。これは布の長さによってドレープ感やボリューム感が違ったからでしょう。銅像などに表現されて

図1-28　ビザンチンドレス(イ)

41

いるトガは白ですが、身分の違いを示すために紫色の縁取りトガが政務官や神官の衣装として使われました。さらに元老院などのトガは縁を貴重な貝紫で染め、金糸で刺しゅうして区別しました。

　図1-26は結婚式の様子で、左の毛織物の男性のトガに対し、右の女性はベールで頭を覆い、ストラ（stola）というキトンに似たドレープ感の出やすい長いドレスを着て、その上にパラ（palla）という長い布をブローチで留めてマントル（mantle）のように重ね、ボリューム感とドレープ感を表現し、布に刺しゅうや彩色をして高級感を出しました。

　古代ローマ時代は次第に宗教が権力を持ち、宗教用のファッションが生まれました。これをダルマチカ（dalmatica）といい、図1-27に示すＴ字型チュニック様式に丈を長くし、ゆったりした貫頭服で刺しゅうや赤や紫で帯状に彩色し、服を広げると十字架の形になるようにデザインされていました。ダルマチカはビザンチン（Byzantine）時代の代表的な宗教服となり、後に金糸や銀糸で刺しゅうした豪華な祭服になり、国王の戴冠式の法衣に発展しました。

　３〜５世紀になると、ゲルマン民族がシャツにズボンのスタイルをもたらしたため、美しく彩色された毛織物であっても、動きにくく戦いには不向きなトガは着られなくなりました。このころから男女服が区別され、男子の服装は動きやすく、女子の服装はゆったりとしてドレープ感があり動きにくいものでした。

　５〜６世紀の上流社会の女性はビザンチンドレス（Byzantine dress）という美しく彩色された毛織物や絹織物の布でゆったりした丈の長いワンピース型の衣服を着ていました。２〜４層に重ね着をして配色を見せるとともに、ボリューム感とドレープ感を表しました。図1-28はサン・ビターレ聖堂（San Vitale、1996年世界遺産）内部のモザイク画に描かれたユスティニアヌス１世の皇妃テオドラ（Theodora）と従者たちです。中央のテオドラは貝紫で彩色されたと思われる毛織物のビザンチンドレスをまとい、周りの侍従らとともにドレープ感とボリューム感のある美しい衣装を表現しています。

第1章　紡錘車の時代と身分ファッション

コラム　1-9　トガの布はなぜ楕円形や半円形にして使ったのでしょう

　トガの布は長方形の毛織物を縫い合わせて広幅にし、楕円形や円形に切って二つ折りにし、半円に重ねて使ったといわれています(B)。ドレープ感を出すためとはいえ、当時とても貴重な布を、無駄を承知でこのような使い方をすることこそが権力者であり高官であることのしるしであり、宗教力の象徴だったのでしょうか。

コラム　1-10　シルクロードとヨーロッパの養蚕、そしてマルベリージャム

　東洋の絹は紀元前にヨーロッパに伝えられ、その重要な交易ルートは後にシルクロードと呼ばれました。最初のルートは敦煌からアルトゥン山脈にそってタクラマカン砂漠の南を通り、パミール高原から南下してガンダーラ、カンダハルを通り、西に進みバクダッドへ入る南方ルートでした。(C) その後、北方ルートや海上ルート、分岐ルートもできて東西の交流が行われました。ヨーロッパの人々にとって、シルクは最もあこがれの品でした。当時蚕の持ち出しは禁止されていましたが、秘かに蚕の卵や桑の木を持ち帰り、飼育する人がいました。しかし、いずれも失敗に終わっています。その後、ヨーロッパでも養蚕が行われましたが、発展しませんでした。現在、桑の庭園（mulberry garden）があり、桑の木の果実はジャムなどに加工しています。2014年に長安から天山回廊を通り、中央アジアのキルギス、カザフスタンを通るルートが世界遺産に登録されました。

1-2　糸を紡ぐ最初の道具・紡錘車

1-2-1　紡錘車の種類

　衣服ができるまでには、繊維を育て、糸を紡ぎ、布にし、染色、裁断、縫製と多くの手間を経ています。古代では、裁断や縫製の技術は未熟で、衣服作りで最も重要な工程は糸紡ぎと織りでした。古代の人は、後期旧石器時代に生まれた紡錘車（spindle whorl）を使って、綿や羊毛のような短い繊維束から少し

43

ずつ引き出しながら撚りをかければ、連続した強い糸になることを発見しました。紡錘車は四大文明地で使われた世界共通の糸を紡ぐ最初の道具でした。

新石器時代のスイス湖上住居跡から亜麻布の断片や紡錘車が出土しています。わが国でも縄文時代の遺跡から紡錘車の錘に使った直径数センチメートルの円形の土器や石器などが出土しています。紡錘車は円の中心に数ミリメートルの穴をあけ、この穴に長さ20〜50cmの真っすぐな木の棒などを差して使いました。

図1-29は紡錘車の錘の形を図形化したものです。図1-30は古代の遺跡から出土した紡錘車の錘で、材料は石、粘土、木、角、骨、陶器、青銅、鉄など地域や年代によって形とともに様々なものが使われました。紡錘車に用いる錘は紡錘車にバランスよく、早く長く回転できるように直径数センチメートルの車輪のように丸くしました。後に図1-31のような装飾的なものが使われました。真っすぐな木の棒を錘の中心に差して回転させて撚り、できた糸を棒に巻き取ります。紡錘車全体の重さは、綿を紡ぐ場合は10〜十数グラム、亜麻や羊毛

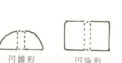

図1-29　紡錘車の形状

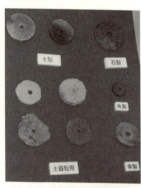

図1-30　各種の紡錘車(8)

図1-31　装飾された紡錘車(2)　　図1-32　近年まで使われた各国の紡錘車(3)

第1章　紡錘車の時代と身分ファッション

の繊維束を紡ぐ場合は20～50g、麻に撚りをかける場合は50g以上でした。

　図1-32は近年まで各国で使われていた紡錘車です。錘も加工がしやすい木製のものが多く見られます。軽いものは綿用、重いものは羊毛や麻用です。わが国の紡錘車は麻や真綿から糸にするのに用いたので、図1-33のように石や土器、鉄器など重い紡錘車が使われました。

図1-33　わが国の紡錘車(9)

1-2-2　紡錘車とディスタッフの使い方

　紡錘車の使い方はいろいろあります。図1-34は古代エジプト時代に亜麻の靱皮から繊維束を剝いだ糸状のものを、①紡錘車の棒の部分を指で回転させる（左、rotated spinning）、②膝の部分で転がして回転させる（中央、supported spinning）、③両手でこすって回転させる（右、grasped spinning）方法で、撚りを掛けて強くて長い糸にする様子を示しています。図1-35は古代ギリシャのヒュドリア（hydria、水差し壺）に描かれた吊り下げて回転させる吊り下げ法（drop spinning）で、ディスタッフ（distaff）を手に持って、紡錘車で羊毛か亜麻を紡いでいます。吊り下げ法

図1-34　古代エジプトの紡錘車の使い方(ウ)

図1-35
水差し壺に描かれた糸紡ぎ（前400年頃）(2)

は綿や羊毛、亜麻のように短い繊維束から糸を紡ぐのに適していました。

ディスタッフは、歩きながらでも糸を紡ぐことができるように、長い棒に亜麻や羊毛を梳いて引き揃えた繊維束を巻きつけた"篠巻き棒"です。これを脇に抱えて両手の指で少しずつ繊維束から引き出し糸を紡ぎました。また、ディスタッフは16世紀のフライヤー式糸車に取り付けて用いました。

1-2-3　糸を紡ぐスピンドル、スピンスターとディスタッフ

スピンドルは紡錘車の木の棒の部分で、つむ、紡錘、糸を紡ぐ心棒などの意味です。スピンスター（spinster）は糸紡ぎする人のことです。糸紡ぎは若い女性の仕事だったので、紡ぎ女性のほかに未婚の女性という意味があります。

ディスタッフは、古代ギリシャ時代から中世、近世、近代にかけて使われた篠巻き棒です。ミレー（Jean F. Millet）の絵画（図1-36）などにも見られます。15世紀以後に出現した亜麻や羊毛を紡ぐフライヤー式のフラックスホイールやサキソニーホイールに木製や鉄製のディスタッフを取り付けていました（図3-15、図3-16）。ディスタッフには女性、女性の仕事、母方、女性相続人などという意味もあります。ディスタッフサイド（distaff side）はスピンドルサイド（spindle side）と同様に母方、母系という意味です。古代遺跡から出土する遺体のそばに、紡錘車やディスタッフの棒があると女性と判定するそうです。

図1-36
ミレーの絵画⑽

コラム 1-11　常用漢字から外された錘の字

紡ぐ、績む、紬ぐ方法は、古代から紡錘車で行ってきました。紡錘車や、産業革命期に出現した三大紡機や精紡機の生産能力を表す錘数の「錘」の漢字が、2010年常用漢字から外されました。紡錘車を"紡すい車"、錘数を"すい数"と書いても分かりにくいので、本書では"紡錘車"、"錘数"を使いました。

46

第1章　紡錘車の時代と身分ファッション

図1-37　運命の三女神(7)

図1-38　『糸巻きの聖母』(11)

コラム 1-12　ディスタッフに関わる3つの話

　図1-37は16世紀のタペストリーに描かれたギリシャ・ローマ神話の「運命の三女神（The Three Fates）」です。右のディスタッフを持つClothoは人間の生命の糸を紡ぎ、中央のLachesisはその糸の長さ（命）を決め、左のAtroposはその糸を断ち切る姿を描いています。

　イギリスでは、1月7日をセント・ディスタッフ・デイ（St. Distaff Day）といい、女性がその日から糸紡ぎを始めたといういい伝えがあります(D)。

　2016年春、江戸東京博物館で開催された「レオナルド・ダ・ヴィンチ —— 天才の挑戦」展で話題となった作品は『糸巻きの聖母（*Madonna of the Yarnwind*）』（図1-38）でした。幼い裸のイエスがディスタッフの細長い棒に十字架を表すために横棒を加えて真っすぐ天に向け、聖母がやさしく抱いています。横棒は織り機の杼と考えれば、裸のイエスのために、ディスタッフとともに糸を紡ぎ、布を織る聖母を表現しているようです。ところで、なぜかこの絵は英語訳で"糸巻きの聖母"と呼ばれました。どの英和辞典でも"distaff"を"糸巻き棒"と訳していますが、"篠巻き棒"のことなので、"篠巻きの聖母"が適切でしょう。

1-2-4　亜麻の靱皮繊維を糸にする方法と漂白方法

　古代エジプト時代に、栽培していた亜麻の茎から繊維をどのようにして採取したか不明ですが、方法としては近年まで行われていた方法に近かったと考えられます。収穫した茎から種と葉を除き、水中に数日間浸して木質部と繊維束

部をくっつけているペクチン質を除き、濡れた茎の皮を剥ぎ、細く裂いて糸状にします。1mくらいの糸状の両端を"績む"方法で撚り合わせて繋ぎ、紡錘車で撚りをかけて連続した強い糸にします。別の方法(4-8, p. 145)は、浸漬を長くして十分に表皮とペクチン質を除き、乾燥茎を木槌で叩いて木質部を砕き、細かい針山の間で梳いて繊維束にし、綿や羊毛と同じように紡錘車で紡いだと考えられます。図1-34は、前者の方法で糸にしていると思われます。

亜麻などの靭皮繊維は黄褐色の生成りで、白く漂白して用いました。漂白方法は、木灰を水に溶かした上澄み液で煮沸して不純物を除き、水洗いして強い光の太陽に当て、オゾンの漂白力を利用して白くしたと考えられます。

コラム 1-13　糸を作る方法 ― 紡ぐ、績む、紬ぐ、繰る ―

糸を作る方法は繊維の種類によって表現が異なります。綿や羊毛の短い繊維束から細く引き出し、撚りをかけて糸にすることを"紡ぐ"(図1-39)、草や木の靭皮繊維の皮を細く裂いた1mくらいの糸の両端を撚り合わせて繋ぎ、撚って連続した糸にすることを"績む"、繭から作った真綿を糸にすることを"紬ぐ"という当て字を使い、糸を紬糸、布を紬織物といいます。繭を煮て糸口を出し十数個から約30個の繭を集めて糸(生糸)にすることを"繰る"といいます。今日では、綿、麻、羊毛は紡ぐと績むを合わせて紡績といい、綿紡績、麻紡績(亜麻紡績、苧麻紡績、ジュート紡績など)、毛紡績(梳毛紡績、紡毛紡績)、絹紡績、化繊紡績、合繊紡績などがあります。

図1-39　糸紡ぎ

コラム 1-14　紡錘車による糸紡ぎとトガに使われた糸の長さ

紡錘車で亜麻や羊毛の繊維束から糸を紡ぐと、1分間におよそ1mの糸ができます。当時の人が1日10時間糸紡ぎをしたとすると、約600mです。今日では最新の紡績機で1錘当たり1分間に300〜500mの糸を紡いでいます。1台に100錘以上あるので、紡錘車の数万倍の生産性があります。

トガ(図1-23)の布に使われた糸はどれくらいかを計算してみましょう。楕円形にすると計算が複雑になるので、幅3m、長さ6mの長方形の織物としま

す。糸密度(織密度)という織物の経糸と緯糸の1 cm当たりの糸の本数を、経・緯とも20本とします。これでトガに使われた糸の長さが計算できます。

300 cm×600 cm×20本/cm×2 ＝ 7,200,000 cm ＝ 72,000 m

　当時これだけの糸を紡ぐのに一人で120日(4カ月)もかかりました。トガの下にはチュニックを着ていたので、10万mの糸が必要で半年近くかかりました。貴重な糸の布をなぜ楕円形や円形に切って使ったのでしょうか。

コラム 1-15　紡錘車から生まれた独楽、ベンハム独楽(Benham's top)、ニュートン色付き独楽(Newton's colored top)

　紡錘車は錘を回転して糸を紡ぐ道具ですが、古代エジプトでは棒の部分を短くし独楽にして遊びました。19世紀後半、イギリスのベンハムは黒と白でデザインした円盤が回転すると、色が現れることを見出し、ニュートンは各種の色を配置して回転させると無彩色になることを発見しました。(図1-40～図1-42)

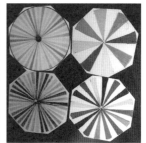

図1-40　紡錘車と独楽　　図1-41　ベンハムトップ　　図1-42　ニュートンカラードトップ

1-3　古代の織り機とカード織り、手編み

　紡錘車で糸を紡ぐようになると同時に、布にする織り機も生まれました。初期の織り機は、古代エジプトのピラミッドの内部に描かれていた図1-43のような方法です。木の枠に経糸を張り、その間に糸を付けた棒を通して緯糸を

入れる方法や、大きな布であれば、平面の枠に経糸を張って織る方法がありました。図1-44は木枠に経糸を数本ずつ束ねて図1-47の石の錘（loom weight）を付けて垂らし、上部から緯糸を通して上方へ織る、経錘手織り機（warp weighted hand loom）または単に錘機という織り機を示しています。前5世紀〜前4世紀の古代ギリシャの壺に錘機（図1-45、図1-46）が描かれています。なお、経糸を数本ずつ束ねたのは、糸が切れないためと錘の幅によって経糸間隔が広がるのを防ぐため、さらに経糸が撚りで回転して錘が当たり、糸の撚り戻りを防ぐためでした。また、糸の撚り方向をS撚りとZ撚り（コラム5-11）を交互に並べ、撚りの戻りで錘がぶつかるようにして、これを防ぎました。古代エジプト時代後期には図1-48のような広幅の織り機もありました。

　織物の緯糸通しは初期では手縫いの運針のようにかがりながら経糸間に通していましたが、図1-44のような錘機が使われると、経糸1本置きに棒（筬）を通し、緯糸（杼）を通して筬で上方に詰め、次に筬を抜いて杼を通し下方の棒で詰め、これを繰り返して行いました。その後、経糸を交互に一斉に動かして織ることができる綜絖（p. 67、図2-13）という道具が考案されました。

　4世紀ころの古代ローマ時代は図1-49のようなしっかりとした木枠台の水平手織り機（horizontal hand loom）が発明され、これを用いて幅1m以上、長さ2m以上の長方形の布を織って、カラシリスや巻き衣に使いました。これは近年まで使われていたものです。経糸の両端が固定されているので、錘機のように経糸の撚り戻りの心配はなくなりました。

　古代エジプト時代の編み物は生産性が低く、また、丈夫さも劣っていたので、ソックスや手袋のような小物に使用しましたが、織物ほど普及しませんでした。

　カード織りは古代エジプト時代に飾り紐を作るために生まれたものです。図2-14（p. 67）のように平たい板の隅に4カ所の穴を開け、これを数枚重ねて、穴に経糸を通し、板を回転させて緯糸を通して織ると、組み物のように織られて、丈夫な紐ができます。これに色糸を使って飾り紐を織りました。図1-50は硬いボール紙のカード4枚で織っている状態を再現しています。

　糸を使って布にする方法は図1-51の"織る・編む・組む"がありました。

第1章　紡錘車の時代と身分ファッション

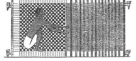

図1-43
古代エジプトの手織り(エ)

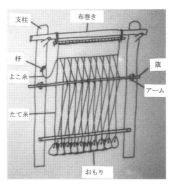

図1-44　錘機の構造(12)

図1-45　壺に描かれた錘機（左）と拡大図（中）(2)、右は復元錘機(12)

図1-46　カップと錘機(2)

図1-47　錘機用石の錘(2)

51

図1-48　古代エジプト後期の広幅織り(エ)

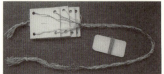
図1-50　カード織りの模型

図1-49　水平織り(3)

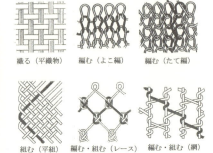
図1-51　"織る・編む・組む"の構造

1-4　第1章のまとめ

　四大文明地で発見され利用されてきた綿、麻、毛、絹は、それぞれの地で糸にされ織物にされて身分や権威の象徴としての身分ファッションを生みました。また侵略や戦争、交易等で四大天然繊維は各地に伝播していきました。四大文明地では、紡錘車という同じような簡単な道具を使って糸作りを行いました。紡錘車は、糸車や三大紡機、洋式紡績の時代でも携帯に便利だったので各地で使われたほど有用な道具でした。糸作りも布作りも大変な労力を必要とし、布はとても貴重なものでした。権力の象徴として生まれた衣服は、布をふんだんに使ったプリーツやドレープのあるもので、プリーツやドレープの無い庶民の衣服と区別されていました。

第2章 | 糸車の時代と宗教服ファッション
― 彩色毛織物 ―

2-1 糸車の時代（10〜15世紀）の世界とファッション
― キリスト教とイスラム教の対立と、大航海時代の幕開け ―

糸車の時代は、糸車が出現した10世紀からフライヤー式糸車が出現する前の15世紀までです。

11世紀のヨーロッパでは、イスラム教の進出阻止のために、キリスト教徒が十字軍（Crusades）を結成し、1096年エルサレムの聖墳墓（Holy Sepulchre）をイスラム教徒から奪還するために40万人を派遣して、エルサレム王国（Jerusalem）を建設しました。このエルサレム王国への巡礼者を守るために結成されたテンプル騎士団（Templars）が出陣して、キリスト教とイスラム教の紛争が起こりました。今日この地では、キリスト教とイスラム教の対立のほかに、十字軍によってエルサレムから追い出された後、1948年イスラエル共和国を建国したユダヤ教を加えた三つ巴の戦いが起こっています。エルサレムはキリスト教、イスラム教、ユダヤ教の聖地で、国連管理下にある都市ですが、2017年アメリカがイスラエルの首都にすると宣言して、国際問題になっています。

13世紀末、小アジアのオスマン（Osman）がイスラム教のオスマン帝国を築き、イスラエルやヨーロッパの一部を支配していました。1453年オスマン帝国のメフメット2世（Mehmet II）によって、ビザンチン帝国（東ローマ帝国）が滅ぼされ、この地はキリスト教支配からイスラム教支配に変わりました。

13世紀末は大航海時代の兆しがありました。1271年イタリアのマルコ・ポーロ（Marco Polo）は貿易商の父とローマ教皇の元朝皇帝宛信書を携えて、ペルシアから陸路で中国に渡り、16年間滞在し、『東方見聞録』で陸路と海路で東洋へ探検できることを示しました。また、イタリアのオデリコ（Oderico）は14世紀初期にインド、セイロン（スリランカ）、スマトラ、インドシナ半

53

島を経て中国に旅していました。14世紀後半、イギリスのマンデビル（John Mandeville）は空想の『東方旅行記（*The Travels of Sir John Mandeville*）』でインド、中国、ジャワなどを旅し、見たことがない綿の木を"インドには枝に子羊の付いた木がある"と記し、15世紀前半イタリアのコンティ（N. Conti）はインド、ビルマ（ミャンマー）などを旅した記録を残しています。1474年、イタリアの天文学者トスカネリ（Paolo P. Toscanelli）は短い東洋航路があることを予言しました。東洋への旅はヨーロッパの探検家たちに夢を与えました。

西ヨーロッパ諸国は、ポーロ、オデリコ、マンデビル、コンティ、トスカネリらの影響を受けて世界に目を向け、"大航海時代（Age of Great Navigations）"を迎えました。1488年ポルトガルのディアス（Bartolomeu Dias）が喜望峰（Cape of Good Hope）を、1498年ガマ（Vasco da Gama）がインドへの新航路を発見してインドや東洋との海路が開け、ポルトガルは交易によって繁栄しました。

ポルトガルのコロンブス（Christopher Columbus）はスペインの援助を得て世界探検に出航し、1492年カリブ海の西インド諸島の一つサンサルバドル（Sansalvador）島に上陸し、これが新大陸アメリカの発見に繋がりました。コロンブスの発見に刺激されて、イタリアの探検家アメリゴ・ベスプッチ（Amerigo Vespucci）やスペインの探検家バルボア（V. N. Balboa）らが南アメリカ沿岸を探検しアメリカを大陸として認めました。アメリカの名は大陸発見者アメリゴから取られ、西インド諸島は、発見した諸島に綿の木があり綿織物もあったため、コロンブスがインド西部に到着したと勘違いしたことで名付けられました。ここでの肌触りの良い綿布は初めてヨーロッパに持ち込まれ、イサベル1世に献上されました。

糸車の時代では、宗教が支配して彩色毛織物の宗教服ファッションや、サーコート（surcoat）やマントルのファッション、14世紀ころに女性はフープランド（ウプランド、houppelande）、男性はダブリット（doublet）にホーズ（hose）というファッションが生まれました。

■■■ コラム 2-1　十字軍と IS

キリスト教が支配していた中東地域では、イスラム教が進出したため、十字

軍が派遣されエルサレムなどの地で戦いが続きました。2000年、ローマ教皇は過去の十字軍の侵攻に対してお詫びの声明を出しました。2014年、シリアの一部に侵略したイスラム教過激派組織 IS が「イスラム国（Islamic State）」を宣言し、石油基地を奪い、他国人を拘束して身代金を要求して資金を得て、兵士を募り、大規模な戦闘やテロを繰り返しました。過去の十字軍とイスラム教徒の関係から、十字軍に関わる国や人はすべて敵（ジハード）であると宣言し、2015年、拘束していた2人の日本人を十字軍に加担する者として殺害しました。IS はキリスト教支配の歴史を認めず、古代ローマ時代の三大遺跡の一つ、シリアのパルミラ（Palmyra）の貴重な遺跡や文化財を破壊しました。2016年「エルサレムの旧市街とその城壁群」の世界遺産認定に対して異議が出ています。

2-1-1　イギリスのノルマン王朝の始まりと、二院制と議会制度の誕生

イングランドでは、9世紀ころアルフレッド大王（Alfled the Great）が7王国を統一し、その後、デーン（Dane）人が征服してイングランド王を兼務してデーン王朝（Dane）が始まりました。

1066年フランスのノルマンディ公ウイリアム（Normandie, William）がイングランド王を引き継ごうとしてイングランドへ侵攻し、ヘイスティングズの戦いで勝利してノルマン王朝を開き、イングランドの初代王ウイリアム1世が誕生しました。この時フランスのノルマンディはイングランド領になり、その後フランスと領土争い（百年戦争）の原因となりました。ウイリアム1世は1070年ウインザー城（Windsor Castle）、キリスト教の普及のためのカンタベリー大聖堂（Canterbury Cathedral）、1078年ロンドン塔（Tower of London）を建設しました。これらは1988年世界遺産に登録されました。

ウイリアム1世の死後、子孫が国王を引き継ぎました。ヘンリー（Henry）2世、ヘンリー3世と続き、その子エドワード（Edward）1世は隣国ウェールズに遠征して支配しました。エドワード1世は1265年、王と貴族だけの議会制度に聖職者と市民代表者を加えた"モンフォール議会（Monfort Commons）"を構成し、これはその後のイギリス議会のもとになりました。また、1215年にジョン王により作成されたイギリス大憲章「マグナ・カルタ

(Magna Carta）」を新法令とし、税の徴収、司教の選出、地方行政の分権など
が決められました。「マグナ・カルタ」は、国王の専制や強権政治に歯止めを
かけ、近世に国民の自由と議会の権利を擁護し、イギリスの憲法的な役割を果
たしました。2015年に制定800年を迎え、ジョン王が署名したサリー州ラニー
ミード（Surrey, Runnymede）で、エリザベス女王やキャメロン首相が出席して
盛大な式典が行われました。首相は「このマグナ・カルタによって世界中の人
間尊重が進み、人々の苦しみが和らいだ」と演説しました。

　エドワード3世の時代、1340年貴族による議会・貴族院（House of Rose、後
の上院）と、裁判官、聖職者、中産層のジェントリー（gentry）で構成する議
会・庶民院（House of Common、後の下院）の二院制が生まれました。

　ジェントリー（ジェントルマンともいう）は貴族と農民の間の新しい階級
で、土地所有者や農業経営者、地主商人、毛織物業者などを含み、農民より豊
かな層でした。さらに、小規模土地所有者や自営農民が出現し、これらの人々
をヨーマンリー（Yeomanry）といいましたが、彼らにはあまり発言力はあり
ませんでした。

コラム 2-2　ノルマンディ公（ウイリアム1世）と兵士のファッション

　フランスのノルマンディ公がイギリスと戦ったノルマン征服の様子は、ノル
マンディのバイユー（Bayeux）タペストリー美術館に展示の長さ80mのタ
ペストリー（2007年世界遺産）に描かれています。白リネンの台生地に美し
く彩色された8色の毛糸でノルマンディ公や兵士の様子が70以上の場面にわ
たって細かく刺繍され、そこでは兵士たちがキュロットのようなスカートをは
いています。

2-1-2　英仏によるファッション素材を作る毛織物産地争奪と百年戦争、そしてイギリスのギルド制による毛織物増産計画

　歴史上の百年戦争（1337～1453）は、ノルマンディなどの所有権をめぐっ
て、フランスを舞台にフランス軍とイギリス軍がおよそ100年にわたって断続
的に戦闘を繰り返した戦いです。ウイリアム1世のとき、ノルマンディはイギ

56

第2章　糸車の時代と宗教服ファッション

リスの領土でしたが、その後フランス領となり、それが戦争の発端となりました。ノルマンディの奪還のために、イギリスはフランスの王位継承に介入して戦争となりましたが、その主な原因は毛織物産地の争奪戦でした。フランスのフランドル地方（Flandle、フランダース）は11世紀以降ヨーロッパの毛織物産地として栄え、イギリスにも輸出していました。イギリスは優秀な羊毛を産出していましたが、毛織物やその加工技術が劣っていたため、原毛をフランドルへ輸出して製品の毛織物を輸入し、またイギリスで織った毛織物の加工を依頼していました。そのころ、イギリスは羊の飼育とともに毛織物の生産を奨励しており、そのためにフランドル地方を支配する必要がありました。この長く続いた戦いはジャンヌ・ダルク（Jeanne d'Arc）によってフランス軍が勝利し、イングランド軍はフランスから撤退しました。

百年戦争で苦杯したイギリスは同業組合のギルド制（Guild）を確立して自国で毛織物業を育成しました。戦争中にフランドルの織り職人をイギリスへ移住させ、彼らから技術を習得しました。特にノーリッジ（Norwich）は多くのフランドル織り職人が移住して、毛織物の主要産地になりました。マンチェスター市庁舎内のグレートホールに、移住したフランドルの織工たちを讃えた「The Establishment of Flemish Weavers in Manchester AD 1363（マンチェスターに定住したフランドル織工の施設）」の大きな絵画（図2-1）があります。

同業組合のギルド制は、11世紀から12世紀に商業ギルド、13世紀から14世

図2-1　マンチェスターに移住したフランドルの手織り職人たち⒀

紀に手工業ギルドとして発足しました。イギリスでは、毛織物職組合、洋服仕立組合、服地商組合の3つのギルドを設立し分業化していました。毛織物職組合のギルドは、親方・平職人・見習い（7年間）の主従関係による技能者の養成、生産統制、会員の関係維持、宗教や社会活動など幅広い活動を行いました。特に、不良品を出さないように製品に対する監督や検査を行い、良いものを作ることを奨励し、不良品は没収したり罰金をとったり、除名したりして組織を強化しました。ギルド制によって、ノーリッジ、ウスター（Worcester）、コッツウォルズ（Cotswolds）、チッピング・カムデン（Chipping Campden）などの毛織物産地は、イギリスの高品質毛織物として今日においても優秀さを誇っており、ギルド制で栄えた地域にはギルドホール、羊毛取引所やマーケットホールなどの建物が残っています。13世紀末から14世紀初めにかけてロンドンで洋服業ギルドが組織され、その名残がロンドンのサビール・ロー（Savile Row、背広の語源）にあり、そこは優秀なテーラーたちが集まってできた街の通りの名称になっています。

百年戦争中に、フランドルの毛織物技術者が移住してきたベルギーのアントウェルペン（Antwerpen、アントワープ）も15世紀に毛織物の整理加工や染色加工を特技とし、高級毛織物を生産しました。イタリアのフィレンツェ（Firenze）もフランドルからの織り工移住によって毛織物の生産で繁栄していました。

このように、当時ファッションを担っていた毛織物の利権は戦争を引き起こす原因となるほど各国にとって重要なことでした。一方で、ギルド制を生み、新しい共同社会制度や工場制手工業のもとになり、イギリスは百年戦争後、フランスやオランダに代わって毛織物の生産と輸出の国になりました。特に毛織物輸出商人のマーチャント・アドベンチャラーズ（Merchant Adventurers）組合が活躍しました。

15世紀に入ると、羊の品種改良が行われ、特にスペインではイギリスの羊と交配させて細い羊毛が得られる新種の羊（メリノ種）の開発に成功しました。メリノ種は今日でも最も繊細な羊毛を産する羊です。

2-1-3 キリスト教の普及、彩色毛織物の宗教服とルネサンスファッション

10世紀末〜12世紀はローマ風の建築様式のロマネスク（Romanesque）、12世紀半ば〜15世紀はゴシック（Gothic）と変わりました。ロマネスクは半円形アーチを特色とし、ゴシックは教会の高くそびえる尖塔が有名です。

10世紀ころはビザンチンドレスでしたが、11〜12世紀は、図2-2のロマネスクスタイル（Romane-sque style）がファッションの主流になりました。古代ローマ時代にあったような美しいドレープ感が現れています。特別なファッションとして、12世紀ころにトランペットスリーブという袖のついたチュニックがありました。また、袖にボリューム感とドレープ感を表現したチュニック型ワンピースのブリオー（bliaut）もありました。チュニックの下の部分も大きなドレープ感が出ています。

男子服は動きやすいように簡単なブリオーで、ひざ丈くらいのチュニック（図2-3）でしたが、高官や女性は図2-4のようなトランペットスリーブの長いチュニックでドレープ感とボリューム感がありました。

14世紀半ばに、男子用ジャケットのダブリットという詰め綿を入れてキルティングをしたボリューム感があり体にぴったりした上着と、半ズボンに膨らみを入れたホーズがファッションとなり、17世紀ころまで使われました。

13〜14世紀はゴシック時代で、ファッションはゆったりとしたチュニックにベルトで布を寄せて人体の線をはっきり表しながらドレープ感を出しまし

図2-2　ロマネスク(7)

図2-3　男子服(7)

図2-4　トランペットスリーブ(7)

た。その上にサーコートや袖なしマントルを着ました。サーコートは大きな長袖が付いた丈の長い外衣で、男女とも着ました。防寒用は毛皮で裏打ちしていました。ベルトでハイウエストにしてドレープ感を出し、広幅の袖を付け、袖と裾にドレープ感を表しました。

14世紀コトアルディ（cote-hardie）という体にぴったりした長袖のワンピース型の上衣がファッションになりました。男性用はひざ丈、女性用は床までのドレープ感があるもので、後ろあきのボタン掛けで着装し、袖に大きな垂れ飾りを付けてドレープ感を出しました。男性用の下衣はタイツのホーズと半ズボンでした。

13世紀ころから男女とも被り物・ヘッドドレス（headdress）を着けるようになりましたが、15世紀に入ると山高風のボリューム感のある帽子に代わりました。これらは毛織物やリネン製でした。

14〜15世紀に、男女とも図2-5のようなフープランドという袖口を広く袖を長くしたガウン状のワンピース型ドレスがファッションになり、床を引きずるほどの長いガウンで袖や全身にボリューム感とドレープ感を出しました。彩色された毛織物を使い、上着は胸元を開けた丸型の襟ぐりが流行のファッションでした。

図2-5　フープランド(7)

宗教服も大きく変化しました。14世紀初期のサープリス（surplice）は短い白衣でしたが、布地を多く使い、袖口を広げてドレープ感を出しています。14世紀後半のシミア（chimere）は袖なしの

図2-6　宗教服のコープ(7)　　図2-7　聖衣服(7)

60

黒や赤の法衣で、重厚なドレープ感が出ていました。図2-6は刺繍入り毛織物のコープ（cope）で、聖職者が儀式のときに着る肩掛け衣で、まとうと大きなドレープが出ました。騎士たちのドレープ感のあるマントは権威の象徴でした。15世紀後半は、図2-7の宗教服のように多くの布を体に巻きドレープ感とボリューム感を表現していました。

コラム 2-3　リネン室とリネンサプライの由来

　糸車の時代のヨーロッパでは、リネンは衣服や装飾、家庭用のテーブルクロスやナプキン、寝具用のシーツやカバー類などに使用しました。貴族の館やホテル、病院などに保管のためのリネン室があり、各家庭にリネン棚がありました。英語で洗濯かごを"linen basket"、保管棚を"linen closet"といいます。現在、病院やホテル、旅館などにリネン室があり、そこに保管されているものは綿やポリエステル製品で、リネンではありませんが、名前だけが残っています。リネンサプライ（linen supply）は業務用クリーニング業で、リネンは扱っていませんが、ホテルなどの浴衣やシーツ類を高温殺菌洗濯し、またリースして洗濯を行う業者です。

コラム 2-4　染色技術が進んだヨーロッパと東洋

　ヨーロッパでは、動植物の染料でよく染まる毛織物を美しく彩色したファッションが生まれました。染料は、紅花、西洋茜・西洋ごぼう・コチニールなどの赤、ウォード（woad）の青、ダイヤーズカモミール・ウェルド（weld）・くちなしなどの黄、あくき貝・紫草の紫、ログウッドの黒などです。重ね染めも行われました。

　インドでは捺染（プリント）の技術が生まれ、美しく彩色してあるインド産の綿布を見てヨーロッパの人々は驚きました。ろう染めや絞り染めも生まれました。これらの東洋の染色布はヨーロッパの宮廷や高官たちのファッションに使われました。染色技術は日本にも伝わり、奈良・平安時代に絹織物の染色に応用されました。

2-1-4　ファッションを紹介したパピルスから羊皮紙、印刷できる紙へ

　糸車の時代のファッションは壁画や銅像、パピルス（papyrus）や羊皮紙（parchment）に描かれた彩色の着衣の絵などによって分かります。

　羊皮紙は羊、山羊、牛などの皮から作ったもので、前2世紀ころから使われてきました。パピルスに比べ耐久性、耐水性があり、羊皮紙が普及すると、パピルスは手紙やメモ用、羊皮紙は重要な書類に用いました。子牛の羊皮紙は"ベラム（vellum）"といい、高級品でした。皮は天然染料で染まり、顔料も使えたので、書物の挿絵として美しく彩色できました。アイルランドのトリニティ・カレッジ図書館に保存されている8～9世紀の羊皮紙に書かれた福音書『ケルズの書（*Book of Kells*）』に、美しく彩色されてドレープ感あふれた衣服をまとったキリストや、14世紀に書かれたチョーサー（Chaucer）の書『カンタベリー物語（*The Canterbury Tales*）』に庶民のカンタベリー詣での様子などが描かれています。

　11世紀に中国から繊維をすく製紙の技術が伝わり、紙が作られるようになりました。原料は亜麻屑やぼろ布の繊維でした。15世紀の中世末にはヨーロッパ諸国で製紙工場ができ、パピルスや羊皮紙は次第に使われなくなりました。

　ドイツのグーテンベルク（Johannes Gutenberg）は1434年ころ活字印刷機を発明しました。彼が印刷した聖書は『グーテンベルク聖書（*Gutenberg Bible*）』といいます。紙と印刷技術の発展はファッションの伝播・普及に貢献しました。

　15世紀後半、イギリスの織物商人カクストン（William Caxton）はフランドルで富を得て、印刷技術を学び、衣装の挿絵入りの『カンタベリー物語』や『百科事典』などを印刷出版して広めました。

2-1-5　わが国の十二単ファッションと武家衣装

　9世紀の十二単ファッションは11世紀後半になると重ね着を5枚までとする奢侈禁止令が出され、さらに、12世紀には宮廷の下着の小袖が外出着になるなどファッションに変化が出ていました。一方、武士の出現により勇壮な姿を表現するため、鎧兜を美しく装飾しました。それらには彩色された絹糸のほ

第2章　糸車の時代と宗教服ファッション

かに、金糸や銀糸が使われました。鎌倉、室町時代の武家衣装は、近世の桃山文化といわれる華やかな衣装へと繋がっていきました。

2-2 糸車の出現
― 紡錘車より生産性の良い道具 ―

　古代から糸を紡ぐ唯一の紡錘車は、錘、棒（スピンドル）、ディスタッフの3つから成り、ディスタッフを脇に抱え、歩きながらでも使うことができ、携帯に便利でした。10世紀頃に、インドか中国で糸車（spinning wheel、図2-8）が生まれました。糸車は大きい車輪、小さいプーリー、スピンドルの3つから成り、大きな車輪（はずみ車）を一方の手でゆっくり回転させ、ひもで連結し

図2-8　糸車（中央：ジャージホイール(14)、右：グレートホイール(15)）

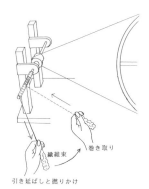

図2-9　糸車の使い方

図2-10　ウォーキングホイール(16)

63

ている直径の小さなプーリーに伝えてそれに連結しているスピンドルを高速回転させます。イギリスでは椅子式をジャージホイール（Jersey wheel）、立ち式をグレートホイール（great wheel）といいます。

　図2-9のように、スピンドルが回転中に他方の手に持った繊維束を少しずつ引き延ばしながら撚りをかけて、1mくらい紡いでから一度回転を止めて、次に糸を巻き取る位置に移してゆっくり回転させてボビンに巻き取り、10cmくらい残して再び回転させて糸にします。スピンドルの回転が速いので紡錘車よりも効率よく糸紡ぎができました。

　グレートホイールのホイールをさらに大きくした糸車（図2-10）は、2〜3歩前後に移動しながら羊毛を紡ぐことができたので、ウォーキングホイール（walking wheel）またはウールホイール（wool wheel）といいました。羊毛は繊維が長く繊維同士が絡み合っているので紡いでいる途中で糸が切れにくく、数歩移動しても連続して長く糸を紡ぐことができました。

　紡錘車や糸車による糸の紡ぎ方は、繊維の種類や糸の太さ、熟練度などで違いますが、紡錘車は1時間に約60〜100mに対し、糸車は1時間で200〜500m紡ぐことができ、糸車は紡錘車の数倍の生産性がありました。

　糸車は綿、羊毛、亜麻などの繊維束から糸を紡ぐために考案された道具ですが、2本以上の糸を撚り合わせて双糸や三子糸などの撚糸を作る時にも利用しました。

　わが国では、糸車の時代はまだ紡錘車を使っていました。麻は績んだ糸を紡錘車で撚りをかけ、真綿から紡錘車で糸を紡ぎ、繭から繰糸して生糸にしていました。糸車を使う綿や羊毛、亜麻はまだ伝わっていませんでした。

2-3　亜麻と羊毛を紡ぐボビンとフライヤーを備えた手回し糸車の出現

　15世紀後半に新しい糸車が開発されました。1480年、図2-11の糸車にボビン（bobbin）と馬蹄形のフライヤー（flyer）を備えた糸車です。大きい車輪を一方の手で回し、他方の手でディスタッフに束ねた繊維束から少しずつ引き出し、それに撚りをかけながら糸を紡ぎフライヤーと一緒に回っているボビン

に糸を巻き取るという、2つの作業を同時に行う画期的な発想です。この糸車は手回し式のため熟練が必要で、どれくらい普及したかは不明ですが、18世紀半ば図2-12の小型化したものが使われていました。手回し式は16世紀に足踏み式に改良されてフライヤー式糸車となり、両手の指で効率よく均整な糸を紡ぐことができるようになりました。

図2-11
手回しフライヤー式糸車(オ)、(E)

図2-12
18世紀半ばの手回しフライヤー式糸車(オ)

2-4　綿と亜麻または羊毛の交織織物"ファスチアン"

　綿はアレキサンダー大王の東方遠征によってインドからヨーロッパにもたらされましたが、地中海沿岸地帯で栽培が行われても、あまり生産に繋がりませんでした。十分ではない綿糸を使って少しでも肌触りのよい布にするため、亜麻糸や毛糸と交織したファスチアン（fustian）にしました。特に経糸に亜麻糸、緯糸に綿糸のファスチアンはヨーロッパで多く使われ、15世紀にはドイツのフッガー家（Jacob II Fugger）がファスチアンで富を築きました。イギリスでは経糸に羊毛糸、緯糸に綿糸を交織したウールファスチアンも多く作られました。

コラム 2-5　今日のファスチアン

　今日では、ファスチアンは綿のコール天や綿ビロードなどの高級な添毛織物または乗馬ズボン用厚地の斜文織綿布のことです。当初から丈夫な織物で、綿糸を緯糸に使って柔らかい高級感のある布にしたことから変化しました。

コラム 2-6　亜麻と毛の漂白方法

　14世紀ころ、腐りかけたミルク（乳酸）と石鹸水で繰り返し洗って生成りの亜麻を白くする方法が生まれました。特にオランダはミルクが豊富にあり、乳酸が多くとれたので亜麻の漂白に使用していました。石鹸を加えない乳酸による漂白方法は、羊毛を損傷させないことから、特に毛織物やフェルトの漂白に適しており、イギリスやフランスなど周辺諸国から依頼されていました。硫黄による漂白方法も生まれました。硫黄を燃やし、それを蒸気にして使いました。これも毛織物に適していました。ハイドロサルファイトに似ています。

　なお、現在の化学的なさらし粉などの塩素漂白法（p. 166）は18世紀後半から使われるようになりました。

2-5　糸車の時代の水平手織り機

　織りの基本は数百本の経糸を張り、経糸を細長い平らな棒で1本ごとにすくい、その間に緯糸を通すことです。この操作を効率よく行うために開口、緯糸通し、緯糸打ちの方法が工夫されました。

- 開口は緯糸を通しやすくするために、綜絖（heddle or harness）という道具を使って一斉に経糸を上下させます。
- 緯糸通しは開口している経糸の間に杼（shuttle）という道具で緯糸を通します。杼通しともいいます。
- 緯糸打ちは経糸間に通した糸を筬（reed）という道具で詰めて布にします。筬打ちともいいます。

　この3つの作用に経糸巻きと布巻きの道具が加わって織り機が機能します。古代の織り機は開口、経糸巻き、布巻きの機能が無かったので、長いものはできませんでした。その後、5つの作用を取り入れた織り機が考案され、長いものを織ることができるようになりました。

　紡錘車の時代の手織り機は立ち作業が一般的でしたが、作業がしやすいように座って織る方法が生まれました。図2-13は13世紀ころの水平手織り機

第2章　糸車の時代と宗教服ファッション

(horizontal loom）または地機（back strap loom、腰機、後帯織り機、居座機などともいう）で、足で操作して経糸を交互に上下させて緯糸を通しています。その後経糸を交互に仕分け、開口して緯糸を容易に通すことができる綜絖を考案し、椅子に腰掛け、足で踏み子を動かして経糸を上下させ、杼を通して、一人で織る手織り機（hand loom）が出現しました。これを足踏み（踏み子）式手織り機（treadle loom or floor loom）といい、織り工は両手で杼を左右に移動して緯糸入れができ、古代の織機より数倍生産性が向上しました。図2-14は12世紀ころに使われた糸紡ぎ、織り、縫いの道具です。

編み物は古代から作られており、ヨーロッパに手編みの技術は伝わっていましたが、棒編みで生産性が低く、発展しませんでした。

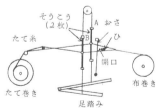

図2-13　各種手織り機と構造(3)

図2-14　左から針、くし（筬の代わり）、カード織り（p.52）板、杼、紡錘車(2)

2-6 第2章のまとめ

　糸車の時代のヨーロッパのファッション素材は主に毛織物とリネンでした。紡錘車より糸紡ぎがしやすい糸車の出現によって糸の生産が増え、布が出回るようになりました。当時の毛織物は荘園に属する農家の女性の仕事でしたが、毛織物の需要が高まり、専門の織り工が生まれました。さらに原毛の洗毛、染色、糸紡ぎ、織り、水車動力による縮絨などを専門的に扱う職人によって品質の良い毛織物が作られるようになると、フランドルのような産地ができました。さらに百年戦争の戦場となってそれらの職人が各地に移住して、ヨーロッパ各地で彩色された高級毛織物が生まれました。また、亜麻と羊毛、亜麻と綿、羊毛と綿のファスチアンが生まれ、綿や羊毛を緯糸に使ってより柔らかい布が生まれました。さらに宗教が社会に大きな影響力を持ち、宗教服ファッションが生まれました。

　糸車の時代は、亜麻や羊毛の増産、糸車の普及による糸の増産、水平手織り機の普及、水車による毛織物の縮絨などの加工法の確立等が同時に発展して生産量が増え、良質な彩色毛織物とリネンがファッションを担いました。

	フライヤー式糸車の時代と貴族ファッション
第3章	― 三大発明による高級毛織物とリネンファッションの誕生 ―

	フライヤー式糸車の時代（16～18世紀半ば）の世界とファッション
3-1	― 大航海時代と奴隷貿易の始まり、ルネサンス・バロック・ロココの芸術と三大発明によるファッション ―

　16世紀オスマン帝国の最盛期を迎え、首都イスタンブール（1985年世界遺産）は東西貿易の中継地として栄えていました。東洋の絹や陶器、インドの綿や黒胡椒、トルコの毛織物やフェルト、金銀などの貴金属やガラス製品、ファッション素材と装飾用品など、ヨーロッパが望むものはすべてここに集められました。その名残が今日でも開かれるバザール（bazar）市場です。その頃、足踏みのフライヤー式糸車が出現し、飛び杼式手織り機と靴下編み機が発明され、これらの三大発明が、高級毛織物の生産や繊細なリネンレースのラフや編み物のキャニオンズ（canions）という新しいファッションを生みました。

　ポルトガルのエンリケ（Henrique）航海王子は、巻貝のシシリアン・パープル（貝紫）を探す"貝紫ハンター"という探検家をアフリカ西海岸などに派遣し、14世紀ころから始まった大航海時代は16世紀に幕開けしました。その後、スペインの探検家コルテス（Hernán Cortés）がメキシコを征服し、アステカ帝国の多くの財宝をヨーロッパに持ち帰りました。16世紀は海賊、探検家、軍人らが新大陸などから持ち帰った宝物で財力を得たポルトガルとスペインがヨーロッパの大国となりました。

　ポルトガルのマゼラン（Ferdinand Magellan）隊は、1519年に南アメリカ南端で海峡（マゼラン海峡）を発見し、同行したエルカノ（Juan Sebastián Elcano）らは1522年に世界一周を達成しました。スペインの探検家ピサロ（Francisco Pizarro）とアルマグロ（Diego de Almagro）は1533年3隻の艦隊に

69

兵士と馬を乗せてペルーに上陸し、インカ帝国を滅ぼして植民地にしました。スペインは東洋や新大陸の財宝によって、"太陽の沈まぬ国"になりました。

　17世紀初期、スペインから独立したオランダは海運業を生かし、1602年にイギリスに次いで東インド会社を設立し貿易で利益を得て、ファッション素材の毛織物、絹織物、レースなどの生産と輸出を行って、その繁栄を支えました。

　17世紀フランスでは、ルイ15世時代ロココの装飾様式の最盛期を迎え、貴族らはファッションを楽しみました。18世紀後半まで繁栄を誇っていたフランスでしたが、海運業や海軍力に劣っていたため、次第にイギリスに勢力を越されていきました。イギリスの市民革命による自由な政治や社会体制を知り、18世紀ルイ王政の絶対主義に対し、"アングロマニア（Anglo mania、イギリス心酔）"という言葉が流行しました。一方で、芸術の分野はルネサンスからバロック、ロココへと文化様式が変化し、新しいファッションを生みました。

　イギリスは、1588年エリザベス1世の時代に、探検家や軍人らが活躍してスペインの無敵艦隊を破り、海軍力を増していました。17世紀にはオランダとの戦いに勝利し、自国に有利な航海法を定めて貿易で栄え、18世紀にはオランダやフランスに代わって"太陽の沈まぬ国"になりました。

　大航海時代は、ヨーロッパ諸国による新航路の発見と新大陸の植民地化が行われました。16世紀、ポルトガルとスペインは、植民地化した西インド諸島、ペルーやブラジルなどの南アメリカ沿岸地域の土民だけでヨーロッパが求めていた食料や綿花、タバコ、コーヒー、さとうきびなどを栽培することは不可能でした。そこで、アフリカの黒人を奴隷として送り込む政策を行い、植民地へ多くの奴隷を輸送しました。16世紀から17世紀はアフリカ西海岸の"奴隷海岸"、"胡椒海岸"、"象牙海岸"、"黄金海岸"などと呼ばれる港からアフリカ人は奴隷として植民地へ、アフリカ財はヨーロッパへ運ばれました。

3-1-1　奴隷貿易の始まりとアシエント権導入、砂糖きびと綿花の栽培

　古代ギリシャやローマ時代は、戦いに負けたものが奴隷となっていました。15世紀、戦いとは関係なくポルトガルの貿易商人によってアフリカの奴隷貿易が始まり、16世紀初期に奴隷貿易商人という新しい職業が生まれました。

70

奴隷貿易は、ポルトガルとスペインが植民地化した新大陸の労働力としてアフリカの黒人奴隷を送り込むことから始まり、オランダ、フランス、イギリスも続き、植民地で自国が必要とする農作物、特に砂糖の労働に、後に綿花の栽培に従事させました。

16世紀スペイン王室が奴隷供給特権「アシエント（Asiento）」を商人に与え、一定数の黒人奴隷をアフリカから新大陸へ輸送させて資金を得ていました。17世紀にはポルトガル、オランダ、フランスの商人が加わり、自国の植民地へ黒人奴隷を労働のために送り込みました。アシエントは植民地などへアフリカ奴隷を供給する権利を指しています。

その後、イギリスの南海会社がこの権利を得て、黒人奴隷を主に綿花や砂糖きびの栽培のためにアメリカ南部や西インド諸島の植民地へ運びましたが、実際は闇奴隷貿易によって、より多くの黒人奴隷が送り込まれました。奴隷船は狭い船底に数百人も押し込み、足に鎖が繋がれたままの悪環境の中で、港に着いたときには平均で20％が船内で死亡し、半分しか生き残っていないこともありました。

3-1-2　イギリス王朝の繁栄

イギリスが繁栄し始めたのは16世紀エリザベス（Elizabeth）1世の時代からです。父ヘンリー（Henry）8世は結婚問題でカトリックをイギリス国教会に改組し、異母姉のメアリー女王の後を受けて、25歳で即位したエリザベス1世が正式に国教会（Anglican Church）と定めました。この宗教改革のため、カトリック教徒による暗殺の危機（バビントン陰謀事件）もありました。エリザベス1世は1588年当時最強のカトリック国スペインの無敵艦隊に勝利して、軍力・宗教・政治力などで強さを示し、ホーキンズ、ドレイク、ローリーなどの探検家や軍人を派遣して世界に植民地を求めました。この時代を"ゴールデン時代（Golden Age）"、"エリザベス朝（Elizabethan）"といいます。

ヨーロッパの人々は香辛料や茶、コーヒー、綿、絹、宝石類などの東洋の商品を求めていました。1600年にイギリスは東洋貿易を行う東インド会社（East India Company）を設立し、1602年にオランダ、1604年にフランスも同様の目的で東インド会社を設立しました。1620年、清教徒の巡礼者（Pilgrim Fathers）

102人がメイフラワー号（The Mayflower）で新天地アメリカに渡りました。

　シェイクスピア（William Shakespeare）は王や貴族を題材にした多くの喜劇や悲劇を発表し、舞台衣装とともにイギリス人を熱狂させました。ルネサンス時代の黄金時代で、ファッションにも大きな影響を与えました。

　その後、チャールズ（Charles）1世の清教徒弾圧、クロムウェル（Oliver Cromwell）による清教徒革命（Puritan Revolution or Civil War）、チャールズ2世の王政復活と政権は目まぐるしく変わり、1714年アン女王（Anne）が亡くなるまでスチュアート朝は続きました。その間、1666年にロンドン大火が起こり、再建のため建物を煉瓦造りの耐火ビルにし、衛生的な近代都市を目指しました。チャールズ2世はグリニッチ天文台（Greenwich）を、ウイリアム3世は1694年にイングランド銀行（Bank of England）を設立しました。アン女王時代は1701〜1714年のスペイン継承戦争やアン女王戦争（Queen Anne's War）が起こり、いずれもイギリスが勝利し、スペインからアシエント権と各地の植民地を得ました。1707年スコットランドを併合しました。

3-1-3　エンクロージャー（囲い込み）政策と羊毛増産、フライヤー式糸車による高級毛織物、マニュファクチャーによる毛織物の生産

　イギリスはフランスとの百年戦争後、毛織物の生産を強化しました。エドワード3世時、羊毛原料の増産のために羊を大量に飼育する必要があり、牧草地確保のため、農業革命とも呼ばれるエンクロージャー（enclosure、囲い込み）によって農地拡大を行いました。15世紀末からヘンリー8世、エリザベス1世へと引き継がれ、17世紀半ばまでの長期にわたり、地主や権力者たちは村落共同体を壊して農場を広範囲に囲い込んで農民を無理やり農地から追い出しました。この囲い込みを第一次エンクロージャーといいます。羊毛増産に合わせたかのように、繊細な羊毛糸や亜麻糸を紡ぐことができるフライヤー式糸車が生まれました。

　農地から追い出され仕事を奪われた農民は、救貧法（Poor Laws）によって救済され、新天地アメリカへの移住や、16世紀半ばに出現した工場制手工業・マニュファクチャー（manufacture）を担いました。マニュファクチャーは従来のギルド制では物の大量生産が難しいことから生まれた制度で、糸や布の

生産効率がよく、品質も揃い、貴族ファッションを担うようになり、商業が発展してジェントリーが活躍しました。15世紀ころに生まれた毛織物輸出商人（p. 58）は1564年、エリザベス1世の特許状によって厳密な組合となり、高級毛織物を世界に輸出しました。18世紀初期はイギリスの輸出貿易額の85%が毛織物で、産業革命前の18世紀半ばでも60%以上ありました(K)。

コラム 3-1　"羊が農民を食う"とハーフ・ティンバー

　ヘンリー8世に仕えた大法官トーマス・モア（Thomas More）は著書『ユートピア（*Utopia*）』（1516）に、王のエンクロージャー政策を"羊が農民を食う"と批判しましたが、農地から追い出された多くの農民たちは毛織物業のマニュファクチャーの担い手になり、イギリスを世界の毛織物産地として押し上げました。今日イギリスの田園風景は広々とした区画の中で羊や牛がのんびりと牧草を食べ、町や村に立派な教会、羊毛や毛織物の集積取引所、ギルドホール（guild hall）などやハーフ・ティンバー（harf-timber）の建物などが残っています。ハーフ・ティンバーは15〜16世紀の漆喰造りの建築様式で、木材を長さ方向に半分に切って建物の枠を組み、その間に土を詰めて白く塗り、木面を出したコントラストの美しい建物です。しかし17世紀に軍艦用に木材を大量に使ったため、ハーフ・ティンバーを建てることができなくなりました。イギリス映画『わが命つきるとも（*A Man for All Seasons*）』（1966）は、モアの一生を描いています。

3-1-4　イギリスの綿花の入手方法

　フライヤー式糸車時代のイギリスは、羊を飼育し亜麻を栽培して、繊細な糸で生産した高級毛織物とリネンのラフがファッションでしたが、硬いリネンやちくちくする毛織物に比べ、肌触りのよい綿の良さを知ったイギリスの人々は、ストッキングやインナー、アウターなど多くの編み物の綿製品を望み、新しく編み機が発明されました。16世紀末に美しく彩色されたインドの綿更紗が伝わり、17〜18世紀に貴族の間で大流行しましたが、高価で、庶民は白綿布さえも手に入れることができませんでした。イギリスでは綿は気候上栽培できず、綿花や綿製品へのあこがれは強く、それを人々は"白いゴールド"と

呼び、輸入したわずかな綿花を紡いで毛や亜麻と交織のファスチアンにして
ファッションに使用していました。イギリスは貴重な綿花や綿製品をどのよう
にして入手したのでしょう。

(1) 大航海時代とアシエント権による奴隷貿易と砂糖きびや綿花の栽培

　スペインの無敵艦隊を撃破したイギリスは海軍力を強め、大航海時代にふさ
わしい艦隊を組織して探検家を送り、植民地化を進めるとともにスペイン領の
植民地を奪い、黒人奴隷を入植させて、綿花や砂糖きびの栽培を行いました。
　スペイン王位継承戦争でイギリスが勝利してスペインから得たアシエント
は、イギリスが1713～1750年の間、毎年4800人の黒人奴隷を植民地などへ供
給できる権利でしたので、その後の綿花栽培を進めるのに役立ちました。

(2) クロムウェルによる航海法と綿花等の独占貿易

　清教徒革命で活躍したクロムウェルは共和制議会（1649～1660）を設立しま
した。この間に制定した航海法（Navigation Acts）は、イギリスの自国船によ
る貿易独占をはかり、植民地の産物をイギリス本国以外に直接輸出することを
禁じ、植民地への輸入はイギリスを経由して行うもので、しかも輸出入の船は
すべてイギリス船、乗組員もイギリス人でした。イギリスはこの法律で植民地
から必要な物資（綿花、砂糖、胡椒など）を入手し、莫大な利益を得ました。

(3) 探検家による西インド諸島などの植民地化と砂糖きびや綿花栽培

　大航海時代のイギリスは、16世紀半ばから西インド諸島やアメリカ各地に
入植し、植民地を多く建設しました。代表的な島は西インド諸島の一つバハマ
島（Bahamas）で、ここで綿花栽培を始めました。無敵艦隊を破ったホーキン
スとドレイクらはスペイン領の西インド諸島を奪い、ここで栽培されていた海
島綿の高級綿花を本国に送りました。特にエリザベス１世は海島綿の柔らかい
布がお気に入りでした。西インド諸島の海島綿はイギリス専用となりました。

(4) イギリスの三角貿易で確保した綿花等

1660年、イギリスは貿易会社の王立アフリカ会社（African Company）を設

けて貿易を行いました。その後、アシエント権を利用して、図3-1のように、イギリス船に綿布やラム酒、武器を載せてアフリカで奴隷と交換し、奴隷船で西インド諸島やアメリカ大陸へ送り、ここで栽培した綿花、砂糖、たばこ、コーヒーなどを本国へ運んで多大な利益を得ていました。地図上でイギリス・西アフリカ・西インド諸島を結ぶと三角形となり、イギリスが利益を得るような仕組みの貿易を三角貿易（Triangle Trade）とか奴隷貿易といいます。俗的な表現では白黒交換貿易ともいい、白い綿花・砂糖と黒い奴隷との交換でした。イギリスが産業革命時に必要な綿花を確保できたのには三角貿易が大きな役割を果たしていたからです。

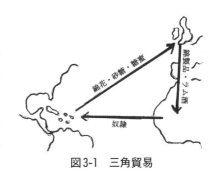

図3-1　三角貿易

　三角貿易で富を得たイギリス貴族や富豪層は、コーヒーハウスで植民地からのタバコをふかし、コーヒーや砂糖とミルクたっぷりの紅茶を飲み、綿織物や絹織物で豪華なファッションを楽しみ、これにジェントリーも加わって、イギリス人の生活は一変し、農業革命に続く商業革命を迎えました。

コラム 3-2　輪作農業と綿花栽培

　輪作農業は病虫害を防ぐ方法として、同じ土地で穀物や野菜、牧草などを4～5年ごとに入れ替えて作付けするもので、1730年代イギリスで開発され、国内ではこの循環栽培方法でイギリス農業を発展させ、輪作（rotation）はヨーロッパ農業のモデルとなりました。植民地では綿と砂糖きびなどを数年ごとに交互に栽培しました。同一作物を長年続けると病気になりやすくなるため、輪作はそれを防ぐのに適していました。

3-1-5　エリザベス1世の時代から王室用に使用の最高級の海島綿

　スペインの探検家らが大アンチル諸島（Greater Antilles）で砂金を発見してから、16世紀はスペインのほか、オランダ、フランス、イギリスなどヨーロッパ諸国が西インド諸島や南北アメリカへやってきて植民地化しました。砂

金の量は少なく、スペインは西インド諸島周辺の小島にいた土民や奴隷を大きい島のキューバやハイチ、ドミニカなどへ移し、砂糖きびの栽培に従事させました。このため、スペイン植民地の小アンチル諸島（Lesser Antilles）などは無人となって、綿の木は自生したままでした。イギリスはこの綿に目を付け、スペインから小アンチル諸島など西インド諸島の植民地を奪うと、アフリカから黒人奴隷を送り、綿栽培を行いました。

　西インド諸島の綿の木は海辺近くに自生していたもので、シーアイランドコットン（sea island cotton、海島綿）と呼び、各地の綿に比べて長く細い繊維で、柔らかく絹のような肌触りでした。海島綿の綿の木をアメリカのフロリダ沿岸に移植しましたが、越冬が難しく栽培には失敗しました。その後、多年生の綿の木から一年生への研究を行い、18世紀初頭に成功して種蒔き法によって大量栽培を可能にしました。(Y)

コラム 3-3　今日の高級海島綿と栽培地

　今日、"繊維の宝石"と呼ばれている海島綿は西インド諸島のうち小アンチル諸島のセントキッツ・ネビス（St. Kitts and Nevis）、バルバドス（Barbados）、アンチグア（Antigua）、モントセラト（Montserrat）など気候的地域的に限られた場所で栽培しています。海島綿はイギリスが独占しており、わが国は、1975年エリザベス女王の来日を機に海島綿の輸入が認められてから製品化を行い、海島綿の高級綿製品はイギリス王室にも献上しています。(Y)

3-1-6　フライヤー式糸車の時代に活躍した画家と肖像画ファッション

　当時のファッションは肖像画によってある程度分かります。肖像画を描いたイギリスの主な宮廷画家は、ヘンリー８世（図3-2）や６人の妃、エリザベス１世（図3-3）の肖像画を多く描いたホルバイン一家（Holbein）、チャールズ２世や妃などの肖像画を描いたリーリー（Peter Lely）、風刺画の祖で近代絵画の父といわれ、多くの風刺画を描いたホガース（William Hogarth）などです。肖像画からは王室や貴族のファッション、風刺画からは庶民のファッションを見ることができます。ロンドンのホガースレーン（Hogarth Lane）にホガース

博物館（Hogarth's House–The Museum）があります。

　宮廷画家は王や貴族を強く立派な姿に、妃は美しく華やかに描きました。ヘンリー8世が4番目の妃としてドイツからアン（Anne of Cleves）を迎えるとき、遠方であったので肖像画を見ただけで決めました。ところが、実際の妃を見て落胆し、すぐに離婚して5番目の妃キャサリンを迎えました。肖像画は衣装とともに顔立ちも実物以上に美しく描いたのでしょう。

図3-2　ヘンリー8世(17)　　図3-3　エリザベス1世(17)

　フランスではル・ブラン（Charles Le Brun）がルイ14世や妃たちの肖像画を、スペインのベラスケス（Diego R. de Velázquez）はフェリペ4世や宮廷の人の肖像画を描きました。その他、ダ・ビンチ、レンブラント（Rembrandt）、ルーベンス（Rubens）、ベルニーニ（Bernini）、フェルメール（Jan Vermeer）、ハルス（Frans Hals）などヨーロッパの多くの画家が肖像画を描きました。

3-1-7　ボリューム感とドレープ感が復活した豪華なファッション
　　　　　― ファージンゲールとコルセットの出現 ―

　フライヤー式糸車の時代のヨーロッパではオスマンの支配外であったスペインとフランスが植民地化政策で特に繁栄し、豪華なスペイン風とフランス風のファッションが生まれました。

　16世紀はルネサンスの影響を残していましたが、16世紀末から18世紀は、自由な感情表現や動的で量感のあふれる装飾様式のバロック（Baroque）の時代から、ロココ（Rococo）の時代に引き継がれ、衣服のファッションに大きな影響を及ぼしました。この時代は絹織物も豊富で、フライヤー式糸車による繊細な糸で高級毛織物やリネンが作られ、染色技法も高められていました。

　男子の服装は、図3-2のようなトランクホーズ（trunk hose）と呼ぶ半ズボン

77

がファッションでした。詰め物で膨らませてボリューム感を出し、スラッシュ（slash）で装飾していました。カボチャ型で"pumpkin pants"とか"lantern style"ともいいます。上着は半コートで、ズボンの下にはくキャニオンズという大腿部からひざまでのぴったりした靴下（hose）も重要なファッションでした。15～16世紀の男性用半ズボンにコドピース（codpiece）という股袋を付けた奇妙なファッションがありました。図3-2のヘンリー8世の肖像画は胸を大きくし、キャニオンズで足を太く見せ、大きなコドピースを付けています。17世紀に入ると、体にぴったりとした上衣となり、飾りのある長めのウエストコートを着ることでボリューム感とドレープ感を出しました。16世紀には図3-4の高級毛織物のクロークがありました。

　女子の服装も、ヘンリー8世の6人の妃、メアリー1世、ハプスブルク家の妃などの肖像画などに見られるような豪華な衣装が現れました。16世紀はフープスタイルでしたが、ファージンゲール（farthingale）という豪華なスパニッシュスタイルの釣鐘型やフレンチスタイルの円筒型（図3-3）が生まれ、ペチコート（petticoat）を重ねてその上に大きく広げました。図3-5は16世紀初期の男女のガウンと女性コートドレス、男性トランクホーズです。

　イギリスでは、18世紀初期にフープペチコート（hooped petticoat）という腰枠を当てたスタイルが現れました。その後、よりスカートを広げるためにウエストラインを細くしたフランス生まれのパニエ（pannier）は18世紀ロココの代表的なファッションでした。パニエダブル（pannier double）というスカー

図3-4
刺繍入りクローク(7)

図3-5
16世紀初期男女服(18)

図3-6
オープンローブ(59)

トの横幅が3mもあるドレスも現れ、この時代でもたくさんの布地を使ったドレスを身に着けることが権力や富の象徴でした。18世紀前半に図3-6のオープンローブという女性用のゆったりしたガウンが生まれました。マンチュア（mantua）はゆったりした前開き形式のドレスで、下に着ている別の美しく彩色されたペチコートを見せるために着用しました。後にイギリス宮廷衣装となりました。これらをバロックスタイル（Baroque style）と呼びました。この時代のファッションリーダーは貴族やネイバーブ（nabob、富豪家）という人たちでした。

3-1-8 繊細で高級リネンの美しいレースラフの貴族ファッション

イギリスでは亜麻が広く栽培されて、リネン業が盛んでした。リネンは衣服のほかにテーブルクロス、ナプキン、カーテン、シーツ、カバーなど家庭用や業務用に使われ、またジュートとともに船舶などのロープや網などにも重要でした。足踏み式のフラックスホイールが普及すると、細くて均一な糸ができるようになり、繊細な亜麻糸は16世紀中期に新しいファッションを生みました。

それはリネンレースのラフまたはフレーズ（ruff or fraise、図3-7〜図3-13）という飾りひだ襟です。男子も女子も上着やシャツ、シュミーズなどの襟元が汚れないように取り付けられていたものが、ギャザーを寄せて装飾用にしたフリルとなり、それが発展したものです。図3-8の手工芸の繊細なピローレース（pillow lace）を使い、衣服としては必要のないような襟飾りもありました。平面や立体のものがあり、アコーディオンタイプのようなものも現れました。リネンは張りのある布で立体になりやすい性質がありますが、16世紀半ばにの

図3-7　平面ラフ⒆

図3-8　各種のレース⒇

図3-9　立体ラフ㉑

図3-10　家族の肖像⑵　　図3-11　彩色立体ラフ㉓　　図3-12　装飾ラフ⑲

図3-13　各種エリザベスカラー（ラフ）、左・中：⒄、右：日本の薄絹使用㉔

り付け技術に成功して薄地のリネンレースに張りを持たせ、細い針金を使って技巧的な襞寄せをしたラフも現れ、これらのファッションは17世紀後半まで続きました。

　繊細なリネンレースはとても高価でしたので、これを役に立ちそうにない最も目立つ場所に使うことで、富や権力の象徴にしたファッションが生まれたのでしょう。エリザベス1世は公、候、伯爵以外は薄いリネンレースの使用を禁止したといわれるほどで、図3-13のエリザベス1世のラフを見ると、権力の象徴として用いられたことが明らかです。この形態をエリザベスカラーといいました。

3-1-9　毛や絹の装飾的なパフやスラッシュのファッション

　ルネサンス後期に新しいパフ（puff）とスラッシュというファッションがありました。パフは丸くふくらみのある袖、スラッシュは切れ目装飾とか裂け目装飾とかいう外衣に切れ込みを斜めに入れて内側の布で装飾する技法です。数

枚の布を重ね、1cmくらいの間隔で縫い目と縫い目の間に鋏を入れて水に浸します。切れた部分は織物の端の糸がほつれ、はみ出た糸を起毛してリボンやモールのように重ね、開口部から見えるようにし、重ねた衣服の色が現れるので、二重の装飾効果が得られました。そのため、中衣や下着にも美しく彩色された衣服を身に着けて、布をぜいたくに使っていることを示しました。

　この時代はフープランドのほか、ファージンゲール、ラフ、パフ、スラッシュなどの新しいファッションが生まれました。亜麻や羊毛をフライヤー式糸車で細くて均一な糸を紡ぎ、亜麻は白く漂白し、羊毛は美しく染め、高級な毛織物や繊細なリネンレースの高価な布地を使った貴族ファッションでした。

コラム 3-4　ファッションで威厳を示した国王と妃、そして貴族や豪商

　フランスでは16世紀後半から17世紀ブルボン王朝絶頂期に、華やかに着飾った貴族を宮殿に呼び、ファッションを競わせていました。

　イギリスでは、ヘンリー8世が装飾した衣装（図3-2）で権力を示しました。ダブリットの上着は羽毛で縁取りした襟や装飾品で飾り、ビロードのガウンを身に着けた王らしい肖像画が多くあります。エリザベス1世は"バージンクイーン（Virgin Queen）"といわれ、一生独身でしたが、権力を示すために衣装（図3-3）は華やかなものを好み、3000着のドレスを持っていました。貴族や豪商も布をぜいたくに使った衣装（図3-14、Gainsborough, 1747）を楽しみました。

図3-14　貴族の衣装㉕

3-1-10　わが国の絹で彩った桃山〜江戸時代の貴族・武家ファッションと、糸車による綿糸や麻糸の藍染めの庶民ファッション

　ヨーロッパのフライヤー式糸車の時代、わが国は室町末期から安土桃山時代を経て江戸時代中期を迎えていましたが、亜麻や羊毛は無かったのでフライヤー式糸車ではなく、綿を紡ぐための糸車が導入された時代です。ファッショ

ンでは彩色絹織物による貴族ファッションのほかに武家衣装が台頭し、武士も仲間入りし、庶民も綿や麻の藍染めファッションを楽しみました。特に、桃山時代は華やかな文化を生み、染織、陶芸、漆工などの工芸技術が発展し、江戸時代に引き継がれました。また、全国各地に幕府奨励の"三草"と呼ぶ綿、麻、藍の栽培が行われ、藍染めは染色技法でグラデーションのような濃淡染めの縞や絣物が全国各地で生産されました。絣は琉球との交流の中で、16世紀半ばに薩摩地方に伝えられ、薩摩絣となり、各地に広がりました。また、伊予絣や久留米絣のようなわが国独自の絣技法が生まれました。

コラム 3-5　わが国の綿の伝来と普及

　わが国では、16世紀後半の南蛮貿易か朱印船貿易で南方から日本の気候に合った繊維の短いアジア綿が伝わって綿栽培が始まりました。イギリス人が綿の良さを知ったように、わが国でも絹や麻と違った綿の良さを知り、江戸時代には寒冷地以外の全国各地で栽培され、「綿・麻・藍」の三草は幕府の奨励作物でした。平安時代の『類聚国史』などに記載されている崑崙人による綿の伝来説は、栽培記録や年貢の記録等が残っていないので定かではありません。

コラム 3-6　童話や小説の中の糸車

　アンデルセン童話の「白鳥の王子」、「おやゆび姫」や、グリム童話の「糸くり三人女」、「いばら姫」、ペロー童話の「眠れる森のお姫様」などはフライヤー式糸車の話です。教科書（国語小1下・光村図書）にも載った日本の「たぬきの糸車」や、山本周五郎の小説『糸車』や谷口善太郎の短編『綿』などは図2-8の糸車です。どこの国でも糸紡ぎはとても重要な仕事でした。

コラム 3-7　わが国へ漂着した外国人と毛織物、使節団の派遣と文化財

　日本とヨーロッパの関わりは、1543年ポルトガル船が種子島に漂着し鉄砲が伝えられて以来、イギリスやオランダの紅毛帆船が来航して毛織物やフェルトなどが輸入され、江戸時代に火消しの服として重宝しました。キリスト教布教のためにザビエル（Francisco Xavier）やフロイス（Luís Fróis）らが来

日し、漂着したオランダ船で助けられた人は徳川幕府に仕えました。わが国も特にキリスト教に対する情報を得ようと、1582年「天正遣欧使節団」、1613年「慶長遣欧使節団」を派遣し、ローマ教皇に謁見し、派遣団は洗礼を受けました。派遣団は1639年鎖国令によりポルトガル船来航が禁止されるまでの約100年間続きました。2013年「慶長遣欧使節団」出港400年を記念して、マドリードの国立装飾美術館で「支倉常長とその時代展」が開催されました。同年、ローマから持ち帰ったキリスト教の祭具（国宝）などの遺品はユネスコ世界記憶遺産に登録されました。2014年イタリアで発見された「天正遣欧使節団」の一員「伊藤マッシュ」の肖像画は、当時のファッションのラフを付け、帽子をかぶり、赤く染めたビロードの衣装で描かれています。

コラム 3-8　日本とイギリスの国交の始まり

　1613年ジェームス1世は日本との貿易を求めて「クローブ号」を派遣し平戸に到着し、家康に親書が渡され、朱印状を受けて日英交流が始まりました。2013年日英交流400年の節目に、両国で各種のイベントが開催されました。

3-1-11　特殊なファッションに使った金糸・銀糸

　金糸・銀糸は丈夫な紙ができると、薄い金箔を貼って細く切り、綿糸や絹糸を芯にして紡錘車で撚って巻き付け丈夫な糸にしたものです。わが国では、金糸や銀糸は、室町時代に鎧兜の装飾に用いられ、桃山時代には京の町衆たちの衣装に使われ、江戸時代では一時期奢侈禁止令により使用できなくなるほど貴重でした。

　丈夫な金糸や銀糸は漆糊・和紙・金箔（銀箔）のコラボレーションによって生まれました。ふのりで柔らかくして平滑にした和紙に漆糊を塗り、薄く延ばした金箔や銀箔を貼り、ロール状に巻いてカットして細く長いテープ状にします。これを平箔糸といいます。金糸・銀糸は、平箔糸を綿糸や絹糸を芯糸にして巻き付けながら撚って作りました。漆糊はでんぷん糊に生漆を混ぜたものです。とても薄い金箔に丈夫な和紙と漆糊を使った日本の金糸・銀糸は好評でした。

　イギリスのリバプール大聖堂（Anglican Cathedral Liverpool）内のエンブロイ

ダリー博物館に展示のストール（stole）、マイター（miter）、コープ（cope）などに使われている金糸や銀糸は1840〜1900年の日本製ですが、これらの日本の金糸や銀糸は薩摩藩や開港などを通してイギリスに渡ったものです。

　金地や銀地は、布や和紙に金箔や銀箔を貼り付けたものや、ペースト状の金や銀を塗ったものをいいます。また、金紗や銀紗は紗の布に金糸や銀糸を織り込んで模様をあらわした絹織物です。金紗織、銀紗織ともいいます。

　本来、金糸・銀糸は本物の金や銀を使ったもので、「本金糸・本銀糸」といいます。これは、戦後のラメ糸（p. 261）による金糸・銀糸と区別するためです。

3-2　フライヤー式糸車（サキソニーホイールとフラックスホイール）

3-2-1　足踏みフライヤー式糸車、飛び杼、靴下編み機の三大発明

　産業革命前のファッションを支えたのは、三大発明ともいえる足踏みフライヤー式糸車、フライシャトル（飛び杼）およびストッキングフレーム（靴下編み機）で、道具から機械化の前段階の時代に現れたものです。

　15世紀に出現した手回しフライヤー式糸車（図2-11）は、16世紀に図3-15に示すように足踏みで大きいホイールを回すように改良されました。この足踏みフライヤー式糸車（treadle flyer wheel）は、16世紀半ばにドイツのザクセン（Sachsen）地方のユルゲン・ヨハンソン（Jurgen Joanson）が発明しました。Sachsen は英語で Saxony といい、そのため、足踏みフライヤー式糸車をザクセンホイール（Sachsen wheel）、サキソニーホイール（Saxony wheel）と呼び、羊毛や亜麻を紡ぐのに用いました。図3-15のフライヤー式糸車は家具のように装飾してあります。

　サキソニーにはメリノ羊毛で紡いだ高級毛糸とか高級毛織物の意味があるように、とても細い糸を紡ぐことができ、羊毛用をサキソニーホイール、亜麻用をフラックスホイール（flax wheel、図3-16）と区別して呼んでいました。フラックスホイールで亜麻を細く均一に紡いだ糸で、繊細なラフ用のレースなどができました。なお、縦型のフライヤー式糸車（図3-17）はアップライトホイール（upright wheel）といい、狭い城の部屋で使えたので、キャッスルホ

第3章　フライヤー式糸車の時代と貴族ファッション

図3-15
フライヤー式糸車(16)

図3-16
フラックスホイール(26)

図3-17
アップライトホイール(26)

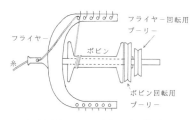

図3-18　フライヤーとボビン

図3-19　フライヤー式糸車の糸紡ぎ(27)

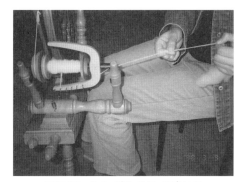

図3-20　シングルドライブ方式

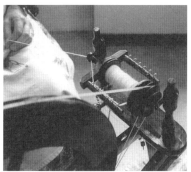

図3-21　ダブルドライブ方式

85

イール（castle wheel）ともいいました。フライヤー式糸車は足で大きいホイールを回し、両手の指でディスタッフから羊毛や亜麻の篠を少しずつ均一に引き出すので、片方の手と指で篠を引き出す従来の手回し式糸車より均一な糸を紡ぐことができました。フライヤーで撚りをかけボビンに巻き取る時に張力がかかるため繊維長の短い綿を紡ぐことは難しく、使えませんでした。

　新大陸へ移住するとき、必ず亜麻の種とフライヤー式糸車を持参しました。

　アメリカ北部ニューイングランドやカナダなども亜麻の生産が行われ、フラックスホイールは大切な道具で、19世紀も世界各地で使われていました。

3-2-2　足踏みフライヤー式糸車の構造と糸紡ぎの方法

　フライヤー式糸車は、中心の棒にU字型のフライヤーとボビンを差した装置が両端の支え棒（maiden）に取り付けてあり、片方の支え棒はボビンがはずせるように工夫されています。図3-18、図3-19のように、フライヤーの先端は糸が通る穴（orifice）が開けてあり、その穴を通った糸をフライヤーのアームにあるフックに引っかけてボビンに巻き取ります。両手の指で篠を引き出し、同じ位置で十数回〜数十回巻き、隣のフックに移し、同様に巻き取ります。

　ボビンの巻き取り方法は2通りあります。図3-20は、1本の紐で大きいプーリーからフライヤー回転用の小プーリーを速く回し、糸に張力がかかっているときボビンは回転せず、フライヤーのみ回転して糸に撚りがかかるシングルドライブ方式またはテンション方式です。篠から繊維束を引っ張りながら細く引き出すときは撚りがかかり、糸に張力が生まれるのでフライヤーのみ回転し、糸ができて手の力を緩めると、ボビンが摩擦によって一緒にゆっくり回転を始め、フライヤーとの回転差で糸をボビンに巻きます。この撚りかけと巻き取り動作を交互に連続して行い、フックの位置をずらすまで連続的に紡ぎます。

　他の一つは図3-21に示すように、ボビンのプーリーをフライヤーよりも小さくして、2本の紐でフライヤーとボビンのプーリーを別々に回し、プーリーの回転差で糸に撚りをかけながらボビンに糸を巻き取るダブルドライブ方式です。この方法は篠を持つ手の位置を移動させずに、次のフックに移すまで連続して糸を紡ぐことができ効率よく紡ぐことができます。フックを無くして連続

的に糸を紡ぐフライヤー式糸車は、19世紀にトラバース機構（図4-72）が工夫されました。

3-2-3　携帯用糸車とダブルフライヤー式糸車への改良

糸車では、図3-22の箱入りの携帯型が現れ、箱型（box type）糸車または携帯用（portable type）糸車といい、主に綿を紡ぐのに使いました。これはハンドルのプーリーが小さいのでハンドルとスピンドルのプーリーの間に中間プーリーを備え、紐で連結してスピンドルのプーリー

図3-22　携帯用糸車

の回転を速くして使いました。箱に納めるときは紐をはずし、内側に折りたためるようになっています。インドのガンジーが晩年にいつも携帯し、旅先などで使用したことで有名な糸車です。

フライヤー式糸車では、17世紀後半ころに1台に2個のフライヤーがついたダブルホイール（double wheel）ができました。図3-23のように、熟練した

図3-23　ダブルホイール：左(オ)、右(26)　　図3-24　卓上型ダブルホイール(28)

87

人は1人で2本の糸を紡ぐことができましたが、普通は2人でおしゃべりしながら1本ずつ紡いでいたので、ゴシップホイール（gossip wheel）ともいいます。図3-24の卓上型は2個のスピンドル付き糸車ですが、1人で2本を紡ぐのには相当の熟練が必要でした。撚糸や管巻き等に使ったと思われます。

3-2-4　均一な糸を紡ぐための打綿と梳き道具等の工夫

綿や羊毛、亜麻を紡錘車や糸車、フライヤー式糸車で、細くて均一な糸に紡ぐためには、不純物を除き、繊維をほぐし、繊維の方向を揃える道具が必要でした。羊毛や綿は枯葉や土砂、油脂分、亜麻は表皮や茎片などの不純物が付いていて、塊の状態になっています。不純物を除去し塊をほぐすために、羊毛と

図3-25　打綿(カ)

図3-26　綿打ち（西尾市天竺神社）

図3-27　カーダー(28)

綿は図3-25のように、網の上の繊維塊を棒でたたいて行いました。これを打綿（Batting）といいます。次に、繊維塊をよくほぐすために弓の弦（図3-26）ではじきました。繊維の方向を揃えるための道具は図3-27のハンドカード（hand card）またはカーダー（carder）といい、図3-28のティーゼル（teasel、ラシャがき草）を並べて作りましたが、後にワイヤーを植え込んだものが使われました。カードとは梳る（くしけず）という意味です。

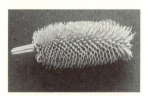
図3-28　ティーゼル

図3-29　江戸時代の糸紡ぎなど(キ)

ティーゼルはとげの先端がくの字に曲がっていて繊維を梳き、布のけば立てに適していました。今日でもティーゼルはラシャがき草の名の通り、大シリンダーに並べてラシャや高級毛織物のけば立てに使われています（図4-114）。

図3-29はわが国の江戸時代の糸紡ぎの様子です。①は竹に鯨の筋を張って作った簡単な綿弓（綿打ち弓）で、綿繰り器のローラー間で押しつぶされた綿塊をほぐす作業、②はほぐした綿を平らな木の台の上で10～15 cm平方くらいに広げて、細い竹の棒に巻いてから棒を抜き、一握りの篠にする作業、③は篠を左手に持ち、右手で糸車の車輪を回して糸紡ぎをする作業、④は布を織るために糸を経台という道具に仕掛け、経糸の長さを整える作業をしているところです。

コラム 3-9　ダ・ビンチの幻の紡績機

ルネサンス期に万能芸術家といわれたレオナルド・ダ・ビンチ（Leonardo da Vinci）の科学者の一面を示した作品が、図3-30の紡績機です。当時糸不足を知り、効率のよい紡績機を造ろうと考えたのでしょう。構造的に複雑で、糸を紡ぐには無理があって実現しませんでしたが、15世紀末に考案された手回しフライヤー式糸車（図2-11）に対し、ダ・ビンチはフックの無いフライヤーを回転させ、ギアでボビンを左右に移動して紡いだ糸を連続的に巻き取るように描いています。これにトラバース機構が付いたものとして19世紀初頭にプランタ糸車（図4-72）が開発されました。

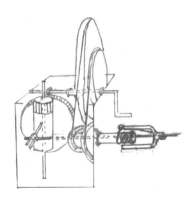

図3-30　ダ・ビンチの糸紡ぎ機(ク)

3-3　インド綿布の良さを知ったイギリス人と産業革命の兆し

産業革命以前のイギリスは、地元で生産される羊毛や亜麻を使った毛織物

とリネンが主体でした。そのころ、シルクロードや海路から東洋の絹や、わずかでしたがインドの綿糸や綿布が輸入され、インドやオスマン帝国（トルコ）、西インド諸島などから綿花も輸入されました。絹や綿を身に着けている貴族や一部の富豪族以外の多くの庶民は、肌にちくちくする羊毛や硬い亜麻の衣服を着ていたため、柔らかく肌触りのよい綿花や綿織物に触れたことで、絹ほど高価でない綿の需要が高まりました。少しでも柔らかい布にするために、輸入したわずかな綿花を糸車で紡いでファスチアンにしました。インドのキャリコ（calico）がヨーロッパに伝わると、そのファスチアンでは得ることができない綿の肌触りの良さと美しいドレープ性が知られ、イギリスではたちまち有名になりました。さらに、16世紀末にキャリコを花柄などで型染めした美しい更紗（チンツ、chintz）がインドから輸入されると、イギリスの人々の羨望の布地となり、17世紀東インド会社を通して、肌触りの良く洗濯が容易なキャリコやモスリン、インド更紗を輸入してとても好評でした。(7) 産業革命前のイギリスの綿糸や綿布はインド産に比べてとても見劣りし、生産もわずかでした。インド更紗やキャリコの衣服や下着を身に着けた女性を"チンツマダム"、"キャリコマダム"と呼び、ファッション用のほか、カーテン、寝具、クッションなどにも好評で、次第に毛織物や絹織物に影響を及ぼしていきました。

　1700年、イギリスの毛織物業者と絹織物業者は政府に働きかけて、「キャリコ輸入禁止法（Calico Act）」を制定し、白物以外のインドキャリコすなわち更紗の輸入を禁止しました。白物キャリコの輸入はイギリス国内で染色技術を向上させましたが、1720年にすべてのキャリコ輸入を一時禁止としました。

　すでにイギリスでは、ウォード、ウェルド、セージ（sage）、茜（madder）などで毛や亜麻、綿を染め、インドからインド藍やうこん、蘇芳、コチニールなどの染料を輸入し、多色染色ができるようになっていましたが、インド更紗のように美しく染める技術はまだ十分ではありませんでした。

　生産性の良いフライヤー式糸車で綿を紡ぐことが難しく、糸車や紡錘車による生産では需要に追い付かず、綿花から効率よく糸ができる紡績機械の出現が待たれました。産業革命で三大紡機が発明されたのは、フライヤー式糸車のような羊毛や亜麻を紡ぐためではなく、綿糸を紡ぐためでした。

第3章　フライヤー式糸車の時代と貴族ファッション

3-4 イギリス人を魅了したファッション用のインドのキャリコ、更紗（チンツ）、モスリン、ダッカモスリン、ジャムダーニ、そしてマドラス

キャリコは11世紀ころの糸車の時代にインドで生まれた柔らかくて肌触りの良い平織りの綿織物です。語源はキャリコの輸出港であったインド南西部ケララ州の港町カリカット（Calicut、現在は Kozhikode）です。インド商人がルネサンス時代にキャリコをヨーロッパへもたらすと、肌触りがよいので人気がありました。海賊ジョン・ラカム（John Rackam）は"キャリコ・ジャック（Calico Jack）"と呼ばれ、キャリコの布を愛用したといわれています。

更紗（図3-31）はチンツといい、16世紀末にインドの染め師たちによって開発された型染めの高級綿布です。プリントコットン（printed cotton）ともいい、キャリコやローンの白生地に人物、花鳥獣などの模様を、紅花・茜・すおう（赤）、藍（青）、うこん・ざくろ・くちなし（黄）、コチニール（えんじ色）など、綿がよく染まる赤・青・黄色の天然染料を使った、単色や重ね染めの堅牢型染めです。17世紀末から18世紀はインド更紗のドレスがイギリスの貴族や富豪族のファッションでした。インドにはカラムカリ（Kalam kari）というペンを使った精巧な多色の手描き更紗もあります。花模様をプリントした布という意味で、わが国では印花布とか花布ともいいます。

モスリン（muslin、図3-31）は17世紀ころに中東からヨーロッパへ伝えられ、キャリコに似たとても繊細で柔らかい平織りの生成りまたは白の綿織物でした。後にマリー・アントワネット（Marie Antoinette）が宮廷の庭園で庭着として白モスリンのシュミーズドレスを着たことで評判となりました。モスリンは原産地のイラクの町モスル（Mosul）から名付けられました。また、モスリンは現在のバングラディシュ（Bangladesh）の首都ダッカ（Dhaka）から運ばれていたことから、ダッカが起源といわれ、ダッカモスリン（Dhaka muslin）ともいいます。ダッカは古くから繊細な綿織物の産地で古代ローマへも輸出していました。モスルは、良質の綿織物モスリンを産し、繊維産業も盛んでしたが、2016年 IS によって支配され、その戦いで多くの遺跡や建物が破壊されました。

91

ジャムダーニ（Jamdani）は繊細な型染めモスリンです。インド北東部とバングラデシュと接する地域のベンガル（Bengal）で14世紀ころに生まれた幾何学模様のストライプ柄や植物、花などの模様のある繊細な高級綿織物です。

　マドラス（Madras）はインドチェンナイ（Chennai）の旧都市名でベンガル湾にあり、1600年に設立された東インド会社の重要な港でした。そこで作られていた綿織物がマドラスでヨーロッパに輸出されました。自然さと素朴さで野趣味あふれた草木染めの先染め平織り綿織物は"マドラスクロス"、"マドラスチェック"として知られ、ストライプ（madras stripe）やチェック（madras check）が有名です。今日では、"パッチワークマドラス"という格子縞をバイヤスに7〜8 cmに切って繋ぎ合わせ、複雑な格子模様にしたものが有名です。

コラム 3-10　現代のキャリコとモスリン

　今日のキャリコは国によって異なります。イギリスでは安価な生成り平織り綿布で、洋装店などでトワール（toile）として利用しています。アメリカでは更紗に当たります。わが国では白い金巾（平織り綿布）にのり付けして光沢と張りを付けたもので、キャラコともいいます。

　今日のモスリンは、ヨーロッパでは太い綿糸を使った目の粗い安価な綿織物で、衣服以外に仮縫い用の布地、シーツ、ワインやチーズ作り用のろ過布、プディング作りの包み布などに使います。イギリスでは今もごく薄い綿の平織物、アメリカではキャリコのような硬い綿織物をいいます。

　日本ではモスリンをメリンスともいい、明治に輸入された薄い平織りの毛織物で、和服地として使いました。綿のモスリンは綿モスリン（綿モス）または新モスリン（新モス）といって区別しています。

図3-31　綿ローンのチンツと白モスリンの布 (29)

第3章　フライヤー式糸車の時代と貴族ファッション

3-5　産業革命前のマニュファクチャーによる糸の生産

　図3-32は産業革命前の小規模なマニュファクチャー形態の糸の生産工場で、15人ほど働いています。①は原料の綿花や紡いだ糸を計量する作業、②は緯糸用にハンドカードで梳いて繊維方向を揃える作業、③は経糸用のニーカード（knee card）というハンドカードで丁寧に梳く作業、④は糸車で紡ぐ作業です。女子は糸紡ぎ、男子はハンドカード、子どもは運搬の仕事をしています。

図3-32　マニュファクチャーによる糸の生産(ケ)

3-6　新しい飛び杼手織り機とダッチルーム

　1733年イギリスの手織り工ケイ（John Kay）は、紐を引っ張って、杼を飛ばして緯糸を通す飛び杼（fly shuttle、図3-33、図3-34）を発明し、ローラー付きの杼で広幅に織ることもできるようになり、織物の生産は増加しました。

　当時の手織り機で1m以上の広幅の織物を織るには、数千本の経糸の間に力強く杼を通す必要があり男の仕事でした。2m以上の広幅の布は2人作業で行っていましたが（図3-35）、飛び杼によって一人で容易に織ることができるようになりました。特に、緯糸を早く通すことができたので、従来の手織り機に比べ5～6倍の速さで、その生産性は3倍以上となり、現在も使われています。飛び杼手織り機が普及すると糸不足が起こり、手織り業と手編み業や、同業者同士で糸の奪い合いが起こりました。手織り工たちは糸不足の原因が飛び杼手織り機の普及と思い、ケイの飛び杼手織り機を破壊する事件も起こりま

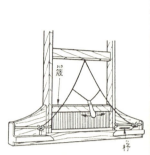

図3-33　飛び杼　　　図3-34　　　　図3-35　飛び杼広幅手織り機(31)
　　　　　　　　飛び杼手織り機(30)

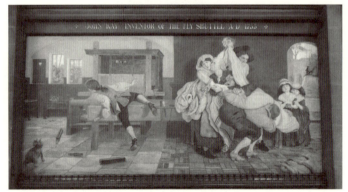

図3-36　「John Kay Inventor of the Fly Shuttle AD 1733」(13)

した。身の危険を感じたケイはフランスに渡りました。ケイの発明は息子のロバート（Robert Kay）が継承し、飛び杼手織り機の製造を続けました。糸不足を深刻化させたケイの飛び杼の発明は、綿糸需要が高まる中で、綿糸を大量生産できる紡績機械の発明が期待されたのは当然でした。(D)

　図3-36はマンチェスタータウンホールのグレートホールにある絵画で、当時の社会をよく表しています。左側は、ケイが右手で紐を引っ張り、杼が飛びすぎてそれをつかもうとする瞬間です。はっきり見えませんが、窓の外は手織り工たちが棒を持って窓を割ろうとしています。右側では飛び杼手織り機で織った広幅の布を奪い合っています。

ダッチルーム（Dutch loom）は、テープやリボンのような幅の狭い布を織るものです。古代はカード織りで作りました。カード織りはカード数が多くなると、カードを回転させることが難しく、広幅のテープは困難でした。このため17世紀に入り、オランダでテープ織りの機械が開発されました。1610年イギリスはオランダから機械を導入し、18世紀に24枚の回転シャトルに改良しエンジンルームと名付け、その後ジャカード装置付きで花柄リボンができました。

3-7 ウイリアム・リーの靴下編み機の発明

中世末期の男子服ファッションはトランクホーズでした。半ズボンの下に身に着けたキャニオンズ（靴下）は足にぴったりしたものが好まれましたが、手で編むため編み物が不足していたので、キャニオンズの多くは織物をバイヤスに切って縫い合わせて作られていました。それでも手編みのものは伸縮性があり、より脚にぴったりさせることができたので人気がありました。

ノッテンガム（Nottingham）のウイリアム・リー（William Lee）は、妻が棒針で靴下を編んでいるのを見て、多くの棒を使えば同時にループを作ることができると考え、1589年、木の棒の先に曲げたワイヤーをはめた装置で編み機を製作しました。この針をひげ針（beard needle、図3-37）といいます。1600年、靴下の需要が多かったフランスに渡り、アンリ4世の援助を得て編み物の生産を始めましたが、アンリ4世の暗殺後はイギリスに戻り、編み機を改良し

図3-37 ひげ針　　図3-38 改良型編み機(15)　　図3-39　1750年の靴下編みの家内工業(32)

ました。彼の編み機で編まれた伸縮性があり脚にぴったりしたホーズはファッションになりました。リーの靴下編み機（Stocking Frame）は、ひげ針を板に一列に並べ、ひげ針とひげ針の間に板を置き、これが上下に動くと編み目が形成されそこへ糸を送って編んでいくもので、手編みの10倍以上の生産ができ、産業革命前にリーの手動式靴下編み機の改良型（図3-38、図3-39）が普及しました。編み機の操作は力が必要で男子の仕事でした。(D)

コラム 3-11　ニューコメンの蒸気力揚水装置の発明と製鉄業の関係

　1705年、鉱山に必要な揚水装置をニューコメン（Thomas Newcomen）が開発しました。蒸気の膨張力と冷水負圧力を生かして、ピストンの往復運動をポンプ式の上下運動によって揚水ができました。

　製鉄では1709年、木炭に代わってコークスによる溶鉱炉の製鉄所をダービー（Abraham Darby）がシャロップ州コールブルックデール（Coalbrookdale）に建設し、3代にわたる製鉄業のうち、3世のダービーは世界最初の鉄橋アイアンブリッジ（Iron Bridge, p. 171）を建設しました。ニューコメンの蒸気力揚水装置はコールブルックデール製鉄所で造られ、石炭の採掘場で活躍しました。石炭は産業革命期紡績工場の蒸気機関、蒸気機関車、蒸気船に使われました。

3-8　第3章のまとめ

　フライヤー式糸車の時代のファッション素材は高級毛織物と繊細な亜麻織物（リネン）でした。特にマンチェスター北部のボルトン、ブラックバーンなどはファスチアン、西部のウイガン、リバプールなどはリネン、北東部のブラッドフォードなどは毛織物と、糸・布作りが盛んでした(サ)。フライヤー式糸車によって羊毛や亜麻から細くて均一な糸を紡ぐことができ、飛び杼手織り機で増産が可能となり、リーの靴下編み機で当時のファッションに役立つなど、産業革命前のこれらの三大発明によって、高級なリネン製品や毛織物、編み物が生産されました。特に細い均一な亜麻糸を使ったレースはラフを生み、美しく

彩色した高級毛織物でパフやスラッシュが生まれ、足にぴったりした編み物の
ホーズが現れるなど、三大発明によって新しい貴族ファッションが生み出され
ました。

第4章 三大紡機の時代と富豪族ファッション
― 綿紡績工業の発展と産業革命 ―

4-1 三大紡機の時代（18世紀後半～19世紀半ば）の世界とファッション

　三大紡機の時代は、イギリスで産業革命が興った18世紀後半から産業革命が完了した19世紀半ばまでのおよそ100年間で、綿紡績工業が発展しました。

　18世紀後半のヨーロッパの政治・社会では、フランス・ルイ14世の王政絶対主義や封建社会からの解放運動が起こり、1789年のフランス革命から1804年にナポレオン（Napoleon）が即位しました。フランスとイギリスの戦いは、トラファルガルの戦い（Battle of Trafalgar）やワーテルローの会戦（Waterloo Campain）などを経て1815年まで続きました。これらの戦いで勝利したイギリスは制海権を駆使して益々国力を増していきました。

　一時期ヨーロッパの一部を支配していたオスマン帝国は、次第に勢力が衰え、トルコ周辺を維持するのが精一杯でした。一方、東ヨーロッパのプロシア（Prussia）は勢力を増し、ドイツ国家の基礎を築き始めていました。三大紡機の時代はフランスとイギリスが世界を支配し、ファッションもナポレオンの時代まではフランス、その後はイギリスが次々と発信しました。

　アメリカはイギリス、スペイン、フランスなどの植民地の集まりでしたが、1773年"ボストン茶会事件（Boston Tea Party）"を機に、イギリスの十三植民地（Thirteen British Colonies in North America）が結束してイギリス軍と戦いました。1776年ジェファーソン（Thomas Jefferson、第三代大統領）が独立宣言を公布し、独立戦争を経てから19世紀半ばまでに、今日のアメリカの大部分が形成され、力を増していました。特に、南部の綿花栽培は"Cotton is King"といわれたように、北部の綿紡績工業で産業革命を興し、イギリスへの綿花の輸出はアメリカの経済を発展させ、コットンファッションに貢献していました。

　日本では江戸時代後期から幕末までの江戸文化が完成したころです。綿栽培

と藍染めの普及により庶民に藍の縞や絣のコットンファッションが現れました。歌舞伎役者の衣装がもてはやされ、市松模様、三枡文様、亀蔵小紋、半四郎鹿の子、高麗屋格子など、遊び心を示した柄ものがファッションでした。

　アメリカから大砲を備えた蒸気船の黒船が来航し、生麦事件から発生した薩英戦争などで欧米の軍力や技術力を知り、鎖国から開港へと大きく変化しました。

4-2　イギリス産業革命の始まりと終わり

　イギリスの産業革命の始まりは学者の専門的な立場から様々な説があります。イギリスの経済史家トインビー（Arnold Toynbee）は、亡き直後に出版された『産業革命史（*The Industrial Revolution*）』（1884）に「産業革命の始まりはジョージ3世が即位した1760年前後であろう」と記しています。1760年代はジェニー紡機や水力紡機が発明され、綿紡績工業が興り始めました。ドイツの経済学者エンゲルス（Friedrich Engels）は「産業革命とは、繊維関係の技術革新によって糸や布が大量生産され、手工業時代の親方と職人の身分制度から資本家と賃金労働者という新しい社会を形成したこと」と述べています。

　また、いつ頃産業革命が終わったかについても諸説があり、定説がありませんが、一般には、蒸気機関が発展してマンチェスターを中心とした都市部で大綿紡績工場が立ち並び、綿糸綿布の生産が飛躍的に伸び、蒸気ハンマーや旋盤の発明などで工作機械が生まれ、紡織機械を量産し、洋式紡績が確立した1850年代とする説です。この時代は運河や鉄道による輸送網がイギリス中に整備され始め、商業都市ロンドン、貿易港のリバプール、綿紡績工業のマンチェスター、毛紡織工業のリーズ、機械工業のバーミンガムなどが大都市として形成されていました。ファッションではブルジョアジー（bourgeoisie）がコットンファッションをリードし、庶民にも浸透してきた時期です。

　産業革命は経済を活性化させましたが、それに伴って様々な出来事や社会現象を生み出しました。ブルジョアと労働者という新しい社会構造、糸紡ぎ工や手織り・手編み工などの失業とラッダイト運動（Luddite movement）のような機械破壊騒動、低年齢の子どもの工場労働就業などの問題が発生しました。

近年「産業革命」の言葉を「工業化」と言い換えた著書(Q)がありますが、イギリスで興った綿紡績による「工業化」は、社会構造や経済、生活やファッションを大きく変えた革命であり、まさに「産業革命」といえます。

4-2-1　イギリス王朝と産業革命そして新社会の出現と議会制度

　イギリスでは、ジョージ3世（在位：1760-1820）時代に産業革命期に入り、ジョージ4世、ウイリアム4世と続き、ビクトリア（Victoria）女王（在位：1837-1901）の時代が繁栄期でした。1801年にアイルランドを併合しました。

　イギリスは、産業革命に成功して世界一の資本力を手に入れ、新しい近代資本主義社会への道を開きました。1851年に開催した世界最初の万国博覧会（International Exhibition World's Fair）は、産業革命による繁栄を物語る催しでした。イギリスは"世界の工場"といわれ、七つの海（Seven Seas）を渡って世界各地を植民地化し、そこで綿花や砂糖きびなどを栽培し、本国の工場で綿糸や綿布、ラム酒などを作り、世界に輸出して富を得ました。ビクトリア時代のイギリスは、世界の陸地の4分の1を占めていました。

　イギリスの産業革命は新しい社会構造を生みました。それは工業化に伴い資本家や工場経営者、商人、銀行家などのブルジョア階級と労働者階級、それに地主階級とプロフェッショナル階級を加えた4区分の社会となりました。

　イギリス議会制度は、地主階級の爵位のある貴族で構成される上院と、爵位のない地主（貴族）と選挙によって選ばれたジェントリーによる下院の2院制でした。1832年「第一次選挙法改正」によって、プロフェッショナル階級と産業革命で資産を得たブルジョア階級に選挙権が認められましたが、労働者には選挙権がありませんでした。このため、労働者は男子普通選挙権を要求して1838年「チャーティスト運動（Chartism）」を起こしましたが、地主階級の反対があって認められず、労働者の選挙権は20世紀初頭まで待たなければなりませんでした。

4-2-2　イギリスで産業革命が興った理由
　　　　― 綿糸の生産を待ち望んだイギリスの人々 ―

産業革命を興した発端については様々な考えや説があります。工業として最

初に興した綿紡績によってイギリスの人々が求めていた綿製品が容易に入手できるようになり、ブルジョアジーのみならず庶民もファッションを楽しむことができ、さらに綿製品の輸出によってイギリス経済を発展させ、生活を豊かにしたことを考えれば、これが産業革命の発端とするのが適切でしょう。

産業革命前、イギリスの輸出貿易額の60％以上が毛製品で、羊毛の増産と毛織物の生産に力を注いでいました。さらに羊毛の増産のために、1750年代に第二次囲い込み政策（第二次エンクロージャー）を大々的に行い、牧草地の拡大だけでなく、農業の三分制度（Tripartile division）という地主・農業経営者・農民による資本主義社会を形成しました。農業経営者は地主から土地を借り、農民を雇用して羊毛のほかに亜麻や穀物等の生産を行いました。今日のイギリスの放牧地や畑を眺めると、日本より狭い国土でありながら、広々とした区画の地で羊や牛がのんびりと牧草を食べ、広大な畑に菜の花や野菜、果実などが栽培されている風景に出合います。エンクロージャーの名残です。

ところで、第一次エンクロージャーで農地を追われた農民の一部は、毛織物業のマニュファクチャーを担い、第二次エンクロージャーの農民は産業革命初期の綿紡績工場の労働に携わりました。また、新天地アメリカへの移住も増えました。エンクロージャー政策は結果的に農民の一部をマニュファクチャーや綿紡績工場で働かせることになり、産業革命時に必要な労働力となりました。

ちくちくする毛織物や硬いリネンを着ていたイギリス人は、インドのキャリコなど綿織物の肌触りの良さを知り、トルコなどから輸入した綿花を糸車で糸を紡ぎ綿織物やファスチアンにしていましたが、生産量も僅かで、インドのモスリンやキャリコのような高級綿布はできませんでした。産業革命で大量に綿糸を紡績できるようになると、必要な綿花は西インド諸島やアメリカ南部の植民地、トルコやインドなどから輸入しました。特に産業革命前の三角貿易政策やアシエント権による奴隷貿易は、産業革命初期に三大紡機が発明され、綿花の需要が増しても必要な量を入手することができ産業革命を成功させました。

産業革命初期の動力は水力のため、世界最初の綿紡績工場のクロムフォードミルや大綿紡績工場村のニューラナークなどのように工場は辺ぴな川沿いに建てられました。1785年石炭を使って蒸気タービンで運転する工場が生まれると、大綿紡績工場は労働力が豊富で、輸送に便利な都市部に移りました。特に

マンチェスターやその周辺のグレイターマンチェスター（Greater Manchester、p. 144）は地形上高湿度で綿紡績に適していたこともあって、蒸気機関による大綿紡織工場が建ち始め、綿糸・綿布の生産が増加しました。19世紀には多くの工場の煙突から出る煤によって空気が汚れ、建物などが黒っぽくなるほどでした。それでもイギリスにとって綿紡織は最も重要な産業で、綿糸・綿布の生産量は増大しました。

4-2-3　綿紡績工場の労働問題と対策

　綿紡績工場の労働力は元農民が多く、家族皆で働きました。6歳以上の子や孤児院の子どもなどが工場で12時間も働きました。このような劣悪な労働状態の中で、19世紀に入り1802年「工場法（Factory Acts）」が制定され、工場労働者は10歳以上の子どもに制限されました。さらに1833年の「工場法」で、ようやく10〜13歳未満の子どもの労働時間を9時間にすることや青少年労働者の教育などの法律ができました。また、一般労働者の労働時間に制限がなかったため、1847年女性と少年の10時間労働、1850年成人男子の10時間労働が定められました。この時、工場労働者の土曜日半ドン制度が始まりました。紡績工場の労働条件が改善されると、再び綿紡績工業は活性化しました。

4-2-4　産業革命期に必要な綿花の確保と植民地政策

　イギリスは、植民地化したアメリカなどやスペインから譲渡された西インド諸島などに、アフリカの奴隷を送って必要な綿花栽培を行って綿花を確保しました。

　イギリスでは三大紡機が発明されて綿花が必要な時、アメリカ独立戦争（1775〜1781年）で南部から綿花輸入が少なくなると、他の植民地や支配国の地中海沿岸、トルコ、インド、南アフリカなどで綿花を栽培させて確保しました。独立戦争後は安定的に綿花を輸入できましたが、水力式綿紡績工場が各地で建てられて、それ以上に綿花が必要となると、新たな綿花栽培地を探しました。そこはインド（パキスタンを含む）とエジプト（スーダンを含む）でした。アフリカの一部も植民地化して綿栽培を行いました。特に、エジプトはインドへの道程に必要な場所で、フランスも目をつけ、ナポレオンはエジプトに

第4章　三大紡機の時代と富豪族ファッション

遠征し、1798年ナイルの戦いでネルソン提督率いるイギリス艦隊が勝利しました。これでイギリスは、インド中央部のコットンベルト地帯の"白いゴールド"と呼ぶほどの貴重な綿花や、インドの綿製品などを輸入しやすくなりました。

イギリスは1773年にベンガル総督をおき、植民地的な統治をさせていましたが、1833年にインド総督に改称して直接統治に当たらせ植民地化し、19世紀初期カメルーン（Cameroon）、1822年エジプト（スーダンを含む）を保護領として綿花などの栽培を行いました。イギリスはイエメンのアデン港（Aden）を守るため、アラビア半島のオマーン（Oman）、サウジアラビア（Saudi Arabia）、アフリカ東北部のソマリア（Somalia）などを支配するとともに綿花栽培も行いました。1830年代からアメリカ綿花を70％以上輸入していましたが、アメリカ南北戦争中（1861〜1865年）は植民地綿花栽培政策で綿花を確保できました。(コ)

イギリスが18世紀後半から19世紀後半までに綿紡績工業で産業革命を成し遂げ得たのは、植民地化政策によって綿花を確保し、綿製品を増産できたからでした。今日アメリカ南部、インド、パキスタン、エジプトやスーダンなどのアフリカ諸国、西インド諸島などは綿花栽培が主要な生産物ですが、それは150〜200年前のイギリスの植民地化政策で生まれたものです。

表4-1は産業革命前後のイギリスの綿花輸入量を示しています。産業革命直前の1751年は1,352トン、ジェニー紡機が稼働し始めた産業革命初期の1771年2,163トン、水力紡機などによるクロムフォードミルやニューラナークなどの大水力綿紡績工場が稼働し始めた1786年8,842トン、水力式綿紡績工場が各地で建設されて約1000工場あった1800年

表4-1　綿花輸入量(コ)

年度	輸入量(t)
1710	324
1720	895
1730	701
1741	747
1751	1,352
1771	2,163
1781	2,360
1782	5,370
1786	8,842
1791	13,033
1799	19,694
1800	27,397

表4-2　産業革命期の綿製品輸出額 （£1000)(サ)

年度(3年間)	綿製品輸出額	輸出総額	比率
1784〜1786	800	12,700	6
1794〜1796	3,400	21,800	16
1804〜1806	15,900	37,500	42
1814〜1816	18,700	44,400	42
1824〜1826	16,900	35,300	48
1834〜1836	22,400	46,200	48
1844〜1846	25,800	58,400	44
1854〜1856	34,900	102,500	34

103

27,397トン、産業革命の終わり頃の1850年には大綿紡績工場約1400工場で約272,000トンと増加し、100年間で200倍になりました(7)。

綿花栽培に働かされたのは黒人奴隷でした。17世紀末から18世紀末までの100年間に、西インド諸島やアメリカ南部などに送りこまれた黒人奴隷は200万人以上、16世紀から19世紀の間に4000万人以上になりました。

イギリスの産業革命の元はイギリス人の綿製品へのあこがれにありましたが、綿紡織工業による綿糸や綿布の加工品は自国用のほかに重要な輸出品となり、イギリスに多大な利益をもたらしました。表4-2のように、イギリスの綿製品は18世紀後半までは内需で、19世紀から半ばには綿製品の輸出が全製品の半分近くを占めました。

4-2-5 奴隷貿易と奴隷制の廃止運動

イギリスでは、産業革命期も三角貿易でアフリカが求めた白綿布やラム酒などと交換に奴隷を集めて、アメリカ南部等へ送って綿花栽培を行っていました。

奴隷貿易の廃止運動は、イギリスのクエーカー教徒が1763年奴隷制や奴隷貿易の反対請願を行い、1787年ロンドンで奴隷貿易廃止協会が結成されました。長年下院議員を務めたウィルバーフォース（William Wilberforce）は、奴隷貿易廃止協会と協力して1791年奴隷貿易廃止法（Slave Trade Act）案を議会に提案しましたが、否決されました。翌年運動方針を変え、奴隷労働によって造られている砂糖、ラム酒、綿織物などの生産自制を呼びかけましたが、これらの製品はイギリスに莫大な利益をもたらしていることから上院で否決され、奴隷貿易廃止法案は1807年の成立まで待たねばなりませんでした。奴隷貿易の廃止は1803年デンマークが最初で、1807年イギリス、1808年アメリカ、1814年オランダ、1817年スペインとポルトガル、1818年フランスと続きましたが、植民地には適用されず、奴隷貿易は続きました。2006年イギリスブレア首相は、廃止法200年の節目に当たり、「人間の尊厳を冒した犯罪」としてお詫びしました。

奴隷制の廃止は博愛主義者のヘイリック女史（Elizabeth Heyrick）や前出のウィルバーフォースらが、1823年政治家で博愛主義者のバクストン（Thomas

第4章　三大紡機の時代と富豪族ファッション

F. Buxton）とともに反奴隷制協会（Anti-Slavery Society）を結成して運動し、1833年にイギリス植民地の奴隷制廃止（Slavery Abolition）を行いました。アメリカでは、"ミズーリ協定（Missouri Compromise, ミズーリ妥協ともいう）"のように自由州と奴隷州が均等な力関係にあり、多大な利益をもたらす綿花栽培により奴隷制の廃止は困難でした。ウィルバーフォースに関しては、彼の生涯を描いたイギリス映画『*Amazing Grace*』（2006）があります。

コラム 4-1　オグルソープと綿花輸出港サバナの建設

1733年、イギリス軍人オグルソープ（James Edword Oglethorpe）はジョージア植民地に入植し、サバナ川河口に都市サバナ（Savannah）を建設しました。ここは中央の広いスクエア（公園）から、四方に碁盤目のように区画整備した類を見ない都市でした。彼はアメリカ先住民と宥和政策をとり、また奴隷制を禁じました。ところが、周辺の開拓地に適した作物は綿花がよいことが分かり、黒人奴隷が欠かせないため、1749年これを撤廃しました。サバナ河口は深く、港として最適で、綿花や木材などをイギリスへ送る重要な出荷港となりました。

コラム 4-2　探検家で軍人クックとオセアニアの植民地化、博物学者バンクスや植物学者マッソンの植物収集と王立植物園

探検家クック（James Cook）は"キャプテン・クック"と呼ばれ、1768年帆船"エンデバー・バーク号"で"太陽と金星の関係"を調べる目的で博物学者、天文学者、科学者や画家を同行して太平洋を目指し、クック海峡やオーストラリア（グリーン島）とニュージーランドを発見しイギリス領にしました。この時同行した博物学者バンクス（Joseph Banks）は各地で植物やその標本などを集め、王立植物園（キューガーデン、Royal Botanic Garden, Kew、2003年世界遺産）に収蔵されました。クックの2回目の航海に同行した植物学者マッソン（Francis Masson）は、喜望峰で南アフリカの珍しい草花を採取し、収集品は王立植物園に保存されました。クックらは南極圏近くまで南下してニューカレドニア島、ノーフォーク島、クック諸島などを、3回目

の航海でクリスマス島、ハワイ島などのオセアニア地域を植民地化し、ベーリング海峡から北極圏に入り、当時たった1隻の船で世界一周し、国民的英雄になりました。

　クックがオーストラリアに上陸してから2019年で250年に当たることから、当時の"エンデバー号"の復元船でオーストラリア大陸を一周するとオーストラリア政府が発表しました。

4-3 産業革命期のシルクからコットンファッションへ
　― 綿糸の大量生産によるキャリコとローラー捺染機による更紗の生産 ―

　産業革命で綿糸が大量に生産できるようになると、綿製品はリネンより安くなり、白や美しく彩色されたキャリコやモスリンなどは庶民も入手できるようになりました。特に、染色技術の向上や捺染機の開発によって生まれたイギリス更紗（ビクトリアン・チンツ、Victorian chintz）は、手描きインド更紗より

表4-3　綿製品の消費量（1787）(シ)

綿製品等	消費量（トン）
キャリコ、モスリン	5,266
ファスチアン	2,724
絹・麻交織	908
靴下	681
ベッドカバー等	681
計	10,260

格安に入手できるようになって、ブルジョアジーの富豪族ファッションはシルクからコットンに変わり、庶民もコットンを身に着ける時代になりました。さらにヨーロッパ中にイギリス更紗などが輸出され、コットンファッションが生まれました。表4-3は1787年にイギリスで消費された綿製品などです。綿のキャリコやモスリンが多くなっています。

　産業革命を成功させて綿製品で富を蓄積したイギリスは、19世紀に入って、今までのフランスのシルクファッションに代わってコットンファッションの時代を迎えました。綿糸、綿布が十分生産され始めた19世紀にはイギリスの婦人服はおよそ10年ごとにファッションが変化する時代になりました。コットンファッションが普及した要因は、イギリス人が綿製品を求めたことや、細くて柔らかい綿糸を紡ぐミュール紡機が発明され、1773年にイギリスで初めてインドキャリコに近いキャリコ（English calico）やモスリンが生まれたからでした。さらに、1785年ベル（Thomas Bell）が、銅板ローラーに自然の草花を

モチーフにしたデザイン柄を彫って連続捺染するローラー捺染機（シリンダープリント機、p. 165）を開発し、白キャリコやモスリンにプリントしてイギリス更紗を大量生産することができました。

4-3-1　目まぐるしく変わったフランスのシルクファッション

　三大紡機時代の初期はコットンファッションではなく、フランスのロココスタイルのシルクファッションが続いていました。貴婦人たちは宮廷儀式や舞踏会などで、パニエでスカートを膨らませたボリューム感とドレープ感のあるファッションを楽しみました。1790年代にフランス革命が起こると、アントワネット王妃の処刑とともに装飾過多な絹のロココスタイルは消え、綿のモスリンによるエンパイアスタイル（empire style）となり、少ない布でハイウエストにして、スカートは直線的なシルエットで長いドレープを出しました。それでも、ノートルダム大聖堂で行われたナポレオン1世とジョセフィーヌ（Josephine）の戴冠式はシルクファッションでした。

　その後、コルセットとペティコートが再登場し、エンパイアスタイルはハイウエストにした長いドレスで、図4-1のようにバックギャザーを入れて後部にドレープ感を出し、襟や袖口、裾などにトリミングや刺しゅうなどで飾っています。図4-2は1778年のパニエで広げたスカートと1793年のエンパイアスタイルを比較した風刺画です。当時のファッションの変化をよく表しています。

　フランス革命が終わると、王政復古でロマン主義時代といわれ、1820年に入るとスリーブを大きく膨らませ、ボリューム感を表したロマンチックスタイル（romantic style, roman style）が現れ、1850年ころまで続きました。このファッションを新ロココスタイルといいました。

4-3-2　目まぐるしく変わったイギリスのコットンファッション

　イギリスでは、産業革命初期はフランスのロココの影響を受けて、貴族の間では宮廷衣装が流行していましたが、ロココの末期にはカラコ（caraco）とレディンゴート（redingote）というイギリス特有の女性ファッションがありました。カラコはぴったりした細身の上着に裾広がりのドレープ感のあるスカートのツーピースです。レディンゴートは裾を広げたフルレングスのオーバコート

です。フルレングスのドレスは小走りするとき裾の両脇を手で持ち上げていたので、ドレープ感がよく出ました。これを応用したのがポロネーズスタイル（polonese style）で、布地をぜいたくに使ってローブやスカートのウエスト部の両脇にテープを付けておき、それに通して緩く締めてスカートを少し上げると"たくしあげ効果"のようによくドレープ感が出ました。

図4-3は綿関係で富を得たブルジョアジーの女性たちが楽しんだ1790年代の花柄コットンプリントのオープンガウンです。

このころからボリューム感とドレープ感のあるコットンファッションを謳歌し、およそ10年ごとにスタイルが変わる富豪族ファッションが生まれました。一方で、工場で働く女性たちは窮屈なコルセットをはずし、動きやすいストレートな綿の衣服となりました。

図4-4は1810年代からおよそ10年ごとに変化したファッションスタイルをシルエットで表したものです。フランスのエンパイアスタイルは、イギリスでは1800年代のイオニア式コラム型（ionic column）、1810年代のドリス式コラム型（doric column）、1820年代のコリント式コラム型（corinthian column）でした。これらはフランスのロココスタイルを踏襲して、ハイウエストに締め直線的でありながらドレープ感をよく表現していましたが、柔らかい綿のモスリンやキャリコが使われていました。コリント式はギャザーを寄せてドレープ感を優雅に表現しました。1810年代綿モスリンのシュミーズドレス（chemise dress）はテニスやバドミントンなどのスポーツやローンドレスになりました。

図4-1　　　　　　図4-2　　　　　　　　　　　　　　図4-3
エンパイアスタ　パニエ（右1778年）とエンパイア（左1793年）　綿プリントのドレ
イル(7)　　　　を比べた風刺画(イ)　　　　　　　　　　　ス(33)

第4章　三大紡機の時代と富豪族ファッション

図4-4　1810年代〜40年代のシルエット(34)　　図4-5　1830年代のクリノリンとジゴ袖(7)

図4-6　左から1770年代、1810年代、20年代、30年代(35)、40年代(7)ファッション

　1830年代はダブルピラミッド型（double pyramid）で、ウエストを下げ再びコルセットとバッスルを着けたロマンスタイルに似ていますが、胸部にもボリューム感がありました。イギリス更紗のドレスとともに、図4-5に示すようなジゴ（羊の足）と呼ばれる肩から手首近くまで袖を膨らませたファッションがありました。

　1840年代はクリノリン（crinoline）を使ったセントポール大聖堂のドーム形のセントポール・ドーム（St Paul's dome）型でした。図4-6は代表的な富豪族ファッションです。1840年代ラッフル（ruffle）のシャツも現れました。

　クリノリンは"cage crinoline"と呼ばれ、19世紀に鉄工業の発展で生まれた、細くて軽く弾力性のあるワイヤーに綿テープを巻いたフレームのことです。

109

18世紀後半の貴族の生活を描いたイギリス映画『ある公爵夫人の生涯（*The Duchess*』（2008）はアカデミー賞の衣装デザイン賞を受賞した作品で、"ドレスは女性の表現である"として、当時の華やかな社交界の衣装が見られます。

■コラム■ 4-3　"ブルーストッキングクラブ"のファッション簡素化運動

"ブルーストッキング（Bluestocking、青鞜）"はイギリスの上流家庭の婦人グループの愛称で、正式名は「The Club of the Blue」といい、女流文学者モンタギュー（E. R. Montagu）らが普段着のブルーストッキングで参加できる文学愛好者のサロンを設け、ロココのパニエファッションを簡素化しようと活動しました。さらに、この運動は18世紀末のフープスタイルに対抗してエンパイアスタイルを推奨しましたが、産業革命で富を得たブルジョアジーたちの多くはボリューム感とドレープ感のファッションを好み、再びフープスタイルは大きくなって、"ブルーストッキング"の簡素化運動は姿を消しました。

4-3-3　綿の白モスリンシュミーズドレスファッションの出現

　ルイ16世の王妃アントワネットは宮廷内の広大な庭園で、麦わら帽子をかぶり綿の白や花模様のモスリンのシュミーズドレスを着ました。胸元を広く開け、ベルトでウエストを軽く締めてドレープ感を出し、普段着に近い衣服でした。宮廷内では絹、庭では洗濯が容易な綿と、繊維の特徴を利用して使い分けました。白モスリンのシュミーズドレスは王妃から貴婦人たちへ、そして市民へ、さらにヨーロッパへと広がりました。アントワネットの衣装を担当したベルタン（Rose Bertin）は婦人服デザイナーの先駆けでした。白モスリンのシュミーズドレスと麦わら帽子という田舎風のファッションスタイルは女性服の簡素化で、コルセットを使った窮屈なドレスから解放されました。シュミーズドレスは透けるほど薄い生地が使われるようになり、その後下着化しました。

　アントワネットは白モスリンのシュミーズドレスを普及させ、ビクトリア女王は結婚式に白のモスリンのドレスを着てから、イギリスではミュール紡機による細い高級綿糸の白モスリンがファッションに使われました。

第4章　三大紡機の時代と富豪族ファッション

4-3-4　新しいスタイルの既製服とテキスタイルデザイナーの出現

　10年ごとに変わったファッションスタイルのドレスを人々は、どのようにして調達したのでしょうか。貴族やブルジョアジーたちは高級生地を入手し、お抱えの仕立屋に作らせていました。庶民の衣服はシンプルな仕立てだったので、糸や布が充足し始めると既製服として生産が始まりました。そして、貴族やブルジョアジーたちがアフタヌーンドレスとイブニングドレスとを着分けたように、庶民も労働着と家庭着を区別して着替えの習慣も生まれました。産業革命によって糸が十分生産され、衣服が豊富となり、「衣服が充足してきて、道徳心に優れた人間が増えてきた」とフランスの歴史家ジュール・ミシュレ（Jules Michelet）が述べています。「衣食足りて礼節を知る」の格言通りでした。

　イギリスでは、18世紀中期に花柄デザイン（図4-7）を描くテキスタイルデザイナーのアンナ・ガースウエイト（Anna Maria Garthwaite）がいました。使用した布地はイギリス製モスリンやキャリコ、高級な薄い綿ローン（lawn）でした。イギリスではミュール紡機によって100番手（5.9 tex）の細い均一な綿糸が生産できるようになり、容易にローンなどの綿製品を生産することができたからです。ブルジョアの女性は、モスリンやキャリコ、ローンのほかに絹のブロケード（brocade）やベルベットなどもふんだんに使い、リボンで装飾しました。当時のビクトリア女王はレースの衣装（p. 187）を好んで身に着けたことから、レースも普及しました。また、高級獣毛のアルパカやカシミアの糸がソルト（p. 141）によって機械紡績されるようになり、それらのショールやドレスもファッションに使われ始めました。

図4-7
ガースウエイトの作品(7)

図4-8
ブランメル像

111

4-3-5　男性ファッション ─ ３人ジョージのダンディファッション ─

　女子ファッションが10年ごとに変化していたころ、男子ファッションにダンディジョージと呼ばれるジョージ４世、ジョージ・ブランメル、ジョージ・バイロンの"３人ジョージしゃれ男"が出現しました。

　ジョージ４世は産業革命が成功してイギリスの繁栄期になった時の国王でした。ブランメル（George Bryan Brummell）は個性的なメンズファッションを表現して、"ダンディ・ボー・ブランメル"と呼ばれていました。名門イートン校でブランメルと級友のジョージ４世（当時皇太子）は、彼のダンディスタイルを取り入れ、ダンディジョージと呼ばれました。ブランメルが住んだロンドンのジャーミンストリート（Jermyn Street）は２人が通った高級紳士服やシャツの店がありました。今でも1855年創業のシャツメーカーで王室御用達のターンブル・アッサー（Turnbull & Asser）や紳士服を扱う店が多くあり、この通りにダンディらしい衣装のブランメルの銅像（図4-8）が建っています。

　ジョージ・バイロン（George G. Byron）はロマン主義派の詩人で、ヨーロッパ各地を旅し、ロンドンではしゃれ男と呼ばれていました。

4-3-6　ファッションを紹介した肖像画家と写真技術の誕生

　19世紀中期に写真技術が開発されていましたが、モノクロ静止画の撮影のみで人物は難しく、肖像画家が活躍していました。当時の肖像画はミニアチュール（miniature）という技巧的な細密画で、写実的、現実的でロマンチックに描かれていたので、王室や貴族たちは競って肖像画を描かせました。特に、宮廷画家は王や貴族を強く立派に、妃は美しく華やかに描きました。

　18世紀後半、イギリスの代表的な肖像画家にレイノルズ（Joshua Reynolds）とゲインズバラ（Thomas Gainsborough）がいました。２人は1768年に王立芸術院（The Royal Academy of Art）を設立し、多くの画家が輩出しました。ギルレイ（James Gillray）はホガースの影響を受けたイギリスで最も有名な風刺画家で、ファッションの風刺画も描きました。ゴートン（John W. Gorton）、ローレンス（Thomas Lawrence）らも多くの肖像画を描きました。ロンドンやエジンバラにある国立ポートレイト美術館では貴族たちの肖像画を、ロンドン市外ハムステッド（Hampstead）のケンウッドハウス（Kenwood House）では中産

階級の女性が美しく着飾ることに喜びを見出して生き生きとした表情の庶民の肖像画を見ることができます。

フランスでは、ブシェ（François Boucher）はポンパドール夫人など多くの肖像画を、ダビッド（Jacques-Louis David）はナポレオンの戴冠式や馬上のナポレオンなどを残しています。ル・ブラン（Vigée Le Brun）はマリーアントワネットの友人で妃の肖像画を描きました。

写真を最初に考案したのはフランスのニエプス（Joseph Niépce）と画家で物理学者のダゲール（Louis J. M. Daguerre）で、1839年ダゲールが銀板写真法を完成させましたが、露光時間に30分もかかり、風景写真のみでした。その後、イギリスのタルボット（William H. F. Talbot）はネガからポジを何枚も印刷できる方法を発明しました。19世紀後半になって、肖像画の代わりに写真によって人物やファッションが見られるようになりましたが、モノクロだったので、カラーで美しく表現できる肖像画の方が人気でした。

4-3-7　毛織物（梳毛と紡毛）の紳士服と毛モスリンのファッション

羊毛は羊の種類や部位によって品質が異なり、細くて長く感触のよい羊毛を使った梳毛糸（worsted yarn）と、短く太くざらざらした感触の羊毛を使った紡毛糸（woolen yarn）があります。梳毛糸は丁寧な方法で糸に紡ぎ高級な毛織物・ウーステッド（worsted、梳毛織物）に、紡毛糸は簡単な方法で糸に紡ぎざっくりした毛織物・ウーレン（woolen、紡毛織物）にしました（図4-9）。ウーステッドの名は、16世紀ノーフォーク州ウーステッドの繊細な毛織物が由来です。

18世紀になると、洋服の仕立て技術が進み、労働の必要のない上流階級の紳士は、庶民と区別するために、体にぴったり合った梳毛織物の仕立て服を着て、それがイギリス紳士のファッションになりました。

ところが19世紀になると、それまで庶民用の織り目が粗くざっくりした紡毛織物のツイード（scotch

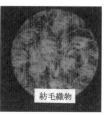

図4-9　梳毛織物と紡毛織物

tweed）やホームスパン（homespun）で仕立てた服が、窮屈でなく気楽に着られることを知った上流階級の紳士たちの人気を得ました。特に、ハリスツイード（Harris tweed）は狩りやスポーツ、乗馬などの戸外服としてファッションになりました。イギリスには、今でも狩りや自転車に乗る時はツイードを着て楽しむ風習があります。

　一方、18世紀の女性用ファッションはもっぱら肌触りのよい綿と絹でした。19世紀になると、羊毛用コーマ機が登場し、メリノ羊毛やカシミアを使った高級梳毛織物が当時の綿のモスリンに似ていたため毛モスリンと呼ばれ、女性も毛モスリンでファッションを楽しむことができるようになりました。

4-3-8　スコットランドのタータンファッションと伝統的毛織物

　有名な柄タータンはスコットランドのクラン（clan、氏族）が着る格子柄（check）の毛織物です。特に、男性が身に着けたタータンのキルトスカート（kilt skirt）や肩掛けは伝統衣装（図4-10）になっています。また、タータン柄はクランによって異なるのが特徴で、その柄は一族の紋章で、家紋のようなものでした。その後、クランに属していない人もその地の住民であることを示すディストリクトタータン（district tartan）、学校や各種団体の所属を示すタータンが生まれ、スコットランドには数千種類のタータン柄があります。キルトスカートは広幅の数メートルあるタータン布を折りたたんでプリーツを付けて重ねます。古代から続くボリューム感とドレープ感を表現した男性スカートで、正式なキルトは長さ9m、重さ4kgもあります。

　イングランド人にタータンを広めたのは、タータンの絆によってスコットランドに反乱が起こるのを恐れてイングランド議会が発令した1746年タータン着用禁止令"The Dress Act"です。これはファッション素材ではなく、ファッションそのものが政治の材料になった珍しいケースでした。この法律は1782年に解除され、この事件後、タータンはイギリス全体に広まり

図4-10
タータンを着た兵士と男性(36)

第4章　三大紡機の時代と富豪族ファッション

ました。一族のクランのタータン柄は伝統的に正装用、儀礼用、昼間用、狩猟用の４種類があります。

　スコットランドにはタータンのほか、地名や川の名などが付けられた伝統的な毛織物が多くあります。例えば、菱形多色柄で有名な地名のアーガイル（argyle）、紡毛織物で有名な川の名のツイード（tweed、スコッチツイード）、グレナカートチェック（gleanurquhart check）の略のグレンチェック（glen check）、島の名で犬の名でもあるシェトランド（shetland）、ホームスパンなどはスコットランド生まれの伝統的な毛織物のファッション素材です。

　マッキントッシュクロスは"マック"と呼ばれる有名な生地です。1823年グラスゴーの化学者マッキントッシュ（Charles Mackintosh）が発明した防水布で、２枚の布の間に天然ゴムを当て、繋ぎ目は特殊な糊を塗って同じ布を貼り、完全防水にしています。その他、この時代に生まれたカーディガン（Cardigan）や、短い上着のスペンサージャケットはそれらを考案したイギリス伯爵がそれぞれの名前の由来となっています。

4-4　紡績機械の発明と産業革命

4-4-1　三大紡機・力織機・蒸気機関の発明による産業革命の始まり

　手足で動かす道具がより生産性の高いものになった産業革命前のフライヤー式糸車、靴下編み機、飛び杼手織り機の三大発明は機械化前の道具でした。靴下編み機と飛び杼手織り機の普及により糸不足が続き、また綿製品への要望も強くなり、18世紀後半に綿糸を機械で紡ぐ三大紡機の発明に繋がりました。その後、大量の綿糸が機械紡績されると、手織り機や編み機では追い付かず、逆に糸余りが起こりました。18世紀末に力織機が発明されて糸の需要が増し、蒸気機関による綿紡績工場や織布工場が普及した19世紀初頭になると、綿糸と綿織物の生産バランスが良くなり、大量生産されて、衣服のデザインの幅も広がり、ボリューム感とドレープ感のあるコットンファッションが富豪族によって生み出されました。

　機械化による物の大量生産が産業革命であるとすれば、最初の機械である三大紡機と力織機、それに蒸気機関の五大発明はその始まりでした。これらの紡

織機の動力は人力から馬力、水力さらに蒸気機関に変わり機械が大型化し、糸や布は大量生産されました。

　発明された糸紡ぎの三大紡機は1764年ハーグリーブス（James Hargreaves）のジェニー紡機（Spinning Jenny）、1768年アークライト（Richard Arkwright）の水力紡機（Water Frame）、1779年クロムトン（Samuel Crompton）のミュール紡機（Spinning Mule）です。1769年ワット（James Watt）の蒸気機関（Steam Engine）と1785年カートライト（Edmund Cartwright）の力織機（Power Loom）の五大発明が綿糸、綿織物を増産させ、産業革命の基盤となり発展しました。

　ところで、産業革命を興した紡織機や蒸気機関の発明者の多くは大学の学者、貴族やジェントリーではありませんでした。ハーグリーブスは手織り工、アークライトはかつら行商人、クロムトンは夜学に通う糸紡ぎ工、ワットは大学の実験器具職人でした。一般人の発明に驚いた政府は大学における科学技術の振興を図りました。カートライトはオックスフォード大学出身でした。

4-4-2　綿糸を紡ぐ三大紡機の発明(1)
― ジェニー紡機とファッション素材のファスチアンの増産 ―

(1) ハーグリーブスのジェニー紡機 ― 糸車の応用 ―

　ハーグリーブスが最初に発明したジェニー紡機は8錘立て（スピンドル1本が1錘）で、手回しでしたが同時に8本の糸を紡ぐことができました。図4-11は復元の16錘立てのジェニー紡機です。当時の糸車やフライヤー式糸車は1人で1本か2本の糸しか紡ぐことができなかったことを考えれば、画期的なことでした。糸車では、普通の糸の太さで1日100gくらい紡ぎましたが、16錘のジェニー紡機では1日1kgくらい生産できたので、10倍の生産能力がありました。その後、1台で120錘の大型ジェニー紡機もできましたが、粗糸（roving or rove）を引き出し、糸に撚りをかける操作と糸を巻き取る操作を別々に行うことや、構造的な面

図4-11　ジェニー紡機(16)

などから、水力による動力化が難しく、手回しのままでした。

ジェニー紡機は①大きい車輪（ドライビング・ホイール）、②ハンドル、③クランプ、④スピンドル、⑤粗糸、⑦足で操作する太い針金の⑥フォーラー（faller）から成り、スピンドルにボビン（管）を差して糸を巻き取ります。

ジェニー紡機はジャージホイールをもとに発明されたため糸紡ぎの操作方法は糸車とよく似ています。図4-12で糸車とジェニー紡機の操作方法を比べて説明します。Ⅰ：クランプの間に粗糸を通し、糸を紡ぎながらスピンドルに巻きつけます。Ⅱ：クランプを開けたままクランプ台を20 cmくらい手前に移動させて粗糸を引き出し、クランプを閉じます。Ⅲ：ハンドルをゆっくり回しながらクランプ台を少しずつ手前に移動させて粗糸を引き延ばし糸に紡ぎます。再びクランプを開けて粗糸を引き出し、クランプを閉じて同様に粗糸を引き延ばして糸にします。これを2〜3回繰り返して機械の長さ分（約1 m）まで糸を紡ぎます。Ⅳ：クランプを閉じた状態でハンドルをわずかに逆回転させてスピンドルの先に巻きついている糸をほぐし、フォーラーを管の巻きたい位置まで足で下げます。ハンドルを回してできた糸を管に巻き取ります。Ⅴ：巻き終わったらフォーラーを上げて再びクランプを開け、Ⅱの操作に戻ります。

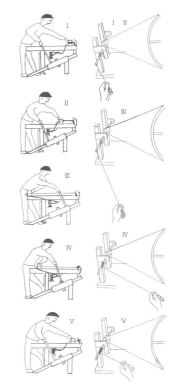

図4-12　ジェニー紡機と糸車の操作方法の比較(ス)

図4-13　改良型ジェニー紡機(ス)

ジェニー紡機の運転は相当の熟練が必要でした。ジェニー紡機は強い撚りをかけると、糸を巻き取る時にスナール（snarl）現象という糸の絡まりが生じるので、撚りは少なくする必要がありました。このため、糸の強度が不足し、織物の経糸には使えませんでしたが、柔らかい糸になるので糸に張力が掛からない織物の緯糸や編み物に適していました。また、経糸に丈夫な亜麻糸、緯糸にジェニー紡機の柔らかい綿糸で織ったファスチアンは好評でした。

⑵ 作業を容易にしたジェニー紡機の改良

　初期のジェニー紡機は前かがみの姿勢で作業をし、粗糸切れを直す操作が難しかったため、これらの問題点を改良したジェニー紡機が考案されました。

　図4-13のようにドライビングホイールを垂直に置き、ハンドルを内側に付け、スピンドルと平行に置いた中間のチンローラーを設けて、スピンドル１本１本をひもで伝達するようにしてスピンドルを設置しやすくしました。また、フォーラーを制御する足踏みの代わりに、クランプ台の中央付近に手で操作できるように工夫し、さらに作業者の前にあった横のフレームを除き、前かがみにならないように作業者が数歩前に出られるようにして、連続して1.5ｍくらいの糸ができました。これらの改良によりスピンドル数は16錘から22錘、60錘、80錘、100錘、120錘と大型化していきました。ジェニー紡機はハーグリーブスが亡くなった２年後の1780年にはイギリスに２万台の設備があり、水力紡機やミュール紡機が普及する前の糸不足の時代に活躍しました。

⑶ ジェニー紡機発明のきっかけと波紋

　ハーグリーブスは、経糸に亜麻糸、緯糸に綿糸を使ったファスチアンの生産地ランカシャー州ブラックバーン（Blackburn）近郊で生まれ、彼の家もファスチアンを生産していました。ハーグリーブスは、姉が糸車で糸紡ぎ中に、不用意に糸車を倒し、横倒しになってもスピンドルが上向きのまま回転して糸に撚りがかかっているところを見て、何本かのスピンドルを並べれば同時に多くの糸を紡ぐことができると考えました。発明当初のジェニー紡機は図4-11のように糸車が倒れた状態のようにドライビングホイールは斜めに置かれ、スピンドルが立てた状態になっています。

第4章 三大紡機の時代と富豪族ファッション

ジェニー紡機は糸の生産がとても効率的という話を聞いた、従来の糸車で仕事をしていた人々は、自分たちの仕事が奪われることを恐れ、ハーグリーブスの家を襲い、ジェニー紡機を破壊しました。身の危険を感じたハーグリーブスは、靴下編みで綿糸の需要が高かったノッテンガムに移住しました。ジェニーは、一般的な女性の名前です(D)。

4-4-3 綿糸を紡ぐ三大紡機の発明(2)
― 水力紡機による強い綿糸の生産 ―

(1) ポールとワイアットの繊維束を細くするローラードラフト装置

紡績のローラードラフト（roller draft）装置は、篠や粗糸を細く引き延ばして糸に紡ぎやすくする画期的な方法で、1732年ポール（Lewis Paul）とワイアット（John Wyatt）が発明しました。図4-14は一組のローラーを備えた装置ですが、その後二対のローラーを使用して後ろのローラーを遅く前のローラーを速く回転させ、安定して篠や粗糸を引き延ばす方法に改良しました。

(2) アークライトの水力紡機 ― フライヤー式糸車の応用とローラードラフト装置の組み合わせ ―

アークライトが考案した紡機（spinning frame、後に water frame）はフライヤー式糸車とローラードラフト装置を一体化したもので、紡績した糸は太いが

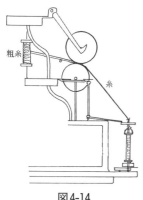
図4-14
ポールのドラフト装置(シ)

図4-15
初期水力紡機(15)

図4-16
復元水力紡機(15)

とても強く、織物の経糸などに適していました。最初の紡機は4錘立てで、これを数台備えて馬力を使って動かしていました。図4-15はロンドンの科学博物館（Science Museum）に保存してある初期の水力紡機で、2錘は欠落しています。図4-16は復元したものです。フライヤー式糸車と異なり、フライヤーとボビンを垂直に立てました。写真ではローラードラフト装置が見えないので、図4-17に概略図を示しました。水力紡機が紡績機械として成功したのは、ローラードラフト装置で篠（スライバー）や粗糸を細くし、強くて均一な太さの糸となり、さらに水車からの動力をベルトで数台の紡機に伝達して一斉に稼働させて大量生産できたからです。水力紡機は水車を動力とすることから名付けられました。

フライヤー式糸車は羊毛や亜麻を紡ぐものでしたが、フライヤー式の水力紡機は綿を紡ぐ機械として開発されました。

初期の水力紡機のローラードラフト装置（図4-17）は、最後部のローラーB（バックローラー）の回転を遅くし、中間のローラーM1、M2（ミドルローラー）を少し速め、最前部のローラーF（フロントローラー）を速く回転させます。これによって、粗糸または篠は細く引き延ばされます。バックローラーとフロントローラーの速度比または回転比はドラフト比といい、Bの回転速度を1として、M1、M2、Fの回転速度の比率は1.17、1.33、6.25で、当初はドラフト比を10倍ほどにし、太い糸を紡績していました。このため、細くて均一な糸を紡績するために、前紡工程（4-4-6）の紡績機械の開発も必要でした。

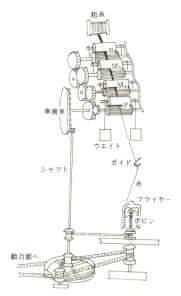

図4-17　水力紡機の構造(セ)

図4-18　木製の傘歯車(15)

第4章　三大紡機の時代と富豪族ファッション

　アークライトは小さな工場の外で、馬を円弧上に歩かせて大きなプーリーをゆっくり回転させ、それをベルトで工場内へ伝え、大小のプーリーを組み合わせて、ボビンはやや速く、フライヤーは速く回転させ、傘歯車（bevel gear）を通してローラーの回転をさらに速くさせる工夫をしました。図4-18の傘歯車は回転運動を垂直から水平方向に転換させることができる便利なものでした。傘歯車のピンに大きな負荷がかかるので、ピンが破損しないような硬くて弾力性のあるオーク材が使われました。当時はまだ工作機械がなく金属加工が確立していなかったので、やむを得ず木製の傘歯車でした。そのため、1台で4本のフライヤーにしていました。アークライトの初期の紡機はジェニー紡機に比べ、スピンドル数が少ないのは、木製の傘歯車が原因でした。その後1771年に改良した図4-19の水力紡機は金属製の傘歯車（図4-21）で、8錘になりました。アークライトは回転方向を変える傘歯車やウオーム歯車、回転速度を変える平歯車、縦と横に変換するラックとピニオンなど様々な歯車を使って、水力紡機を完成させました。

図4-19　改良型水力紡機(16)

図4-20　糸自動巻き取りのボビンリフト(16)

図4-21　改良型水力紡機のドラフト部と金属製傘歯車(16)

(3) アークライトの自動糸巻き取り改良型水力紡機
　アークライトの初期の紡機は、フライヤー式糸車のようにボビンに糸を均一に巻き取るため、フライヤーのフックの位置を1つずつ移す時、停止する必要

があったので、停止せずにボビンに糸を巻き取る装置を考案しました。図4-20のようにボビンの高さに合わせて上下するボビンリフトとハートカムを取り付け、ハートカムが1回転するとボビンリフトが1回上下して糸を連続してボビンに巻き取り、糸切れしなければ、ボビンがいっぱいになるまで紡機を止めずに運転ができました。

改良型水力紡機では図4-21のようにローラーを3組、ドラフト比を約30倍にして、細い糸も紡績できるようにしました。バックローラーとミドルローラー間は少し長くし、ミドルローラーとフロントローラー間は綿繊維の長さに合うようにしてドラフトを大きくしても繊維の乱れを少なくしました。その後、装置の金属化で1台の錘数が増え、100錘以上の大型紡機となり、綿糸の大量生産を可能にしました。水力紡機は水車から動力をベルトで伝達し、何台も同時に運転して大量生産の基礎を築きました。その工場がアークライトの建てた世界最初の水力式綿紡績工場クロムフォードミルです。

⑷ 世界最初の水力式綿紡績工場クロムフォードミルと、「産業革命の父」と呼ばれたリチャード・アークライト

アークライトは洋服仕立業を営む家の長男としてランカシャー州プレストン（Preston）近くで生まれ、若いころはボルトン（Bolton）の理髪店で働き、その後かつらの行商をして各地を歩き、手織り工たちが糸不足で仕事がないことを知りました。1768年アークライトは新しい紡機を完成させました。工場を建てる資金を得るために、ノッテンガムで、馬力で編み機を動かしていたストラット（Jedediah Strutt）に相談し、早速馬力で紡機の運転を行いました。それに成功して、1771年ダービー州クロムフォード（Cromford）にダーウェント川（River Derwent）の水を利用した世界最初の水力式綿紡績工場「クロムフォード工場（Cromford mill、p. 135）」を建てました。また、ストラットと1778年ベルパー工場（Belper mill）を建て、1782年マイルフォード工場（Milford mill）、1783年クロムフォード工場のすぐ上流にマッソン工場（Masson mill）など各地に水力式綿紡績工場を建て、アークライトは綿糸の大量生産で産業革命の基盤を築き、「産業革命の父（Father of the Industrial Revolution）」とか「工場システムの父（Father of the Factory System）」と呼ば

れ、国王ジョージ3世からナイト（Knight）の称号が贈られました。(D)(L)

4-4-4　綿糸を紡ぐ三大紡機の発明(3)
　　― ミュール紡機とイギリスモスリンや更紗の誕生 ―

(1) クロムトンのミュール紡機 ― ジェニー紡機と水力紡機の組み合わせ ―

　ハーグリーブスのジェニー紡機が普及し、アークライトの水力紡機が工場に設置されたころの1779年、クロムトンは改良型ジェニー紡機の移動式スピンドル構造と水力紡機のローラードラフト装置を備えた新しい紡機を完成させました。2つの紡機を組み合わせたので、雄ろばと雌馬のかけ合わせの"らば（mule）"と名付けました。図4-22は発明当初の48錘ミュール紡機の一部で、図4-23はミュール紡機の概略です。1770年代は金属加工の技術が進んでいたので、当初からスピンドル数が多く大型の紡機でした。運転は手動でしたが、18世紀末に水力化、1830年に自動化して大型ミュール紡機になりました。

　ミュール紡機はスピンドル部が移動しながらドラフトと撚りかけを同時に行っており、紡出された糸に張力がかからないため糸切れが少なく、インドモスリンや更紗の糸に匹敵するほどの細くて柔らかい糸を造ることができ、その後のイギリスモスリンや更紗に使われました。細くて柔らかいミュールの糸は、太くて強い水力紡機の糸と性質が異なることからミュール紡機は水力紡機と競合しませんでした。一方、太くて柔らかい糸を紡いでいたジェニー紡機は、動力化が難しかったためミュール紡機の発展とともに次第に姿を消してい

図4-22　ミュール紡機の一部(16)

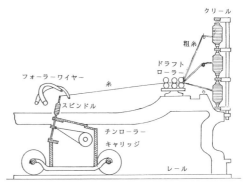

図4-23　ミュール紡機の概略図(ス)

きました。

(2) ミュール紡機の大型化と水力式への改良そして自動化

　ミュール紡機の作業はとても熟練を必要としましたが、慣れると1日（12Hrs）で綿60番手（約10 tex）の細い糸を約453 g（1ポンド）紡ぐことができました。長さに換算すると約46000 mになります。紡錘車は1日12時間で約720 m、糸車は約2400 m（p. 64）ですから、生産性がよいことが分かります。当初の48錘紡機のスピンドル回転数は1700 rpm（revolutions per minute、1分間の回転数）で、16分の1馬力を要すため男が操作しました。発明6年後の1785年ミュール紡機のスピンドル数は約100錘となり、生産量は2倍近くになり、10分の1馬力くらいを必要とするため、ミュール紡機の運転は力持ちの男の仕事でした。1790年代に240錘の大型ミュール紡機が出現し、2250 rpmという速いスピンドル回転で運転したので、5分の1の馬力が必要となり、2人の男で運転しました。

　1792年ニューラナーク（p. 137）のケリー（William Kelly）はミュール紡機を水力用に改良し、1台で600錘もある超大型のものも出現しました。そのためミュール紡機の設備が急増し、1810年代イギリスに水力紡機30万台、ジェニー紡機16万台に対し、ミュール紡機は460万台設置されていました。(ス)

　水力のミュール紡機も労力を必要とし、男子が運転しました。女子は糸繋ぎ、子どもは紡機下の綿ほこり取りや運搬などの作業をしました。ミュール紡機は、糸の延伸中は右手でハンドルを回すだけで、自動的にキャリッジが移動して糸が紡がれます。糸をコップに巻くときは左手でフォーラーを押さえなが

図4-24　水力式ミュール紡機の運転(サ)

図4-25　自動ミュール紡機の運転(タ)

らキャリッジをローラー側へ移動させるので両手を使います。ミュール紡機1台（図4-24）を男女2人のペアと子どもの3人で運転しました。

1830年ロバーツ（Richard Roberts）は自動ミュール紡機（Self-actor or Self-acting Mule Frame）を開発しました。ロバーツはクオードラント（Quadrant、四分円形）を考案し、人の手で行っていたフォーラーの操作と糸の巻き取りを自動化しました。図4-25は自動ミュールによる運転で、2台で1セットとし、男女2人と子ども2人で2台を運転しています。左の台はコップに糸を巻きつけているので男性がキャリッジを移動させていますが、右の台は糸を紡出しているので自動的に行い、女性が糸切れを繋いでいます。機械の下にいる少女は綿くずを集め、切れた糸の端を紡ぎ工の女性に渡す作業をします。体を低くして前後左右に移動しなければならず、相当にきつい仕事でした。

ミュール紡機が発展したのは細くて柔らかい糸ができ、インドから輸入していたモスリンや更紗と同じくらいの糸ができたからでした。西インド諸島の海島綿はミュール紡機によって100番手（6 tex）の細くて柔らかい糸が紡績でき、その高級綿布は王室や貴族らのドレスやシャツ地として愛用されました。

⑶ ミュール紡機のOHPの推移、水力紡機とミュール紡機の糸価格

人と機械の生産性を表す尺度としてOHP（Operative Hours for Production）という単位があります。これはある材料を1人で45.3kg（100ポンド）を処理するのに必要な運転時間数のことです。例えば、大型のミュール紡機1台を3人（男女2人と子ども2人

表4-4　ミュール紡機などのOHPの比較⑺

紡績方法	年代	OHP
インドの手紡ぎ糸車	1780年ころ	50,000
クロンプトンミュール紡機	1780年ころ	2,000
100錘のミュール紡機	1785年ころ	1,000
240錘のミュール紡機	1795年ころ	300
600錘のミュール紡機	1825年ころ	135
現代のリング精紡機	1980年ころ	40

表4-5　水力紡機の糸の価格等⑴⑺

項目	1779年	1784	1799	1812
綿糸価格	16	11	7.5	2.5
原綿費用	2	2	3.3	1.5
生産費用	14	9	4.2	1

表4-6　ミュール紡機の糸の価格等⑴⑺

項目	1786年	1796	1806	1812
綿糸価格	38	19	7.2	5.2
原綿費用	4	3.5	3	2.4
生産費用	34	15.5	4.2	2.9

は大人1人分）で操作して、1時間当たり約1.13kg（2.5ポンド）生産したとすると、そのOHPは120となります。すなわち、1人で100ポンド生産するために120時間必要です。表4-4はミュール紡機の大型化に伴うOHPを比較したものです。昔の糸車や現代の紡績機械の値と比較しました。初期のミュール紡機に比べ、スピンドル数が100～600錘と増加し、紡機の改良等によってOHPが著しく減少しています。

表4-5、表4-6は水力紡機とミュール紡機による綿糸価格（シーリング）と生産費用の比較です。水力紡機は40番手（15tex）、ミュール紡機は100番手（6tex）です。綿糸価格は年度とともに低下していますが、1812年度で比較すると、ミュール紡機の綿糸は水力紡機の綿糸より約2倍高く生産費用は2.9倍です。

ミュール紡機による細番手の綿糸は高級原綿を使用するため価格が高く、生産性が低いためにコストがより多くかかっています。

⑷　ミュール紡機発明のきっかけ

クロムトンはランカシャー州ボルトンの出身で、子どものころ15世紀に建てられた領主の邸宅のホールインザウッド（Hall i' th' Wood）に移りました。父は若くして亡くなり、夜学に通いながらジェニー紡機で綿糸を、2人の姉はフラックスホイールで亜麻糸を紡ぎ、母は経糸に亜麻糸、緯糸に綿糸を使ってファスチアンを織って生活していました。

クロムトンは、アークライトの水力紡機の糸が強く均一なのはジェニー紡機にないローラードラフト装置にあると考え、5年後に強くて柔らかい糸を紡ぐことができるミュール紡機を開発しました。彼はバイオリンを奏でる音楽家で、研究の間に演奏会を開催して新しい紡機を造るためのお金を稼ぎました。
(D)

クロムトンがミュール紡機を発明したホールインザウッドの家は、現在博物館（Hall i' th' Wood Museum in Bolton Museum）として公開されており、館内に初期の手回しミュール紡機の一部（図4-22、運転可）や、彼が製作に没頭した部屋にバイオリンなど愛用品が展示してあります。

4-4-5　精紡機の種類と生産性の高いリング精紡機の発明

　精紡は紡績の最終工程です。三大紡機はいずれも精紡機ですが、その後、水力紡機を改良したスロッスル精紡機（throstle spinning frame）、新しいキャップ精紡機（cap spinning frame）とリング精紡機（ring spinning frame）が産業革命期後半に発明され、スピンドル数（錘数）を多くした大型化や高速化を行い、水力を蒸気機関に変えて精紡機1台当たりの生産性を向上させました。

(1) スロッスル精紡機 ― 水力紡機の改良 ―

　スロッスル精紡機（図4-26）はフライヤー精紡機ともいい、水力紡機を改良して大型化したものです。水力紡機のハートカムの代わりにチンローラーを取り付け、1台当たり200から300錘のスピンドルを機械の両側に置き、スピンドルの回転を高め、蒸気機関によって運転しました。この精紡機は運転すると騒音が大きくて耳栓が必要で、うたつむぎ（song thrush）の鳴き声に似ているところからスロッスルといいました。スロッスルはフライヤーが大きく重いために1分間の回転数は3000～4000rpmが限度でしたが、当時の水力紡機の回転数が2000rpmだったので生産性は向上しました。(F)

　その後、さらに生産性がよく細番手が紡績できるキャップ精紡機やリング精紡機が普及する20世紀初めころにスロッスル精紡機は姿を消しました。

図4-26　スロッスル精紡機(37)

(2) キャップ精紡機 ― 加撚・巻き取りをフライヤーからキャップへ ―

　キャップ精紡機は1828年アメリカ・マサチューセッツ州生まれのダンフォース（Charles Danforth、管式粗紡機の発明者）によって発明されました。これはスロッスル精紡機のフライヤー方式の代わりに、図4-27のようなスピンドルの上部に固定した鋼鉄製のキャップをはめた装置です。これによりスピンドル（チューブともいう）の回転数は7000rpmとなり、生産性が向上しました。

　キャップ精紡機はキャップの下のへりの部分に糸を通し、スピンドルに差

し込まれたチューブがベルトによって回転して糸に撚りがかけられ、チューブにはめたボビンに巻き取られます。ボビンの回転で糸にバルーン（風船のような形に糸が輪になる状態）を与え、糸とキャップのへりの間に生じる摩擦や空気抵抗によって糸の速度が遅れることで、糸がボビンに巻き取られます。(F) キャップ精紡機は細番手の羊毛の紡績（梳毛紡績）に適していたので、イギリスでは多く使用されましたが、次に述べるリング精紡機より生産性が低かったこともあり、次第に姿を消し、今日では全く使われていません。

(3) リング精紡機 ── リングと軽いトラベラーで加撚・巻き取り ──

　リング精紡機は輪具精紡機と当て字するように、金属の輪（ring）とトラベラー（traveler）という軽い金属製の具（フック）を用いた精紡機で、1828年アメリカのソープ（John Thorp）によって発明されました。リング精紡機は、スロッスル精紡機のフライヤーやキャップ精紡機のキャップが重くて回転に限界がある点を改良して、リング上を軽いフックで回転させてスピンドルの回転を上げました。1830年フックの代わりに、卵形軽量トラベラーが開発され、1万 rpm 以上の高速でスピンドルを回転させることができました。図 4-28 に示すように、フロントローラーから出た糸はスピンドルの回転でトラベラーにはめた糸が回転して撚りがかけられ、同時にボビンに巻き取ります。リング精紡機は、撚りかけと巻き取りを交互に行うミュール精紡機より効率よく生産できました。

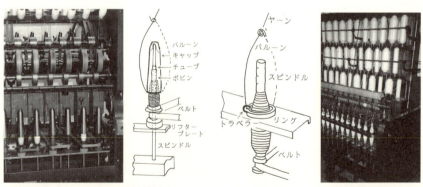

　　図 4-27　キャップ精紡機 (38)　　　　図 4-28　リング精紡機 (39)

4-4-6 均一な糸を紡ぐための前紡工程紡績機械の発明(1)— 不純物を除き繊維塊をほぐす開繊機と連続した篠にするカード機 —

前紡は、原料の繊維から精紡機に掛ける前までのスライバーや粗糸を作る工程です。綿紡績の前紡工程の機械は、原料に付着している枯葉や砂埃などを除き繊維塊をほぐす打綿機や開繊機、ほぐした繊維塊から繊維の方向を揃えながらスライバーにするカード機、繊維の方向を揃えスライバーの太さを均一にする練条機（drawing frame）、スライバーを粗糸にする粗紡機（rover）などで構成されています。

(1) 打綿機と開繊機、ラップ製造機

打綿は網の上で、棒で打って枯葉や砂などの不純物を除き、弓の弦をはじいて綿塊や羊毛塊をほぐしていました。1797年機械的に繊維塊をほぐす打綿機や開繊機（willowing）が開発され、カード機に供給するラップ（lap）もできました。

(2) カード機（梳綿機）

産業革命前は、ハンドカード（図3-27）で繊維の方向を揃えていました。18世紀中ごろにポールとボーンが図4-29の針布を使ったローラー型カード機を発明しまし

図4-29　ローラー型カード機⑷⁰

図4-30
ドラム型カード機⒃

図4-31
フラットカード機㊱

図4-32
ローラーカード機㊱

129

たが、効率が悪く普及しませんでした。実用的なカード機は、アークライトがローラー型カード機を改良した図4-30のドラム型カード機でした。針布を張った3つのローラーの直径を順次大きくして表面速度を上げて連続的にローラー間で梳いていく装置です。このカード機は繊維束が多く供給されるとローラーの上部に浮く繊維が生じるため、図4-31、図4-33のように大きいローラーシリンダーの上部に針布の平板（flat bar）を取り付け、シリンダーに浮いた繊維を梳き、それを再びシリンダーで梳き直すようにし、シリンダーで梳いた繊維をドッファー（doffer）に移し、フライコーム（fly comb）で繊維を剝ぎ取る装置が考案されました。ドッファーから剝ぎ取ったウェブ（web）という繊維束をトランペット状の穴に集めて腕の太さくらいの連続したスライバーとし、コイラーイン（coiler-in）装置でケンスに収めるフラットカード機（flat carding engine）が完成しました。その後、1850年に回転フラットカード機（revolving flat carding engine）が開発され、今日の綿用のカード機の原型ができました。

　繊維の長い羊毛を梳くカード機では、図4-32、図4-34のローラーカード機（roller carding engine）が開発されました。数対のウォーカー（worker）とストリッパー（stripper）をシリンダー上部に取り付け、シリンダーで梳けなかった繊維束をくり返しウォーカーで梳く方法です。このローラーカード機も今日のカード機の原型になっています。

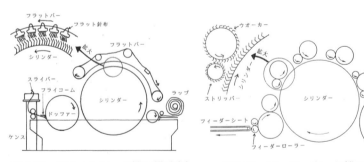

図4-33　フラットカード機の構造(F)　　図4-34　ローラーカード機の構造(ツ)

(3) カード機の梳き作用

　カード機の梳き作用と繊維の移動は、くの字型の針布の向きと回転速度差に

よって行われます。図4-35でAが静止しているか、または B より遅い速度で B と同じ方向へ移動すると、I は両方の針間で梳られます。Ⅱの場合は、A と B 間の梳き作用は行わず運ばれます。I はシリンダーとフラットまたはウォーカー、Ⅱはテーカーインローラーとシリンダーの関係です。なお、繊維のシリンダーとドッファー間の移動は I の場合ですが、これは A と B の速度差によって行われています。カード機は綿を梳くので梳綿機といいます。

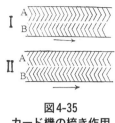

図4-35
カード機の梳き作用

(4) 大型化したカード機

　繊維を梳きながら連続したスライバーにするカード機は19世紀に入ると図4-36のように粗糸を造るカード機として大型化し、速度も速くなり大量生産できるようになりました。図4-37に示す1840年代の二連式カード機（後ろは粗梳きカード、前は仕上げカード）も出現しました。前方の仕上げカードでカーディングされたスライバーを子どもがケンスに収めています。これを次の練条機まで子どもが運びました。粗糸を造る二連式カード機もありました。

図4-36　大型カード機(37)

図4-37　二連式大型カード機(M)

4-4-7　均一な糸を紡ぐための前紡工程紡績機械の発明(2)
　　　― 篠と粗糸を均一にする練条機と粗紡機 ―

(1) 練条機の発明

　カード機上がりのスライバーは太さが不均一で、繊維の方向も十分揃っていません。そのため、アークライトはカード機のスライバーの繊維の方向を揃え、均一な太さにする装置を考案しました。それは練条機といい、1770年代

131

に開発され、クロムフォードミルなどに備え付けられました。
　初期の練条機（図4-38）は二対のローラーを備え、2倍のドラフトでしたので、供給のスライバーは2本でした。この練条機にスライバーを数回通して繊維の方向を揃え太さを均一にしました。1840年ころに4倍のドラフトで4本のスライバー、さらに6倍のドラフトで6本供給（図4-39）となりました。供給する本数をダブリング（doubling）といい、ドラフトを大きくすると繊維はより大きく引き延ばされて方向が揃い、太さはより均一にできました。高品質の糸を生産する場合は、図4-40のように練条工程のケンスを第一練条から第二へ、第二から仕上げに移す方法で練条を2〜4回繰り返し行い、スライバーの均整化を行いました。

図4-38　初期の練条機(37)

図4-39　6本供給の練条機(33)

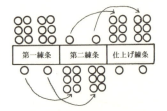

図4-40　練条機の使用方法

(2) 粗紡機の発明 ― ランターン粗紡機 ―
　粗紡は精紡の直前の工程で、粗紡機で造った粗糸を精紡機に供給します。アークライトが1770年に開発した最初の粗紡機はランターン粗紡機（lantern frame、図4-41）といい、練条機上がりのスライバーを、二対のローラーでドラフトを数倍にして細く引き延ばし指くらいの太さの粗糸にしてランターンを回転させ、少し撚りをかけて粗糸が切れないようにしました。容器がカンテラ（lantern）に似ていたことから、名付けられました。ランターンから取り出した粗糸は手で木管に巻きつけました。効率の悪いランターン粗紡機は19世紀に粗糸を自動的に木管に巻き取るフライヤー粗紡機が出現するまで使われました。

第4章　三大紡機の時代と富豪族ファッション

図4-41　　　　図4-42　初期の前紡工程(37)
初期の粗紡機(15)

　図4-42はクロムフォードミルに設備された初期の前紡工程で、カード機と練条機は水車の動力で運転し、ランターン粗紡機は手回しでした。

(3) 効率のよいフライヤー粗紡機の開発

　ランターン粗紡機は効率が悪かったので、生産性のよい粗紡機の開発が待たれました。1815年、粗糸をボビンに食い込ませないように、フロントローラーの一定紡出速度に対して粗糸が巻かれる時、ボビンが少しずつ太くなるにつれてボビンの回転を少しずつ遅くする装置を開発しました。それは図4-43のようなコーンドラムAを取り付けたものです。コーンドラムの回転がベルトBによってプーリーCに伝えられ、コーンドラムの太い方から順次細い方へ移動させてプーリーCの回転を少しずつ少なくなるようにして、フライヤーFの

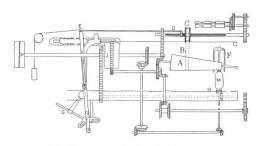
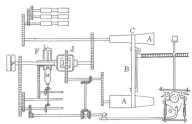

図4-43　コーンドラム1本粗紡機(ウ)　　図4-44　コーンドラム2本粗紡機(テ)(F)

133

回転を調整しました。このコーンドラムは上下二対の方が安定した速度変換ができることから、図4-44の二対形式のフライヤー粗紡機になりました。

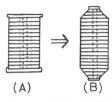

図4-45　粗糸の形状

フライヤー粗紡機は、1826年に差動運動装置（differential motion）Jが開発され改良されました。この装置は回転速度をより正確に伝え、フライヤーまたはスピンドルとボビンの回転速度比を一定に保ち、ボビンに粗糸が食い込まないようにコントロールします。これにより図4-45のように（A）から上下に耳がなくて上下を円錐形に巻く方式（B）が可能になりました。これはBの方が軽量でラージパッケージ化ができ、粗糸切れを防止できるからです。

(4) 粗紡機の使い方 ― 始紡機から精練紡機 ―

粗紡機で紡出した粗糸の質が悪いと精紡で糸切れし、斑のある糸になるので、生産する糸の品質に合わせて次のような方法が行われました。スライバーから粗糸にする最初の粗紡機を始紡機（slubbing frame）、2番目は間紡機（inter-mediate frame）、3番目は練紡機（roving frame）、最終は精練紡機（fine roving frame、jack frame）です。綿糸の場合、20番手（30 tex）以下の太糸を紡績するときは始紡機のみ、40番手（15 tex）くらいの糸は始紡機、間紡機、練紡機の3工程、60番手（10 tex）以上の細糸は精練紡機までの4工程を通して粗糸にしました。始紡機は練条上がりのスライバーから供給しますが、間紡機からはその前の粗紡機の粗糸を2〜4本供給して、ダブリングとローラードラフトで粗糸の均整度を高め、120番手（5 tex）のような極細綿糸はさらに1

図4-46　産業革命中期の前紡工程(ト)

図4-47　産業革命後期の前紡工程(ト)(シ)

工程増やしました。図4-46、図4-47は産業革命中期と後期の大型化したカード機と粗紡機の運転の様子です。このように、ファッションのための糸造りは精紡機だけでなく前紡工程を通して細くて均一にすることが行われていました。

4-5　綿糸の大量生産を行った水力式綿紡績工場と工場村

4-5-1　世界最初の水力式綿紡績工場のクロムフォードミル

　アークライトは、水車を回すために年間を通して十分な水量があり、交通に便利な場所をダーウェント川沿いのダービー州クロムフォードに見つけ、そこにストラットの援助を得て1771年に工場を建てました。同年12月の新聞『ダービーマーキュリー（*Derby Mercury*）』に次のような求人広告がでました。「求人広告・綿紡績工場、クロムフォード、1771年12月10日。至急求む！2人の職人、1人は時計工、他の1人は歯車についてよく知っている人。また鉄を加工できる人や歯車、スポールが作れる木地屋。近隣の手織り工さんは工場で好条件の仕事ができます。子どもや婦人も良い賃金で募集しています。大量のつげ材を求めています。上記に関するお問い合わせは、アークライト工場またはストラットまでご連絡ください」(ケ)。

　この広告で注目すべき点は工場に子どもまで募集していることです。産業革命期には6歳以上の子どもが多く雇われて、主に運搬と掃除のほか一部の機械運転の労働に携わりました。紡績工場における子どもの労働は、1819年にイギリス政府が政令で9歳以下の子どもの労働を禁止するまで続きました。

　図4-48、図4-49はクロムフォードミルの建物の配置です。初期のクロムフォードミルの従業員は300人ほどでしたが、1776年に第2工場、1782年に修理工場、1787〜91年に原綿や製品用の第1〜第4倉庫、1791年に第3、第4工場を建て、1820年には数千錘の工場で600人以上の労働者がいました。そのため、工場近くに労働者住宅や店舗、診療所などを建てました。図4-50は整備された第1工場（右）と原綿倉庫（左）、水路で、図4-51は第1工場と倉庫の間にあった水車です。1846年機械設備が古くなり操業を停止し、その後、クロムフォードミルの建物は醸造所、洗濯工場、倉庫、染色工場に使われ、

1979年アークライト協会（The Arkwright Society）が建物をリフレッシュし、水路などを発掘して博物館として整備中です。

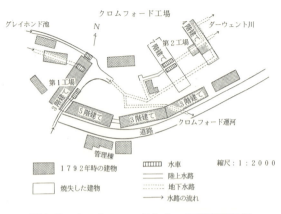

図4-48　クロムフォードミルの工場配置図(ナ)

図4-49　整備されたクロムフォードミル全景

図4-51
第1工場と倉庫間の水車(ナ)

図4-50　整備された第1工場、倉庫、水路

第 4 章　三大紡機の時代と富豪族ファッション

コラム　4-4　　世界遺産のダーウェント渓谷工場群

　ダーウェント川流域にはクロムフォードミル、水力から蒸気力に代わった
マッソンミル（博物館）、ベルパーのノースミル（North mill）とイーストミ
ル（East mill）、ダービー（Derby）のシルクミル（Silk mill、博物館）など
産業革命期に建てられた多くの工場や運搬用の運河、労働者用住宅などがマ
トロックからダービーまで約32km（国道Ａ６沿い）に散在し、2001年「ダー
ウェント渓谷工場群（Derwent Valley Mills）」として世界遺産に登録されま
した。

4-5-2　デールとオーエンの水力式大綿紡績工場村・ニューラナーク

　グラスゴーの銀行家デール（David Dale）はクライド川沿いの平地に、アー
クライトをパートナーに迎えて水力式綿紡績工場を建て、1785年に操業を始
め、1788年に第２工場と第３工場、1789年に第４工場（1883年火災で消失）、
さらに労働者住宅も建て、ニューラナークは一つの工場村を形成していまし
た。

　表4-7は1793年のニューラナーク工場で働いていた子どもの数です。当時は
デールが関係していた孤児院の10歳以下の子どもも働いていました。デール
は子どもの教育のために、夕食後の２時間、読み・書き・算数などの学習を行
いました。

　紡績工場の設備（錘数）は、1793年第１工場に水力紡機4500錘と第２工場
に5000錘が備えられ、３重式の水車が回っていました。第３工場は144～300
錘の大型ミュール紡機55台が設置された、水力で運転する最初の工場でした。

　労働者は1157人で、ニューラナークの総人口は1520人、1811年に2000人、
1818年に2500人で直接労働者は1500人となり、当時世界最大規模の工場村で
した。

　図4-52、図4-53は1820年ころのニューラナーク工場の全景と配置図です。
番号は各施設を示します。図4-54、図4-55、図4-56は整備された建物や学校
の内部です。

　1797年、ニューラナークはデールからロバート・オーエン（Robert Owen）

137

表4-7 ニューラナークで働いていた子どもの年齢と人数（1793年）(二)

年齢	6	7	8	9	10	11	12	13	14	15	16	17	18以上
人数	5	33	71	95	93	64	99	92	71	60	69	35	370

図4-52　P（駐車場）から見た整備されたニューラナークの全景

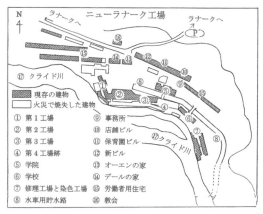

図4-53　ニューラナークの工場等の配置図(二)

図4-54　学校⑥など

図4-55　オーエンの家⑬とデールの家⑭

図4-56　学校⑥の教室と大地球儀

に引き継がれました。オーエンは、労働意欲を高めるために工場や労働者住宅内外の清掃や駆除、道路や上・下水道の整備、共同洗濯場の設置など衛生面を改善しました。

1809年に共同保育所のある住居ビル（保育園ビル、Nursery Building、⑪）、1813年に店舗がある住居ビル（店舗ビル、Store Building、⑩）を建てました。1階の店では、協同組合方式で掛け値の少ない価格で衣料品、食料品、雑貨品などを売りました。収益金は後に建てた学校の運営費に使われました。

1816年に成人の人間形成のための学院（Institute for the Formation of Character、⑤）を建てました。また、10歳以上の子どもしか労働をさせないようにし、それ以下の子どもには昼間学校で教育をしました。1817年に学校（Infant School、⑥）を設立して1〜6歳の幼児を教育し、7歳から12歳までの子どもは小学校に入れました。工場村に学校を設け、幼稚園や小学校教育を行ったのは世界最初の試みであり、世界各地から見学者が訪れました。

オーエンはウェールズのニュータウン（New Town）の出身で、マンチェスターの綿紡績工場の管理者から、紡績会社（Cholton Twist Co.）の共同出資者となって生産した綿糸を売りにグラスゴーへ出かけ、デールの娘キャロライン（Caroline Dale）と出会い、デールが経営しているニューラナーク工場を見学しました。1797年、オーエンはデールからニューラナーク工場の経営権を譲り受け、世界に類の無い工場村にしました。そして1799年にキャロラインと結婚しました。オーエンは社会主義者ですが、「協同組合の父」、「幼児学校の創設者」といわれ、さらに経営者でありながら「労働組合運動家」として活躍しました。これの背景はすべてニューラナークにありました。⒨⒩

1820年代イギリスは綿紡績の不況に入り、1825年オーエンはアメリカに渡って、インディアナ州でドイツの宗教家ジョージ・ラップ（George Rapp）が建設した実験的な共同体ニューハーモニー（New Harmony）を購入し、社会主義的な共同村の建設を行いましたが失敗し、失意のうちにイギリスに帰ってきました⒩。

ニューラナークのオーエンの住居と、生誕地ニュータウンのロバート・オーエン博物館（Robert Owen Museum）に、オーエンの生い立ちから、ニューラナークやニューハーモニーでの活躍の様子が展示されています。

| コラム | 4-5 | 世界遺産のニューラナーク |

　ニューラナークは、オーエンがアメリカに渡った後も、経営者が変わりながら綿紡績工場として1968年まで操業しました。閉鎖後は無人状態でしたが、1980年代に産業歴史遺跡に指定され、建物や周辺をリフレッシュして1990年代に野外博物館としてオープンし、2001年世界遺産に登録されました。

　第1工場①は4つ星ホテル、第2工場②、第3工場③は2人乗りリフトに乗って、1820年代の少女が工場で働き、学校に通い、家族と生活している姿を模型と映像で見ていく「アニー・マクレオドの体験（The Experience of Annie Mcleod）」のアトラクションとなっています。リフトを降りるとテキスタイル・マシーン室③があり、カード機の展示と自動ミュール紡機の動態展示をしています。中央にある学院⑤はビジターセンター、学校⑥の2階は当時の教室を再現し、大きな地球儀などを展示しています。デールの家⑭は事務所ですが、オーエンの家⑬は公開して、執務室と応接間を再現し、地下室にオーエンに関する資料を展示しています。新ビル⑫の1階の一部はミルワーカーの住居を復元し、店舗ビル⑩の1階は1920年ころの店舗の再現と土産物店、労働者用住宅⑮の一部はユースホステル、事務所のあった労働者用住宅⑨はここで働いている人たちの住居として使用しています。第4工場跡④、修理工場と染色工場⑦、水車用貯水路⑧などもあり、それらの場所は図4-53に示しています。

4-5-3　サムエル・グレッグの大綿紡織工場クオーリー・バンクミル

　クオーリー・バンクミル（Quarry Bank Mill、図4-57）は1784年にサムエル・グレッグ（Samuel Greg）が建てた水力式大綿紡織工場で、1783年原綿から最終製品まで造るという新しい発想のもとで一貫工場を建設しました。その後、工場は増築を重ねて拡大し、1875年に建てられた高さ36mもある八角形の煙突が今も残っています。工場の拡大の様子は、動力の変遷を見ると分かります。1784年直径約3mの水車（10馬力）、1801年直径約3.6mと3mの水車2台（20馬力）、1807年直径約4.5mの水車（25馬力）、1810年直径約9.6mの鉄製水車（100馬力）、10馬力スチームエンジンと1830年20馬力スチームエンジンは夏季の水不足対策として導入しました。工場とその周辺の土地は、

第4章　三大紡機の時代と富豪族ファッション

グレッグ家からナショナル・トラスト（National Trust）に寄贈され、1978年、100年前の紡織機械による、原綿から白綿布までの生産を動態展示した博物館となりました。19世紀初期の大きな鉄製

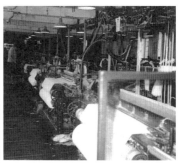

図4-57
クオーリー・バンクミルと稼働のランカシャー織機

水車が回る展示物や、ランカシャー織機による白綿布の生産や白綿布プリント機械等の展示から産業革命期の様子が分かります。

4-6 イギリスの毛紡織工業の発展とタイタス・ソルトのソルテールやベンジャミン・ゴットのアームレイミル

　社会改良運動家のタイタス・ソルト（Titus Salt）は、当時毛織物で栄えていたリーズ（Leeds）とブラッドフォード（Bradford）の中間に位置する場所に、1851年にエアー（Aire）川の水力と蒸気力を利用した大毛紡織工場を建て、理想工場村（ユートピア）を計画しました。"ソルテール（Saltaire）"はソルトとエアー川から名付けました。ソルトはブラッドフォードの毛織物工場で働いていた時、羊毛よりも柔らかくて肌触りの良いアルパカの繊維に触れ、これを紡績する工場を建て、梳毛織物の緯糸に使って肌触りのよい毛織物を生産しました。当工場は自然光を取り入れ、暖房と換気を十分に考慮した建物で、シャフトとプーリーを床下に配置し、天井や窓からの光を十分に採り入れました。製品は高級毛織物として当時のファッションに重宝されました。

　ソルトは、工場周辺を整備し、道路を碁盤目状にして、800軒の労働者住宅を建てました。その他、学校、学院、病院、食堂、店舗、公衆浴場、共同洗濯場、公民館、退職者用アルムハウス、公園などを設け、最終的には25エーカー（約10万m²）の土地に5000人が働く大工場村を形成していました。

141

図4-58　ソルテール1853ビル　　　　図4-59　大煙突と公園に立つソルト像

　最初の工場は産業革命後の1853年に建てられた1853ビル（図4-58）で1200台の織機も備えていました。1868年にニューミル（New Mill）が増設されました。当時の大煙突（図4-59）も残っています。ソルテールはグレートヨークシャー（Great Yorkshire）で最大の工場でした。
　リーズ（Leeds）市長のゴット（Benjamin Gott）は1805年に世界一の大紡毛工場（Armley Mills）をリーズ西のアームレイに建てました。これはソルテールの梳毛紡織工場に対して、紡毛紡績から紡毛織物の加工までを担う一貫工場でした。現在博物館（Armley Mills Industrial Museum, Leeds Industrial Museum）となっています。リーズ、ブラッドフォード、ハリファックス（Halifax）、ハッダーズフィールド（Huddersfield）などのグレートヨークシャー州は羊の飼育と毛織物の産地で、梳毛や紡毛の紡織工場が多く建っていました。

コラム 4-6　世界遺産のソルテール

　ソルテールはソルトの死後、1893年から所有者が変わり、1986年にテキスタイル工場としての役割を終えました。1985年歴史的建造物に指定されて建物の整備が進み、2001年に世界遺産に登録されました。公園の中にアルパカと一緒にソルトが工場村を見つめている銅像があります（図4-59）。
　1872年岩倉具視使節団がソルテールを訪問し、工場でありながら子どもたちが学校に通い、病院や教会、公園などの施設があることを高く評価しました。

第4章　三大紡機の時代と富豪族ファッション

4-7　イギリスの綿紡績工場で働いた子どもと工場法の制定

　世界最初の水力式綿紡績工場のクロムフォードミルでは従業員を家族ぐるみで募集し、6歳以上の子どもも一緒に働きました。クロムフォードミルのような工場が各地に建てられ、子どもは"小さな大人"として工場で働きました。このような紡績工場の実態を改善したのがニューラナークを経営したオーエンでした。彼は10歳以上の子どもしか労働に従事させず、9歳以下の子は学校で教育できるようにした最初の人でした。同じころクオーリー・バンクミルを経営したサムエル・グレッグも9歳以上の子どもしか労働に就業させず、それ以下の子どもは教育施設に入れました。オーエンもグレッグも就業した子どもの労働時間を8時間とし、2時間は学校で学ばせました。このような工場はまれで、多くの紡績工場では6歳以上の子どもが働いていました。大人も12時間以上の労働が当たり前の状況でした。子どもや大人の労働状況を憂いていたオーエンらの働きかけによって議会側が工場法を制定して、労働環境の改善に乗り出しました。

　1802年見習工の健康と道徳に関する法律（Health and Morals of Apprentices Act）は労働者に住環境と教育の場を提供することや、紡績工場の労働時間を11時間とすることが主な内容でした。1819年の工場法（Factory Acts）は9歳未満の子どもの労働禁止を定めました。

　1833年の工場法では、9歳から12歳の子どもに1日2時間教育を受けさせることと、労働時間を1日9時間とし週48時間を超えないこととしました。また、13歳から18歳までの青少年は1日12時間、週69時間を超えないことや、18歳以下の者に夜間労働の禁止、1847年の工場法では、女性と若年者は1日10時間の労働となりました。これらは子どもや女性が多く働いていた紡績工場を主体とした繊維工場の労働者を対象とするもので、その他炭坑や機械工場などは除外されていました。産業革命が終わる1850年に、女性と若年者の労働時間を午前6時から午後6時まで、その後、1853年子どもの交代勤務（shift work）の禁止、1891年子どもの労働許可年齢を11歳とする、などが制定されました。

　産業革命時の紡績工場は、多くの子どもや女性によって生産されていた状況

下で、ブルジョア層の人々はコットンファッションを楽しんでいました。

コラム 4-7　紡織機械メーカー・プラットブラザーズ社の出現

　世界最初の水力式綿紡績工場クロムフォード工場や、ベルパー工場、ニューラナーク工場などの紡績機械は、ほとんど自前で製作されていました。

　1821年プラット（Henry Platt）は、オーダハム（Oldham）に紡織機械を造る大工場プラットブラザーズ会社（Platt Brothers & Co Ltd）を建て、1850年には世界最大の紡績機械メーカー（p. 197）となり、世界中に輸出しました。

コラム 4-8　綿業都市カタナポリスとなったマンチェスター

　マンチェスターは産業革命時の綿産業の中心都市です。産業革命以前からマンチェスター周辺は紡織業が盛んで、飛び杼や三大紡機などの発明は、この地域周辺で起こりました。動力に蒸気機関が用いられると、輸送や労働力確保に便利で、湿度が高く綿紡績に適したマンチェスターを中心とした周辺都市（Wigan, Bolton, Bury, Rochdale, Oldham, Tameside, Stockport, Trafford, Salford など）に綿紡織工場が移り、グレイターマンチェスターとなり、マンチェスターはカタナポリス（Cottonopolis）を形成して、綿製品の生産、綿花や綿製品取引など、産業、経済

図4-60
マンチェスターの
シンボルマーク
"bee"

図4-61　マンチェスターの赤レンガビル通り

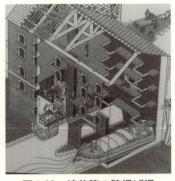

図4-62　綿花等の陸揚げ場

第4章　三大紡機の時代と富豪族ファッション

図4-63　マンチェスター・リバプール間のシップ運河と再開発中の船着き場（Quays）

や金融などで栄えました。マンチェスターの労働者は勤勉で働き蜂に似ていることから、"bee"はシンボルマークになっています。マンチェスターには産業革命時の煉瓦造りの工場や建物、運河や橋などが多く残っており、1982年イギリス最初の都市遺産となり、現在、世界遺産に登録申請中です。市内には1809年建造の世界の綿花の半分を取引した綿花取引所（Royal Exchange）やブリッジウオーター（Francis E. Bridgewater）によって造られたナロー運河、1804年リバプール間のシップ（船）運河（Manchester Ship Canal）、広い帆船着き場（Salford Quay）、周辺一帯に煉瓦造りの綿花倉庫が立ち並び、運河から運んできた綿花や石炭等の陸揚げ跡も残っています。マンチェスター産業技術博物館は産業革命期に活躍した紡織機械や各種エンジン、鉄道関係等を動態展示しています。現在はサッカーと芸術の街です。

1996年IRAによるショッピングセンターの爆破事件があり、2017年若者が集まるコンサート会場での自爆テロ事件で22人が犠牲になりました。

4-8　亜麻茎から繊維束（ラインとトウ）を取り出す方法とプランタ糸車

紡錘車や糸車の時代に古代エジプトの亜麻とメソポタミアの羊毛はヨーロッパや西アジア一帯に広まっていました。亜麻は短繊維が短く、綿や羊毛のように紡錘車や糸車で糸に紡ぐことが難しいため、長さが不揃いの繊維束のまま糸にする必要がありました。このため綿紡績や毛紡績のように機械化することが

145

遅れ、産業革命期の19世紀半ばは、まだフライヤー式糸車が使われていました。古代から産業革命期までは次のような方法で亜麻繊維を取り出し、糸を紡いでいました。

綿は種や不純物を除いた短繊維をスライバーにして、羊毛など動物繊維は、木灰の上澄み液（弱アルカリ性）や薄い石鹸を入れた温湯（弱アルカリ性）で脂分などの不純物を除いて乾燥させ、繊維塊をほぐした短繊維をスライバーにして糸を紡ぎました。亜麻は短繊維が1cmほどで短いため、植物の茎の内部に含まれる繊維束の状態で取り出しました。亜麻の繊維束は図4-64のように茎の表皮近くに分布していて、短繊維の集まりの繊維束を取り出すために、次の方法で表皮を除き木質部と分離し、長い繊維束のライン（line）と短いトウ（tow）にしました。

①亜麻の栽培と引き抜き（pulling）及び種の採取（ripping）

亜麻は1年生で春に種を蒔き初夏に収穫します。秋に蒔くと春に収穫できるので、2期作ができ効率のよい工芸作物です。発芽後2カ月くらいで1mくらいに生育し、白または紫色の小花を咲かせます。花は1日で散りますが、次々と咲くので1本にたくさんの実が付きます。実ができたころ根ごと引き抜き、束ねて針山に通して葉を除き、種を採取します。種から亜麻仁油（p. 32）ができます。

②浸漬（retting）

種と葉を除いた茎は1週間くらい水中に浸して発酵させ、表皮や、繊維束と木質部をくっつけているリグニン質を除きます。腐敗によって悪臭が出ました。浸漬後乾燥させ、茎束は次の③から⑤によって残っている表皮や木質部を除いて繊維束を取り出します（図4-65）。

③打茎（braking or beating）

図4-66の木製の亜麻打ちへら（dressing）や亜麻打ち器（breaker）で茎の束を先の方から順次打って茎（木質部）を粉砕します。14世紀ころに図4-67のような木製の茎粉砕器が考案されました。それは凹の形のところに凸

の形の板がはまるようになっていて、この間に茎の束を入れ、それを少しずつ移動させつつ回転させて打ちます。18世紀には溝付きの金属ローラーが使われ、19世紀には水力で運転しました。

④徐茎（scutching）

端を尖らせた刀のような木製のブレード（blade）で、繊維束を打って砕いた木質部を除きながら繊維束を柔らかくします。19世紀に数枚のブレードを付けた機械（scutcher）が開発され、水力で運転しました。

⑤擦り（rubbing or scrubbing）と梳き作用（hackling）

木質部を除いた繊維束を木のへらで擦って残っている小片の木質部を落としながら柔らかくします。次に、図4-68のような剣山に似た針の間に目の粗い方から順次通して、残っている木質部を除去しながら繊維束の方向を揃えるとともに分繊します。最後の細かい針で梳いた細く長い繊維束をライン（一亜、図4-69の左）、下に落ちた短い繊維束をトウ（二亜）といいます。ラインは細い糸を紡ぐことができ、高級リネン用でした。梳き作業は亜麻の品質を左右する最も重要な工程で、熟練した人をハックラー（hackler）といいました。ハックラーは各農家を回って稼ぎました。ハックルの機械化（図5-48）は19世紀末まで待たねばなりませんでした。(ラ)

亜麻や羊毛の糸紡ぎは18世紀末までフライヤー式糸車（図4-70、図4-71）で行いました。図4-70は野外でフライヤー式糸車の糸紡ぎ、かせ巻きなどを、図4-71は室内でフライヤー式糸車の糸紡ぎをしています。19世紀初頭イギリスのプランタ（John Planta）がフライヤー式糸車のボビンが自動的にトラバースする装置を開発し、連続的に糸紡ぎができるようになりました。プランタ糸車（図4-72）は20世紀に機械による亜麻紡績法が確立するまで使われました。わが国では、明治時代に北海道で亜麻栽培を始めると、「手紡ぎ車」というトラバース付きのフライヤー式糸車（図5-42）が導入されました。なお、亜麻紡績法は、19世紀末にハックリングや、練条機、繊維束を湯中に通してドラフトする湿式精紡機などの発明によって確立しました。

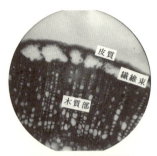
図4-64 亜麻茎断面

図4-65 18世紀ころの亜麻繊維の採取方法(ヌ)

図4-66
亜麻打ち器(41)

図4-67
亜麻茎粉砕器(41)

図4-68
亜麻梳き器(41)

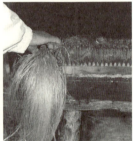
図4-69
最終梳き器とライン(左)(41)

図4-70
1792年の絵画（Llangollen, by Ibbetson）(19)

図4-71
1797年の絵画（Thomas John and his Family, by Renaldi）(19)

148

第4章　三大紡機の時代と富豪族ファッション

図4-72 ▶
プランタ糸車
（右）(43)とボビン
がトラバースする
装置（左）(42)

4-9　アメリカの綿紡績工業の発展と産業革命

4-9-1　サムエル・スレイターによるアメリカ綿紡績工業と、産業革命の始まりのスレイターミルとウィルキンソンミル

　サムエル・スレイター（Samuel Slater）は「アメリカ工業制度の父（Father of the American Industry）」、「アメリカ産業革命の創始者（Founder of the American Industrial Revolution）」と呼ばれています。イギリスから移住してきたスレイターが1790年にロードアイランド州ポウタケット（Rhode Island, Pawtucket）に、アークライトの水力紡機などを備えたアメリカ最初の水力式綿紡績工場・スレイター工場（Slater mill、図4-73）を建てて成功し、これがアメリカ産業革命の発端となりました。(P)

　スレイターはダービー州ベルパー（Belper）で生まれ、14歳になるとストラットのベルパー工場で働き、各種の紡績機械の仕組みや工場経営などを学びました。7年間の契約が切れると、新天地アメリカへ行く決心をしましたが、イギリスは1774年に制定した法律で、紡績機械類やそのデザインの輸出、技術者や紡織熟練工の海外移住を禁止していました。違反者は200ポンドの罰金または20年の刑務に服するという厳しいものでし

図4-73　スレイターミル（右）と
　　　　　ウィルキンソンミル（左）(44)

149

た。1781年綿紡績機械の輸出禁止令も出ました。サムエルは各種紡績機械の構造や図面、仕組みを頭の中に詰め込み、1789年移住中のイングランドやアイルランドの農民に紛れ込んでアメリカへ渡りました(D)。

　渡米後は、ポウタケットの工作機械工のウィルキンソン（Oziel Wilkinson）の家に住み込み、ウィルキンソンやその息子らと一緒にカード機、練条機、粗紡機、水力紡機などを製作し、1790年に近くの川べりに小さな工場を建て、48錘の水力紡機、2台のカード機、1台の練条機と粗紡機を備えて運転を始めました。イギリスのクロムフォード工場やベルパー工場に比べ、とても小さな工場でしたが、スレイターの夢が実った瞬間でした。1793年に工場を建て替えて設備を増やし、スレイターミルと名付けました。そこには100人ほどの労働者がいました。当時の初代大統領ワシントン（George Washington）らが視察し、模範工場となってニューイングランド地域に水力式綿紡績工場が普及しました。彼はアメリカに綿紡績王国の基礎を築き、産業革命に大きな貢献をしました。工場で働く子どもたちを日曜学校で教育し、スレイターは「アメリカ日曜学校の父（Father of the American Sunday School System）」としても知られています。(J)(O)

　1810年スレイターとウィルキンソンは、スレイターミルの隣に3階建ての紡績機械製造工場（ウィルキンソンミル）を建てました。この工場はアメリカの機械工場の歴史上重要な建造物で、現在は100年以上前の紡績機の展示と動態の博物館になっています。

4-9-2　アメリカの綿紡績工業のロードアイランド型とウォルサム型、そして"ミルガールズ"によるファッション素材の生産

　アメリカの産業革命の始まりはスレイター工場が建てられた1790年代とする説と、水力式大綿紡織工場が多く建てられ始めた1810年代とする説があります。これはアメリカの2つの水力式綿紡績工場の成立過程と関係があります。一つはロードアイランド州に建てられたスレイターミルに代表される「ロードアイランド型（Rhode Island System）、プロビデンス型（Providence System）、スレイター型」です。他の一つは「ウォルサム型（Waltham System）、ウォルサム・ローエル型（Waltham-Lowell System）、ボストン型」

で、ローエル（Francis Cabot Lowell）やブーツ（Kirk Boott）らのボストン商人が、1813年ウォルサム（Waltham）に建てた水力式大綿紡織工場のボストン工業会社（Boston Manufacturing Company）、ローエルに建てたメリマック工業会社（Merrimack Manufacturing Company）やブーツ綿工場（Boott Cotton Mill）などに代表されるものです。(W)

ローエルはマンチェスターで綿紡織工場を視察し、カートライトの力織機に注目しました。機械や図面等の国外持ち出しは禁止されていたので、力織機の構造を頭に入れて帰国し、ウォルサムで力織機を造り、1822年綿紡績と織布、精練・漂白・染色工程を備えたイギリスのクオーリー・バンクミル（p. 140）のような一貫工場を建てました。

ロードアイランド型は、スレイター工場のように紡績工程のみ設置して綿糸を生産する比較的小規模の工場です。労働者は住宅が提供され、家族単位で雇われ子どもも働きました。生産した糸は近隣の手織り工や織布工場に売られました。

ウォルサム型は、紡織一貫工場で、労働者は未婚の若い女子労働者でした。これは世界最初の試みで、衣食住を保証した寄宿舎を工場内に建て、若い女性をニューイングランド周辺や、アイルランドなどから集め、"ミルガールズ"（mill girls または lowell girls）として寄宿舎に入れました。この労働管理の紡織工場をローエルシステム（Lowell System）といい、近代的大綿紡織工場の形態として国内のみならず世界各地から注目され実施されました。アメリカの綿紡績工業の発展は、1805年4500錘、1810年87000錘、1815年13万錘、1825年80万錘、1850年350万錘と全土に増大しました。(E)

表4-8はロードアイランド型が多いロードアイランド州とウォルサム型が多いマサチューセッツ州の紡績工場（1831年）の比較です。雇用労働者に大きな違いがありました。初期のウォルサム型は1週間（6日間）72時間の労働で、日曜日は"サンデースクール"が用意され、ミルガールズや労働者たちは各種の教養を身に付けました。

コラム 4-9　ローエルの綿紡織工場群と国立歴史公園

ボストンのローエルらはウォルサムに大紡織工場村（図4-74）を建設し、後

表4-8 アメリカ2州の綿紡績工場の比較(ネ)

紡績工場設備	マサチューセッツ州	ロードアイランド州
紡績錘数	340,000	236,000
工場数	256	116
織機台数	8,981	5,773
雇用労働者数	13,343 (内女子:10,674) (12歳以下:0)	8,500 (内女子:3,297) (12歳以下:3,472)
女子週賃金(ドル)	2.25	2.2

図4-74　1852年のローエル(45)

図4-75　現在ローエルの整備された建物群

図4-76　ブーツコットンミル博物館

に彼の名前から"Lowell"と名付けられました。アメリカ産業革命期の建物群が多く残され、現在は国立歴史公園（Lowell National Historical Park、図4-75）として整備されています。ブーツが建てた大工場の一部は、織機の動態展示博物館（Boott Cotton Mills Museum、図4-76）になっています。

4-9-3　アメリカ大プランテーションとコットンジン（綿繰り機）の発明

(1) 木製の綿繰り器

　綿は種子毛繊維で、綿繊維は種にくっついています。このため、綿花栽培地はこの種を完全に除き綿毛だけにして出荷する必要がありました。種が残っているとカード機の針布などが損傷するからです。綿毛と種を分離する道具を綿繰り器といいます。綿毛は指で剥ぎ取ることもできますが、少ししか取れませんし、長く続けていると指が痛くなります。そこで、少しでも多く取れるように道具が工夫されました。最初の道具は足繰り法といい、古代インドで生まれました。図4-77のように、平たい石や板の上に綿を置き、丸い木や鉄の棒を足で強く押さえながら回転させて繊維と種を分離しました。その後、年代は不

152

明ですが、図4-78のような2本の木のローラーの間に綿を食い込ませて種を分離する道具がインドで開発されました。木製ローラー式綿繰り器といい、綿作地の一般的な道具として普及しました。

綿繰り器は綿の種類や湿度などに応じて、ローラーの圧力を調節する必要がありました。図4-78のAはくさび式、Bはねじ式のものです。綿繰り器は、ねじ以外は木で作られており、ローラーの回転に力がかかって歯車が欠けないように、硬く弾力性がある木にスパイラル状の溝(C)を掘った"はすば歯車(hellical gear)"が設けられていました。綿繰りは相当の手の力が必要で、図4-79の足踏みと手回しの力でローラーを回転させる方法もありました。これらの綿繰り器は機械的なコットンジンが普及し始める19世紀半ばまで使われました。わが国では、「ろくろ」、「種取り器」ともいい、綿を栽培していた江戸時代前から戦後の1950年頃まで使っていました。

図4-77 足繰り法(ノ)

図4-78 2種類の木製ローラー式綿繰り器　　図4-79 足と手で綿繰り(46)

(2) 綿の種類と綿繰りの難易性

綿はあおい科わた属（Genus Gossypium）で、表4-9の4種類があります。ヘルバケウムは現存していませんが、アルボレウム（Arboreum）のアジア綿（asian cotton）、ヒルスツム（Hirsutum）の陸上綿（upland cotton）、バルバデンセ（Barbadense）の海島綿（sea island cotton）やピマ綿（pima cotton）などがあり、今日では3種類のうち陸上綿が全体の約9割を占めています。図4-80は3種類の綿の種を中心にして繊維を放射状に広げた状態です。アジア綿は1〜

表4-9　綿の種類と性能等

系統	種類	例	繊維の特徴	種	花	葉	用途
旧大陸系	ヘルバケウム	アジア綿、デシ綿	短く太い	小	黄色で、中心が茶色	5裂	布団綿脱脂綿
新大陸系	ヒルスツム	陸上綿（アメリカ綿、中国綿、インド綿等）	長さ・太さが中間	大	全体がうす黄色	3裂	一般衣料
	バルバデンセ	海島綿、エジプト綿、スーダン綿、ピマ綿等	長く細い	大	黄色で、中心が茶色	3〜5裂	高級衣料

2cmの短綿、陸上綿は2〜3cmの中綿、ピマ綿は3〜4cmの長綿です。これら3種類各10gを、手指と綿繰り器で種と繊維を分離した結果を表4-10に示しました。ピマ綿は繊維の種離れがよく、あまり指が疲れませんでしたが、陸上綿とアジア綿は指が痛く

図4-80　3種の綿繊維の長さの比較

なりました。綿繰り器を使うと時間が短縮され、特にアジア綿には効果がありました。コットンジンが発明されるまで、綿作地帯での綿の種取りは大変な時間と労力が必要でした。

表4-10　手指と綿繰り器による3種の綿の綿繰り時間等の比較

	手（分）	綿繰器	綿毛重さ	種の重さ	種の数
ピマ綿	5.5分	2.5分	6.6g	3.4g	43
陸上綿	8.5	5	6.5	3.5	67
アジア綿	17	3	7.2	2.8	105

(3) ホイットニーのコットンジンとホームズのソージンの発展、そして黒人奴隷による綿花の増産

綿作地帯の奴隷たちは夜遅くまで綿繰り作業を強いられていました。この作業を軽減したのが、1793年アメリカのエリー・ホイットニー（Eli Whitney）が発明した図4-81の綿繰り機でした。独創的な工夫・発明という意味のエンジンのジンをとって、コットンジン（cotton gin）と名付けました。

ホイットニーはマサチューセッツ州の高校を卒業後、機械の熟練工として働いていましたが、23歳でエール大学へ入り、卒業後は南部サウスカロライナ

州の綿花栽培農家の子どもの家庭教師になりました。黒人奴隷者たちが倉庫に山積みの綿のそばで、夜遅くまで綿繰り作業をしているのを見て、綿繰り作業が機械化できればと考えていたある日、猫が鶏に襲いかかり、猫の爪に柔らかい羽毛だけが引っ掛かっているのを見ました。綿繰り器の無い奴隷たちが指の爪で種を分離している様子を見ていたので、猫の爪のようなもので綿をひっかければ種から分離できると思い、図4-81（左）の装置を考案しました。

Aは木製の円板に、くの字型の鉄のワイヤーをスパイクして数ミリメートル間隔に並べたシリンダー、Bは種を集める溝付きのふた、Cはシリンダーに付着した綿繊維を取り除くブラシです。上部から綿を投入し、ハンドルDを回してシリンダーを回転させると、種に付着している繊維が剥がされてシリンダーに付いていき、ブラシで下に落下させます。種はシリンダーの間が狭いためにふたの溝に貯まりながら下へ落下します。発明当初のコットンジンは幅が50cmくらいでしたが、幅を1mくらいに広げると、より多くの綿繰りができるようになりました。

ホームズ（Organ Holmes）は、1796年、ホイットニーのワイヤーを打ち付けた円板の代わりに鉄製の鋸歯状円盤（図4-82）を数ミリメートル間隔に何枚も並列に並べました。これをソージン（saw gin、図4-81右）といいます。

木製ローラーの綿繰り器では1日一人で約1ポンド（約450g）の綿繰りができましたが、初期のコットンジン（ソージン）は手回しでも1日で50～55ポンド（20～25kg）の綿繰りができ、とても効率のよい機械でした。その後、すぐに馬力や水力を使い、次いでスチームエンジン、電力が使われました。手

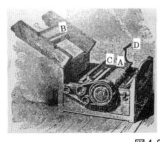

図4-81　コットンジン：ホイットニー（左）とホームズ（右）(37)　　図4-82　鋸歯状円盤(47)

回しのコットンジンは1800年には木製の綿繰り器を使っていた10年前の50倍以上、水力式の1860年には200倍以上の綿繰りができました。コットンジン発明時の1793年のアメリカ綿花生産量47万ポンド（210トン）に対し、コットンジンが普及し始めた1810年は320万ポンド（1450トン）と約7倍となり、その後10年ごとに倍増しました。

一方、綿花栽培の労働として1793年の黒人奴隷は70万人、1850年に320万人、南北戦争前の1860年は400万人と増え続けました。南北戦争前の1860年は世界の綿花生産量の4分の3をアメリカ南部が占めていました。また、綿花の輸出は総輸出に対し1800年にわずか8％でした

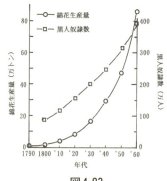

図4-83
アメリカ南部の綿花生産量と黒人奴隷数、⑴より作成

図4-84
コットンジンの綿繰り⑶⑺

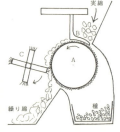

図4-85
コットンジンの構造(E)

が、1830年以降は50％以上を占め、1835年は65％を占めていました。(R)

コットンジンはアメリカ南部を「綿花王国」（cotton's kingdom）にしました。図4-84、図4-85は手回しコットンジンです。

コラム 4-10　ホイットニーのコットンジンの発明と銃器の関係

ホイットニーはコットンジンの発明後、北部のニューヘブン（New Haven）に移り、性能の良い銃の製造を始めました。ホイットニーはコットンジンの発明で有名ですが、銃の生産で財を成しました。コットンジンで南部に大プランテーションをもたらし、それが南北戦争の発端となり、ホイットニーが生産した銃で北部が勝利しました。ホイットニーは奴隷たちを夜の綿繰り作業から解

第4章　三大紡機の時代と富豪族ファッション

放しましたが、銃によって多くの黒人奴隷が犠牲になりました。彼はこの因果
関係を知らずに亡くなりました。

4-10　日本の糸紡ぎと織り、藍染め糸の縞と絣

　イギリスで産業革命が成熟期を迎え、アメリカで産業革命が興り始めてい
たころのわが国は、江戸時代後半に入っていました。綿の栽培はコラム3-5
（p. 82）で述べていますが、東北の一部を除いて全国で行われていました。そ
れは繊維の短いアジア綿で、開花後約1カ月で実が開いて綿が採取でき、夏の
短い寒冷地や山間部でも栽培できました。図3-29（p. 88）のように、綿を採
取すると、乾燥→綿繰り→綿打ち→よりこ→糸車による糸紡ぎ→かせ取り→整
経→織りの手順で、家庭内で、または家内工業的に綿から糸、布にしていまし
た。木製の綿繰り器を使って種を除き、綿塊を綿弓（綿打ち弓、唐弓）で弾い
てほぐしました。綿打ち職人の綿弓は1.5mもある木製の枠にくじらの筋を弦
にして張ったもので、それを担いで秋から冬にかけて各農家を回り、綿を打ち
ました。

　手織り機は地機が一般的でした。18世紀初期の江戸中期に西陣の絹織り用
に高機が導入され、江戸末期に綿織り用にも使われ、各地で藍の先染め糸を
使った平織りの縞や絣が作られ、庶民のファッションとなりました。19世紀
初頭、鍵谷かなは藍染めの伊予絣の技法を、井上伝は久留米絣を考案しまし
た。

4-11　産業革命期の織機
— 綿糸の需要を拡大したカートライトの力織機、ハロック織機、ロ
バーツの半自動織機の発明とランカシャー織機の普及、ハッタスレイ
織機、ドブクロス織機、ハリソン織機 —

　産業革命初期は飛び杼手織り機の時代でしたので、水力式綿紡績工場が各
地で建設され大量生産されると、綿糸余りが起こりました。コーマ機"Big
Ben"の発明者カートライトは、綿糸余りを解消するため、1785年の手動力

157

織機を水車動力に改良した力織機（power loom、図4-86）を開発しました。工場を建てて運転しましたが、効率はよくありませんでした。その後、多くの技術者が改良を加え、その中で特に1803年のハロック（William Horrocks）が改良した金属フレーム製で布の巻き取り装置付きのハロック織機（Horrocks loom）は、飛び杼手織り機よ

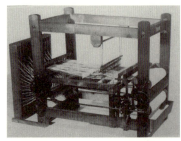

図4-86　カートライト力織機(ヒ)

り3～4倍の生産量がありました。織布工場では経糸切れの見張りと杼替えのため、1人で1～2台の受け持ちでしたが、水力や蒸気機関を動力とした力織機は1813年2400台、1818年5700台、1820年14000台に増設され、手織り工も24万人おり、糸の生産と供給のバランスがとれていました。(K)

　1820年ロバーツはカートライトの力織機を1人で数台受け持てるように改良（図4-87）し、1830年6万台、1833年10万台と増え、手織り工は少し減り19万人となりましたが、綿布が増産され、輸出が増えました。

　力織機は杼替えのために途中で頻繁に機械を止めて、杼の中の糸を確認していました。1842年ボロー（James Bullough）らは杼の中の緯糸が無くなると自動停止する装置を開発しました。これにより、杼の中の糸の有無を確かめる必要がなくなり、停止した織機の杼の交換と経糸切れの監視、経糸結びが主な仕事となり、1人で4～8台を受け持てるようになりました。このセミオートマチックな力織機はランカシャー地域で開発されたので、ランカシャー織機（Lancashire loom、図4-88）と呼ばれ、イギリスの各地にこの織機を設置した

図4-87　ロバーツ力織機(16)　　図4-88　ランカシャー織機(48)　　図4-89　織布工場の様子(14)

第4章　三大紡機の時代と富豪族ファッション

織布工場ができ、1850年には25万台設置されました。図4-89は1840年代のスチームエンジンによる動力を天井のシャフトを経て各織機を運転している織布工場の様子です。男性の織布工が1人で数台を受け持ち、左端の男性は織られた反物を検査しています。織布工場では子どもは掃除や運搬をしていました。手織り工は1850年には43000人に減っていました(K)。

イギリスでは産業革命前の1700年、毛製品の輸出は85%、産業革命初期の1773年は50%弱を占め、綿製品は3%で、手織り工は主に毛織物を生産していた時代でした(K)。綿糸を紡ぐ三大紡機と綿織物を織る力織機の発展で表4-2（p. 103）のように、19世紀から毛織物に代わって綿製品が輸出の50%弱を占めました。1850年代に毛織物用のハリソン織機（Harrison power loom）が普及し、手織り工は急減しました。

ジョン・ケイの息子ロバートは飛び杼手織り機に、図4-90のドロップボックス（drop box）という上下杼箱を設置しました。タータンなどの多色柄織りは、異なる数種類の色糸が入ったシャトルをその都度交換していましたが、ドロップボックスによって2〜4色の糸を交互に連続的に入れ、容易に毛織物のタータンやグレンチェック柄を織ることができました。1830年代に自動ミュール紡機を開発したロバーツは多数の綜絖を同時に操作して開口できるタペット装置（tappet device）を発明し、ドロップボックスと併用することで複雑な多色織りが容易になりました。タペット付き織機はロバーツ織機（Roberts loom）といい、イギリスの主力織機の一つでした。

ヨークシャーのハッタスレイ（Richard Hattersley）は、1834年手織り機を足踏みで杼を飛ばすハッタスレイ織機（Hattersley loom、図4-91）に改造しました。これはペダルを踏むたびに綜絖が上下して開口し、同時に杼を飛ばし、筬打ちするので、飛び杼手織り機よりも効率よく織ることができました。19世紀後半、毛織物用のドブクロス織機（Dobcross loom）は連結したパターン・チェンで綜絖をコントロールして、複雑な斜文織を織り、今日でもイギリス各地で稼働しています。ドブクロス織機はドロップ装置やタペット装置、その後に開発されたドビー装置が取り付けられたタータンやグレンチェックなどの柄織りや多色柄毛織物用の代表的織機でした。

わが国の江戸後期から末期は、地機や高機の手織り機を使っていました。

4-12 テープやリボンを織る回転織機（ダッチルーム）の開発

　古代エジプト時代からカード織りや組み物で作っていたテープやリボンは、カード数が多くなると、カード板を回転させることが難しく、1 cm以上の幅のテープは困難でした。1724年オランダでは、テープやリボンなどの数センチメートルの幅の狭い織り物を機械的に数本を同時に織ることのできる回転織機（Swivel loom、Dutch loom）が発明されました。その後、イギリスはオランダから機械を導入し、24枚の回転シャトルに改良しエンジンルーム（リボン織機）と名付け、その後ジャカード装置（図4-92）で複雑な花柄リボンができました。

図4-90　ドロップボックス⑷⑼　　図4-91　ハッタスレイ織機㊱　　図4-92　リボン織機㉝

4-13 柄織りができる空引手織り機からジャカード織機の発明とドビー装置

　織物に模様などを表す方法は、大別すると捺染（プリント）方法と、経糸と緯糸に色糸を配置して織り出す柄織り方法があります。タータンチェックやグレンチェックなど平織や斜文織を使ってできる単純な柄織りは、ドロップボックスの発明で容易にできるようになりました。

　柄織りで花や鳥などの複雑な模様を織り出す方法は、手織り機では絵柄を見ながらその都度決められた経糸の間へ色糸を変えて緯糸を入れるよこ入れ法と、他の1人が絵柄に合った経糸をまとめて引き上げる空引機（drawing loom）法がありました。空引機は高機の上部に経糸を引っ掛ける鳥居型の台を備え、経糸を引き上げる上部の人（draw boy）と、踏み板を踏んで杼を通す人の2人共同作業で織る紋織りで、よこ入れ法より効率よく織ることができました。

1801年フランスの織工ジャカール（Joseph M. Jacquard）は、空引機の経糸を操作する人の代わりに厚紙に穴をあけた紋紙（パンチカード、punched card）を考案して、新しい柄織りのジャカード織機（Jacquard loom）を発明しました。1801年パリ博覧会に出品して大好評を得、フランスでは、1812年に1万台以上が設置され、花や鳥などの模様の絹の紋織物が効率よく生産されました。

ジャカード織機は、図4-93のように経糸1本1本を丈夫な糸または細いワイヤーで吊るし、各経糸に付けてあるスプリング付きの細い横心棒が、緯糸を通す時にパンチカードに当たった横心棒の経糸はそのままで、パンチカードに穴をあけている箇所に入った経糸は横心棒によって上にあがり、開口して緯糸を通します。この作業を連続して行うと柄が現れます。複雑な柄は数百枚のパンチカードが連結されています。ジャカード織機の出現で、金糸や銀糸を織り込んで模様を出したブロケード、ダマスク（damask）などの高級絹織物を容易に生産することができるようになり、ファッションに生かされました。特に、イギリスでは図4-94のペイズリー柄を生みました。

ジャカード装置に遅れること約40年後の1843年に綜絖が10～30枚のドビー装置（Dobby device、図4-95）も開発されました。従来のタペット式開口では十数枚くらいの綜絖がコントロールできましたが、ドビー装置は十数枚以上30枚くらいまでの綜絖がコントロールできたので、タペット式開口ではできないやや複雑な柄（図4-96左）を織ることができました。

わが国にも江戸時代は空引機を使って絵柄織りを行っていましたが、明治以降に便利なジャカード装置やドビー装置が西陣織などに導入されました。

コラム 4-11　イギリスのペイズリー市とジャカード織り

イギリス・スコットランドのペイズリー（Paisley）市は、マンゴーの実の断面をモチーフにした曲玉形の模様をジャカード織機で生み出したペイズリー柄が有名です。この模様はインド・カシミール地方の手織りのカシミア織り

ショールに表現した民族的な柄でしたが、19世紀初頭に図4-94のような新しい柄に変えてペイズリーショールとして生産し、世界的に有名な柄になりました。今日では、ペイズリー市では生産していませんが、ペイズリー博物館・美術館（Paisley Museums and Art Galleries）でその歴史が分かります。

図4-93　ジャカード装置(37)と装置付き手織り機(33)　　図4-94　ペイズリー柄(50)

図4-95　ドビー装置付き織機(51)　　図4-96　ドビー柄（左）とジャカード柄（右）

4-14 編み機、レース機、ネット機の発明とファッション

　編み機（knitting machine）は、1589年リーの靴下編み機発明以来、産業革命初期1775年クレイン（Edmond Crane）が経編みトリコット（tricot）を発明

第4章　三大紡機の時代と富豪族ファッション

し、1808年ヒースコート（John Heathcoat）のボビンネットレース機（bobbin net lace）、1813年リバー（John Levers）のリバーレース機、1849年タウンゼント（Matthew Townsend）のラッチニードル（latch needle、べら針、図4-97、図4-98）などが発明され、産業革命期に各種の編み機とレース機が生まれました。ラッチニードルはひげ針に比べ図4-97、図4-98のように、針の先が自由に開閉して非常に速く編めるようになり、図4-100の靴下編み機や大型丸編み機などの発展に繋がりました。ジャカード織機のパンチカードやドビー装置を横編み機（図4-101）に取り付けて、柄編みもできるようになりました。

これらの中で特に有名なボビンネットレース機は、ネットを組むようにメッシュを6角形にした経編みのレースで、イングリッシュネット（English net）といい、ここで生産されたレースは1840年のビクトリア女王の大きなウエディングベール（図4-102）に使われました。女王はレースを好み、常に身に着けていました。女王はイギリスで発明されたイングリッシュネットを普及さ

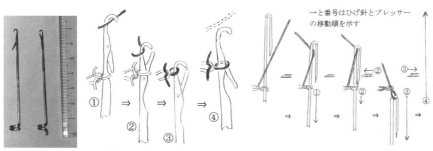

図4-97　べら針　　図4-98　べら針による編成(レ)　　図4-99　ひげ針による編成(レ)

図4-100
靴下編み機 (52)

図4-101　横編み機とパンチカード (53)

図4-102
ベール (54)

163

せました。

ボビンネットレース機の発明者ヒースコートは20歳過ぎまでストッキングのニット機械を製造する小さな工場で働いていました。姉が枕台（ピロー）にピンを差しながらボビンを1本ずつ手で交錯させて網目を作るボビンレース（bobbin lace、ピローレース、図4-103、図4-104）の作業を見ていて、ニット機の作用に似ていることに気付き、多数のボビンを一斉に糸にねじりを与えて機械的に組むようにしました。ヒースコートは1816年にティバートン（Tiverton）に水力式のレース工場（Heathcoat Lace Mill、図4-105）を建て、大量生産に成功しました。(D)

図4-103　ボビンレース(20)

図4-104　手工レース工場 (55)

図4-105　19世紀 (54) と現在のヒースコートレース工場

4-15　ミシンの発明とファッション

ミシンの発明と発展はファッションに大きな影響を与えました。1790年にイギリスのトーマス・セイント（Thomas Saint）は靴を縫うために太い針と太い1本の糸で鎖縫い（chain stitch）の環縫いミシンを発明し、世界で最初に特許を取得しました。1830年にフランスで移動式環縫いミシン、1833年にアメ

第4章　三大紡機の時代と富豪族ファッション

リカで上糸と下糸2本の糸でループを形成させて縫合させる二重縫い本縫いミシン、1845年にアメリカのエリアス・ハウ（Elias Howe）は針が上下運動するミシンや手回し本縫いロックステッチミシン（lockstitch machine、図4-106）を発明し、今日のミシンの原型（図5-69）の基となりました。

産業革命期にミシンの基本的な要素が発明されていましたが、ファッションへの貢献はまだ少なく、19世紀後半シンガー（Isaac M. Singer）らが本格的なミシンを大量生産して、縫製が能率化するまで待たねばなりませんでした。

図4-106　ハウのミシン⒃

4-16　イギリス更紗を造ったローラー捺染（シリンダープリント）機

イギリス人にとってインド更紗はあこがれの綿製品でした。ミュール紡機でインドモスリンに近い白綿布はできていましたが、染色は木版や金属版のブロックプリントでした。1785年ベルは銅板ローラーに模様を彫り、最初は基本のデザインを1色プリントし、2色以上はブロックプリントしました（図4-109）。その後、3〜4台のローラーを並べた3〜4色刷りで行いました。図4-107はブロックプリント、図4-108は19世紀初期のブロックをローラーに取

図4-107　ブロックプリント㈭

図4-108　表面プリント㈭

図4-109　ブロック表面ローラー捺染工場㈲

り付けて1色を連続的にプリントする装置、図4-109は19世紀中期の水力によるブロック表面ローラー捺染機によるキャリコプリント工場です。

4-17 さらし粉漂白法の開発

生成りの綿布や麻布を鮮明に染めるためには漂白は欠かせませんでした。古代は太陽に長時間当てていましたが、糸車やフライヤー式糸車の時代は発酵したミルクなどで漂白していました。1774年スウェーデンのシェーレ（Karl W. Scheele）が塩素を発見し、1785年塩素漂白法が開発され、1799年スコットランドの化学者テナント（Charles Tennant）は水酸化ナトリウムに塩素を付加してさらし粉（bleaching powder）を造りました。さらし粉は漂白粉、カルキ、クロロカルキなどといい、さらし粉漂白法により綿や麻を白くして染色することができ、美しいイギリス更紗などが生まれました。

4-18 高級毛織物の加工

毛織物は製織後の洗絨、縮絨、圧絨や起毛、剪毛などの各種加工法で品質が決まるため、これらは重要な工程でした。糸車の時代、毛織物加工に優れていたフランドル地域を支配するためにイギリスとフランスが百年戦争を引き起こし、その間にフランドルの職人はイギリス、イタリア、オランダなどに移り、彼らによってヨーロッパ各地に高級毛織物産地が生まれました。

高級毛織物加工は、柔軟にする縮絨と、ラシャのような起毛と毛並みを揃える剪毛が特に重要でした。産業革命期後期に図4-110の縮絨機が開発され、図4-111、図4-112のハンドティーゼルという毛羽立て道具による起毛は、ティー

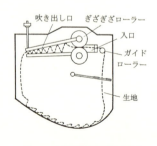

図4-110 縮絨機の概略(ツ)

図4-111 ハンドティーゼル(ケ)

第4章　三大紡機の時代と富豪族ファッション

図4-112　ティーゼル起毛 (57)　　図4-113　　　　　図4-114
　　　　　　　　　　　　　　ティーゼル起毛機 (57)　現代起毛機 (58)

ゼルをシリンダーにはめ込むことにより、図4-113の動力の起毛機ができて、大量に加工することができるようになりました。その後ティーゼルに代わって金属スパイクが使われていますが、今日でも高級毛織物は図4-114のティーゼル起毛機が使われます。

4-19　ウィルキンソンやモズリーらによる工作機械の発明

　産業革命期は工作機械で紡績機械類を造り、産業革命を陰から支えました。1776年ジョン・ウィルキンソン（John Wilkinson）は大型シリンダーの中ぐり盤（boring mill）を製作し、それは紡績工場で使われるプーリーや軸受け歯車、蒸気機関のシリンダーの穴あけに使われました。1797年ヘンリー・モズリー（Henry Maudsley）は旋盤（turning）を発明し、精度の高いシリンダーなどが製作できました。工作機械によって蒸気機関のピストンとシリンダーのすり合わせを滑らかにし、蒸気機関は紡績工場の動力として活用されました。
　アメリカでは18世紀末、スレイターミル（p. 149）の機械技師ダビッド・ウィルキンソンが1798年スクリュー式ねじ切り旋盤の特許を取得し、息子のオジールは研磨機（grinding machine）を開発し、紡績機械の製造に役立てました。

167

4-20 産業革命に対する負の連鎖・反産業革命のラッダイト運動とその後

　産業革命はイギリスに多大な利益を生み出しましたが、他方で様々な問題が生じました。その一つがラッダイト運動（Luddite movement, Luddism）で、19世紀初期にイギリスで起こった紡績機械や工場の破壊活動です。1811年レスター（Leicester）近くに住む織り工ラッド（Ned Ludd）が編み工たちと糸の奪い合いで、ラッドが2台の靴下編み機を壊しました。靴下編み機は多くの金属部品から精巧に造られており高価で、編み工は編み機を賃貸契約して使用していました。それを壊されたため大きな損害を受けたのです。これが近隣の話題となり、仕事を奪われた手紡ぎ工たちによる紡機類の破壊が連続して発生しました。ラッダイト運動は彼の名前から付けられました。(S)

　政府は1769年機械・工場建造物破壊者に対し処罰する法律を制定し、再び破壊活動が起こると、1812年機械破壊法（The Frame Breaking Act）と故意損害法（The Malicious Damage Act）を制定しました。これを犯した者は死刑とするものでしたが、ラッダイト運動はノッテンガムを中心に数年間続き、指導者は死刑になり、軽犯罪者の多くはオーストラリアへ流刑となりました。

　1815年編み工以外の紡織関係の労働者は、紡績関係10万人、手織り工20万人、力織機工6000人でした。ミュール紡績機は600万錘が設置されており、1815〜17年の3年間の平均綿花消費量41670トン、綿糸生産量37125トンでした。また、輸出にも力を入れ、糸の輸出5850トン、綿製品輸出18900トン、国内消費量12375トンで、政府はラッダイト運動の制圧が重要な対策でした。

　ラッダイト運動はその後社会運動や政治運動へと変換しました。社会運動は、産業革命による大量生産を批判して、手作りの良さを重視したモリスらのアーツアンドクラフツ運動に、政治運動は1838年に起こった労働者の参政権運動・チャーティズム（Chartism）へと発展しました。

第4章　三大紡機の時代と富豪族ファッション

4-21 産業革命を支え、ファッションに影響を及ぼした蒸気機関や運河と鉄道による輸送、製鉄業と針工業など

(1) ワットの蒸気機関の発明と世界初の蒸気力式綿紡績工場

　1769年ワットは、当時鉱山等で稼働していたニューコメンの蒸気機関を効率的に改良して、ボールトン（Matthew Boulton）から資金を得て、1774年ボールトン・ワット社（Boulton & Watt Co）で蒸気機関の製造を始めました。1785年ころ、ピストンの往復運動を円運動にしてプーリーを高速回転させ、水力で運転していた綿紡績工場で使って成功すると、工場はへんぴな場所からマンチェスターやその周辺に移り、蒸気機関による都市型綿紡織工場が次々と建てられ、綿製品が量産されました。

コラム 4-12　ワットと馬力

　ワットは力の単位として馬1頭当たりの工率で、1馬力は75kgの物体を毎秒1m動かす力です。現在は国際単位系（SI）の仕事率、電力、放射束の単位となっています。1ワットは1秒間に1ジュールの仕事をする仕事率です。消費電力などのような電力の単位としても使われます。

(2) トレビシックの小型高圧蒸気機関の蒸気機関車や蒸気船への応用と、交通機関の発展

　1797年鉱山技師リチャード・トレビシック（Richard Trevithick）は小型の高圧蒸気機関を考案し、1802年にこれを搭載した機関車の特許を得ました。1807年アメリカのフルトン（Robert Fulton）の外輪式蒸気船、1814年イギリスのスティーブンソン（George Stephenson）の蒸気機関車に応用され、1825年実用機関車のロコモーティブ1号（Locomotive No. 1）で、ストックトン・オン・ティース（Stockton-on-Tees）とダーリントン（Darlington）間約15kmに鉄道を敷いて運転しました。その後、1830年世界初の営業用の鉄道がリバプール・マンチェスター間で開通し、産業革命終了時の1850年に延べ1万kmとなりました。イギリスの主要都市間に鉄道網を敷き、運河とともに輸送しました。

169

⑶ ブリッジウオーターとブリンドリー、テルフォードらによる運河建設 — 石炭や綿花・綿糸・綿布等の輸送 —

18世紀半ばのイギリスでは、物資の輸送は馬車でした。マンチェスターの北部ウオースリー（Worsley）にある石炭採掘場の所有者ブリッジウオーターは、重い石炭をマンチェスターに運搬するために1759年、運河を建設しました。これは世界最初の実用的な運河で、彼は“運河の生みの親”、“内陸航行運河建設者”と呼ばれました。この時協力したのが技術者ブリンドリー（James Brindley）でした。運河はナローボート（narrow boat）という幅約2mの木造船に荷物を積み、馬で引っ張って航行しました。

スコットランド生まれの土木建築家テルフォード（Thomas Telford）は、“土木の父”と呼ばれ、イギリス各地に運河、道路、橋梁などを建設しました。特に、1805年ディ川（R. Dee）に架けたスランゴレン運河（Llangollen Canal）のポントカサステ水路橋（Pontcysyllte Aqueduct、2009年世界遺産、図4-115）は、長さ300m、高さ38m、アーチ数19もあり、現在は馬道が歩道となり、ナローボートが運航しています。

運河はイギリス全土に全長6400kmにも及び、19世紀半ばに鉄道が各地に敷かれるまでの約80年間は産業革命期の重要な輸送方法でした。今日では、運河網を整備し、ナローボートで生活している人や、運河観光があります。ところが、水は流れていない所が多く、どぶ川のような状態のところもあり、利用した水には200年間の歴史が残っているようです。

⑷ ブルネルの鉄道建設 — 物資や人の大量輸送とニューヨーク航路 —

土木・造船技術者ブルネル（Isambard Kingdom Brunel）はイギリス各地に鉄道を敷き、19世紀半ばの人や物資の大量輸送に貢献しました。ロンドン・ブリストル間に鉄道を敷き、そこから大型蒸気船でニューヨークへ旅行ができるように計画しました。揺れを少なくするために2m余りの広い軌道（broad gage）で、トンネルや陸橋をかけて平坦にして、車内で紅茶が飲めるようにしました。1841年開通し、馬車で16時間以上の道程を4時間でロンドン・ブリストル間を結びました。鉄道の開設に合わせ、1843年ブリストルで世界初のスクリューで運航できる1千馬力の蒸気船“Great Britain（3400 ton）”号を建

第4章　三大紡機の時代と富豪族ファッション

図4-115　ポントカサステ水路橋

図4-116
ブルネル像

図4-117　桜とアイアンブリッジ（修復中）

造しましたが、ドックから進水できず、満潮時に注水して進水しました。このため、ブリストルからの出入港をあきらめ、リバプールから就航しました。

　ブルネルは多くの駅舎をデザインして建てています。特にロンドンのパディントン駅は有名で、構内に彼の座像（図4-116）があります。

　産業革命終了時にはイギリス全土に鉄道網を設置していましたが、その後、自動車や飛行機時代に押されて廃線が多くなっていました。今日では、ボランティアらが各地で線路を復活させ蒸気機関車を走らせています。また、"ブリテイッシュ・プルマン"や"ノーザン・ベル"などの豪華列車を復活させ、各国もこれにならって豪華列車による鉄道の運行の見直しを行っています。

⑸　産業革命を支えたもう一つの工業・製鉄業と針工場

　鉄の銑鉄には火力が必要でしたが、溶鉱炉の火力源には火力の弱い木炭や不純物の多い石炭を使っていました。18世紀初頭、コールブルックデール（Coalbrookdale）で製鉄業を営んでいたダービー（Abraham Darby）1世は石炭のコークス（coke）化に成功し、ダービー2世がコークス製造法を確立しました。ダービー3世はこの方法で生産した純度の高い鉄を使い世界初の鉄の陸橋"アイアンブリッジ"（Iron Bridge、1986年世界遺産、図4-117）を建築しました。コールブルック製鉄所（Coalbrook Iron Mill）は世界初のコークスによる溶鉱炉（高炉）を設置した鉄工場でした。当地の野外博物館「ビクトリアン・タウン」はビクトリア時代の建物を移築し、当時の衣装を着けた人が店や工場

で働いています。

　1784年反射炉による「パドル法（Pudding Process）」が開発され、燃焼によって不純物の混入の少ない純度の高い鉄が生まれました。銑鉄工場や製鉄工場の発展により、鉄の供給が増え、紡織機械、蒸気機関、大型蒸気船、蒸気機関車、鉄道、陸橋など広く鉄が使われて、産業革命に大きく貢献しました。

　17世紀半ばに工業的な針工場が生まれました。従来の鍛冶屋のクラフト的な手作り手縫い針や編み針、リーのひげ針などが量産できるようになり、産業革命期に必要となったカード機の針布、ミシン針などの需要にも応えました。

　レディッチ（Redditch）は針生産地で、現在フォルゲ工場針博物館（Forge Mill Needle Museum）で、針製造機や、手作りクラフト針、水車動力による各種針の作り方などをビデオで観ることができます。

コラム 4-13　イギリスの産業革命に貢献した人々

　2009年発行のイギリス記念切手（Memorial Stamp）"Pioneers of the Industrial Revolution"で8人の発明家や技術者を紹介しています。産業革命の父といわれたリチャード・アークライト（図4-118）をはじめ、蒸気機関の発明者ジェームス・ワット（図4-118）、蒸気機関車の発明者スティーブンソン、運河建設者ブリンドリー、有料道路建設者マクアダム（Josiah McAdam）、機械設計者モーズリー、陶器製造者ウェッジウッド（John Wedgwood）、製造業者ボールトン（Matthew Boulton）です。産業革命時に貢献した人は、他にハーグリーブス、クロムトン、カートライト、ロバーツ、テルフォード、ブルネル、オーエン、ソルトなどもいます。

図4-118　記念切手のアークライト（左）と£50紙幣のワット（右）

4-22　第4章のまとめ

　18世紀後半、三大紡機とともに力織機や蒸気機関が発明され、水力式綿紡績工業から始まった産業革命は綿製品の需要を広め、富豪族の人は様々なコットンファッションを楽しみ、産業革命末には庶民もコットンファッションを味わうことができるようになりました。この背景には、図4-119、図4-120のようなインドの繊細なコットン製品（モスリンや更紗など）を、いかにして大量生産できるようにするかという課題がありました。繊細な糸を造るミュール紡機や、花柄などをプリントする機械などはこの課題を解決するために発明されました。また、毛紡績、亜麻紡績の機械化は産業革命後期から次の洋式紡績時代にかけて行われました。

　三大紡機による工業的な綿糸の生産から、大量生産ができる洋式紡績法の確立、糸の量産に合わせて、織機も、飛び杼手織り機から力織機、半自動織機のロバーツ織機、ランカシャー織機、ハッタスレイ織機、ジャカード装置やドビー装置付き織機などが開発され、織機の改良が新しい柄織物の生産に生かされて新しいファッションを生み、富豪族ファッションから庶民的ファッションへ移行するなど、ファッションの世界はまさに産業革命とともにありました。

　このように、19世紀半ばには大量生産のための紡織工程が確立し、編み機、レース機が生まれ、さらし粉漂白方法やプリント機械によって美しいイギリス更紗など高級綿製品の生産が急増して、産業革命が完了する頃のボリューム感のあるコットンファッションスタイルは10年ごとに大きく変化しました。

　産業革命の発端は、ちくちくする毛織物やドレープのでないリネンから肌触りの良く

図4-119　ダッカモスリン(7)

図4-120　インドモスリンのドレス（18世紀後半）(7)

ドレープが出やすい綿製品を求めた庶民の強い要望からでした。18世紀後半、三大紡機による綿紡績工業から始まり、19世紀半ばまでに洋式紡績法がほぼ確立し、運河、鉄道、道路などの交通や生活インフラなどが整備され、人々はファッション以外に鉄道で旅を楽しんだり、砂糖たっぷりの紅茶やコーヒーを飲んだりするなど、生活や文化などを楽しむことができるようになりました。一方で、産業革命は黒人奴隷の拡大、子どもの労働や過酷な労働、機械破壊や石炭の黒煙による環境問題など多くの面で負の遺産を生みました。

第5章	洋式紡績の時代とデザイナーズファッション
	― レーヨン・モーブ・本縫いミシンの三大発明 ―

5-1 洋式紡績の時代（19世紀後半〜20世紀半ば）の世界とファッション

　洋式紡績の時代のイギリスは、綿紡織工業以外に毛織物工業、鉄、ガラス、石鹸工業などが確立し、製品加工国として世界に商品を輸出していました。少し遅れて、フランスやプロシア（ドイツ）などのヨーロッパ諸国とアメリカも産業革命を推進していました。このため産業革命国は工業製品の輸出先をめぐって競い合いました。1910年ころのヨーロッパはイギリス・フランス・ロシア・イタリアの連合国対ドイツ・オーストリア・ハンガリー・オスマン帝国の同盟国という二大陣営に分かれていました。

　ボスニアのサラエボでのオーストリア皇太子の暗殺事件がきっかけで、1914年から1918年に連合国と同盟国間で戦争となり、それが日本やアメリカまで参戦した第一次世界大戦となりました。また、帝国主義社会の時代で、アフリカや東南アジアが植民地化され、他国への侵略、植民地や石炭・石油エネルギーの奪い合いなどが原因となり第二次世界大戦へと発展しました。

　アメリカやドイツは、鉄工業の発展や石炭・石油を原料とする重化学工業を興し、第二次産業革命のリーダーとなりました。イギリスは産業革命期の資金を蓄え、20世紀中期までアメリカやドイツとともに世界の経済を握っていました。

　科学では、ダイナマイトを発明したスウェーデンのノーベル（Alfred B. Nobel）は、彼が発明したダイナマイトを戦争に使われたことを憂い、彼の遺言通り1895年、人類に役立つ科学や平和などに貢献した人を讃えるノーベル賞が設立されました。アメリカの発明王エジソン（Thomas A. Edison）は蓄音器、竹を使った白熱電球、活動写真など数々の発明で社会貢献をしました。その他、蓄電池、映写機、電話、トースターなど1000以上の特許を彼が得るこ

175

とができたのは、1876年メンロパーク（Menlo Park）の応用科学研究所に3000人を集めて発明工場を設立していたからです。

ファッションに関わる科学技術では三大発明がありました。1851年アメリカのシンガーミシン、1856年イギリスの化学染料"モーブ"、1892年イギリスの化学繊維レーヨンです。さらに洋式紡績法が確立し、紡織機械が高速化されて糸や布の増産が行われ、デザイナーによるファッションが生まれました。

5-1-1　産業革命後のイギリス

産業革命を完成させたイギリスは、1851年ロンドンの第1回万国博覧会で、産業革命による様々な技術と新製品や、鉄骨とガラス張りのクリスタルパレス（水晶宮、図5-1）などでその繁栄を示しました。そこには見学に訪れた産業革命で富を得たブルジョアジーの女性らによる新しいコットンファッションがありました。

図5-1　ロンドン博覧会（水晶宮）(16)

洋式紡績を確立したイギリスは綿糸、綿布を大量生産し、綿糸、綿布とともに洋式紡績機械を輸出して栄えていました。イギリスは19世紀末のビクトリア時代に地球上の4分の1の領土を持ち、七つの海を支配して"太陽が沈まぬ国"と呼ばれ、世界一の繁栄国でした。1863年に世界最初の地下鉄が開通し、当初は蒸気機関車で煤煙が問題になりましたが、1890年に電化され、急速に発展しました。2013年ロンドン地下鉄開通150周年で、当時のファッションを身に着けた人々が記念イベントに参加していました。

政治面では、チャーティスト運動後の1867年、「第二次選挙法改正」によって所得の高い労働者階級に選挙権が認められ、地主・ブルジョア・中産・労働者の4階級で下院が構成されることになり、世界に先駆けて議会民主主義の一歩を踏み出しました。その後、1884年「第三次選挙法改正」で人口比例に基づく小選挙区制が成立し、労働者階級が選んだ議員を議会に送り労働党が結成

され、1924年労働党内閣が誕生して、新しい二大政党時代に入りました。

　19世紀末に女性解放思想のリベラル・フェミニズム（liberal feminism）による参政権獲得運動を起こしたパンクハースト（Emmeline Pankhurst）は、1903年婦人社会政治同盟（WSPU: Women's Social and Political Union）を結成し、デモやハンストなどの激しい行動で、1918年に男女平等選挙権を勝ち取りました。イギリス映画『未来を花束にして（*Suffragette*）』（2015）は彼女の崇拝者たちが洗濯工場で働きながら参政権を獲得した物語です。一方で、穏健派の婦人参政権運動化フォーセット（Millicent G. Fawcett）も活躍しました。2018年選挙権獲得100周年記念で、彼女の銅像が国会前の広場に建てられました。

　経済面では、19世紀の「世界の工場」による綿製品、石炭、機械類などの輸出産業は不況から失業者が急増し、炭鉱労働者のゼネストも起こりました。

　生活面では、1922年ラジオ放送が始まり、"London calling" や "BBC calling" で始まる放送に多くの国民がニュースを聞き、音楽が楽しめるようになりました。家庭には洗濯機や掃除機などの電化製品が普及してきました。

　19世紀後半から20世紀初期のイギリスは広大な植民地を支配し、"パックスブリタニカ（Pax Britannica）" と呼ばれました。

5-1-2　イギリスと植民地インド、南北戦争時の綿花の確保と日本綿

　インドは1857年の大反乱が原因でムガル帝国が崩壊し、イギリスの統治下に置かれました。19世紀末から20世紀初頭にかけて、イギリスはインドへの投資を続け、綿、茶、ジュートの産地と主要都市の港町に鉄道や道路を建設して綿花などの原料やイギリス製品の輸送を図り、またインドに工場を建てインド製品の生産を増やし、それらを本国のみならず欧米やアジアへ輸出しました。産業革命期まで輸入されていたインドのモスリンやキャリコ、更紗などは、逆にインドへ輸出していました。

　イギリスが綿花の確保に最も苦慮した時期は、1861年から1865年のアメリカ南北戦争時でした。1864年のヨーロッパ諸国の紡績設備（表5-1、p. 193）は、イギリス3000万錘で、断トツの錘数（約70%）を示し、綿花が最も必要な国であったことが分かります。イギリスは19世紀、綿花の輸入をアメリカ南部に頼っており、1800年に約50%、1860年に約84%を占めていました。南

北戦争で綿花輸入が激減したためイギリスは、エジプトやインドなどで綿栽培を進めました。1年に一度の栽培ではすぐに量産できず、トルコやブラジルなどから輸入しました。また、中国や幕末の日本にも輸出の依頼をし、それらの国から1862年に約360トン、1863年に2,610トン、1864年に550トンがイギリスに輸出されました。日本の短繊維のアジア綿は陸上綿に混ぜて太番手の糸を紡績したものと考えられますが、イギリスは綿花不足で日本の短綿まで輸入しました。それでも南北戦争中、イギリスは綿花を戦争前の半分以下しか輸入できませんでした。(チ)(K)

5-1-3　ガンジーの糸紡ぎと独立運動、イギリスの綿紡績工業との対抗

　インド独立運動の指導者で、"インド建国の父"と呼ばれるガンジー（Mohandas Karamchand Gandhi）は、18歳でイギリスに留学し、南アフリカで貧困の状態や迫害、人権差別などを体験しました。

　1905年、ガンジーと国民会議派は4つのスローガンの"国産品愛用（スワデーシ）・自治権獲得（スワラージ）・イギリス製品ボイコット・民族教育"を掲げてイギリス政府と対抗しました。第一次世界大戦でイギリスはインドの独立と交換にインド人を徴兵しましたが、勝利してもインドを独立させませんでした。独立運動に失敗したガンジーは非暴力・非協力運動を開始し、1930年塩専売法に反対し、"塩の行進"デモを行い逮捕されましたが投獄中は糸車で綿糸を紡ぎました。"クイッド・インディア（インドから出て行け）"運動も起こり、独立の機運が高まったころに第二次世界大戦となり、この時もイギリスは独立を条件にインド兵の出兵を行いましたが、ガンジーらは第一次世界大戦の失敗からこの政策に反対したため再び投獄されました。1944年、日本軍とインパールでの戦い（インパール・コヒマの戦い）で連合軍側のインド兵が活躍して勝利したため、イギリスはインドの独立を認め、1947年ヒンズー教の多いインドとイスラム教の多いパキスタンの2国が独立しました。パキスタンはインドをはさんで東西に分かれていましたが、1971年東側はバングラデッシュとして独立しました。

　ロンドンで学んでいたガンジーは、イギリスが綿糸や綿布をインドに輸出してインドの伝統的なモスリンやキャリコの職人を迫害していることから、チャ

ルカ（糸車）による糸紡ぎを実践し、国民に綿糸の自給自足を奨励して国産品愛用運動・スワデーシを指導しました。糸車で紡績機械と対抗するという、とても太刀打ちできそうにない運動でしたが、次第に国民に広まり、イギリス植民地から独立へと発展しました。今でもヒンズー教の修行場アシュラム（Ashram）で、ガンジーの命日などの日に多くの人が集まって携帯用糸車で糸紡ぎが行われています。ガンジーが率いた国民会議派の旗のマークは糸車です。

英・印合作映画『ガンジー（GANDHI）』（1982）を観ると、イギリスとの関係やインドとパキスタンの独立などとともに、ガンジーの一生が分かります。イギリス作家フォスター（Edward M. Foster）のイギリスとインドの対立を描いた『インドへの道（A Passage to India）』（1924）は1984年に映画化されました。

5-1-4　産業革命後のファッション
― 肥大化したボリューム感から人体の曲線を表現したドレープ感、そして綿プリントによるコットンファッションとフレアの出現 ―

　三大紡機の時代後半から図4-4（p. 109）のように10年ごとにファッションが変わりましたが、その後も図5-2～図5-5のように、1850年代はクリノリンが大きくなり、ボリューム感をより一層大きく表現したベルテント（Bell Tent）型、1860年代はさらにスカートを膨らませたホットエアーバルーン（Hot Air Balloon）型、1870年代はクリノリンに代わって腰当てを付けて後部のみを膨らませたバッスルスタイル（Bustle style）のケンタウロス（Centauros）型などのファッションスタイルに変わり、女性たちはデイドレスやイブニングドレスでボリューム感やドレープ感のあるファッションを楽しんでいました。ケンタウロスとはギリシャ神話の上半身が人間、下半身が馬の架空の動物で、バッスル（図5-5）は鳥かごの意味です。産業革命によって綿糸綿布が大量生産され、ミシンが普及し、デザイナーが活躍して、化学染料で美しく染めたコットンやシルクの布で次々と新しいファッションを生みだし、富豪族女性のファッションスタイルを生みました。クリノリンは鯨骨や細くて軽いスチール製の骨組に羊毛や綿布を巻き付けて使いました。バッスルスタイルは、わが

図5-2　1850〜1940年代のスタイル(34)

図5-3　1850〜1910年代のファッション（左からベルテント(59)、ホットエアーバルーン(34)、ケンタウロス(59)、レースのシリンダー(55)）

図5-4　クリノリン(60)とS字カーブコルセット(7)　　図5-5　バッスル(20)とルノアールの絵画(19)

国でも19世紀後半（明治初期）の鹿鳴館ファッションとして、欧米人相手に着る女性服として受け入れられました。

1890年代はバッスル衣装とともに帽子、扇子、役に立ちそうにないパラソ

ルは必須のアイテムで、羽根を付けた帽子が流行してそのファッションスタイルはフェザーファン（Feather Fan）と呼ばれました。19世紀の各種のデイドレスはいずれも靴が見えないほどのフルレングスでした。1890年代半ばにゴアード（gored）という人体の曲線にそったスリムスタイルに変わってきましたが、それでも袖には膨らみを加えたパフスリーブのボリューム感が、スカートの裾はフレア（flare）で大きく広げてドレープ感とボリューム感がありました。

　また、1830年代の羊の足型のような"ジゴ袖"を復活させ、以前のものより膨らみの多い"エレファント袖"が、Ｓ字スタイルとともに流行しました。

　50年後、70年後は古風で趣がある、魅力的というレイバーの法則（p. 266）通りのファッションでした。また、タック（tuck）やギャザー（gather）、フリル（frill）やラッフルのひだ飾りなどの縫製技法でドレープ感を出しました。19世紀半ばの庶民は図5-6のブラウスをジャケットと組み合わせて着るのがファッションでした。ブラウススタイルはギブソンガールにも見られます。1920年代は図5-7のようなフォーマルな衣服がファッションとなりました。

　このように、洋式紡績の時代の100年間は、綿布の普及により図5-2のシルエットのようにファッションは大きく変化しました。

　19世紀末のイギリスでは演劇界から生まれた"新しい女性（The new woman）"とか"当世風の女性（The girls of the period）"という言葉が流行しました。髪を染め厚化粧し、ファッションを着てテニスや自転車、乗馬を楽しむ革新的な女性で、まさに"1髪・2化粧・3衣装"でした。彼女たちは次世代の"ギブソンガール（Gibson girl）"や"フラッパー（flapper）"の先駆けでした。

　アメリカの挿絵画家ギブソン（Charles Dana Gibson）は、新しいファッションをまとった若い女性として、バストを持ち上げ、コルセットで胴を細くして、ヒップを突き出した長身の女性のイラストをＳ字カーブのように見える横像を強調して描きました。Ｓ字カーブスタイルには胴を細く見せるためにコルセットが欠かすことのできないものとなりました。

　ギブソンガールスタイルに合致したのがフレアでした。剝ぎ枚数でドレープ感とボリューム感が変わり、ドレープ感がたっぷりでボリューム感もあるフレ

図5-6　庶民のブラウス(61)　　　図5-7　1920～1930年代の衣装(62)

図5-8　1900年代のドレス(63)(64)、1890年代のギブソンガール(65)とアール・デコ(12)

アのサーキュラースカート（circular skirt）がファッションでした。

　20世紀初期頃からコルセットを捨てて、ウエストを絞り、人体そのものを表現しようとストレートでありながらドレープ感にあふれた衣服（図5-8）がファッションとなりました。これはアール・ヌーボ（Art Nouveau）のS字カーブスタイルで、懐古的に古代ギリシャやローマ時代のドレープ感を表現しようとしたのでしょう。この時代をベル・エポック（Belle Époque）といいます。このファッションに貢献したのがミシンの発展で生まれた既製服業界でした。業界は新しいファッションのデザインを買い、そのドレスのコピーをミシンで大量生産しました。デザイナーもコピーを売るデザイナーズファッションの時代となり、マネキンがファッションを飾りました。アール・ヌーボに続いて、アール・デコ（Art Déco）様式がフランスを中心にヨーロッパで流行しま

した。スカート丈が短く活動的で直線的なドレスが特徴的なファッションで、この時代（1920年代）はレ・ザネ・フォル（Les Années Folles、狂乱の時代）とか、ジャズ・エイジ（Jazz Age）と呼ばれ、“モダーン”と“フラッパー”という流行語が生まれました。フラッパーは活動的なファッションを着た“バタバタし始めたひな鳥”とか“おてんば娘”という意味が転じて、飲酒、喫煙をし、チャールストンを踊る当時の現代娘の代名詞でした。同じころ、ギャルソンルック（ギャルソンは男性給仕の意）というショートカットのボーイッシュな女性がいました。女優ガルボ（Greta Garbo）はギャルソンルックの代表的な女性でした。

20世紀はブルジョアジーのスポーツとしてテニスやゴルフ、乗馬などが盛んで、それらのスポーツウエアもファッションでした。特にテニスは白のコットンドレスがファッションでした。

スポーツの分野のファッションにブルーマ（bloomer）がありました。アメリカの女性解放運動家のブルーマ（Amelia Jenks Bloomer）夫人が、19世紀半ばに婦人服改革運動として開発した衣装でした。当初はゆったりした裾口をゴムで絞り、足首丈の長い下着でしたが、次第に女性用の活動的な短いパンタロンのようなスタイルとなりました。19世紀末のサイクリングブームで、女性が自転車に乗りやすいようにスカートを2つに分けたキュロットのようなものや、短い機能的なブルーマが、スポーツファッションになりました。

一方、男子服は19世紀後半から今日の背広とズボンというスタイルが定着してきました。ブルジョアジーたちはボリューム感よりも、高級素材のビロードの服やフロックコートを着ることでファッションを楽しみました。

また、イギリスのカーディガン伯爵が前開きのジャケット風ニットを着たことから名付けられたカーディガンは、着やすさからファッションとなり、20世紀には庶民の代表的な衣服の一つになりました。

アール・ヌーボは多くの工芸家や建築家に影響を及ぼしました。特にイギリスの染織工芸家ウイリアム・モリス（William Morris）は19世紀後半に“アーツアンドクラフツ（Arts and Crafts）”を提唱し、ファッションに大きな影響を及ぼしました。モリスは産業革命以降、個性のない物が大量に造られ、また粗悪品もあったことへの警告の意味から、手仕事の良さと自然や伝統を重視した

美を追求し、自然の草花をモチーフにしたデザインを数多く発表し、木や金属に彫った版摺り綿布のプリント柄はファッションに多く使われました。

その他、アール・ヌーボ前後にイギリスのプリントデザイナー・キルバーン（William Kilburn）は自然の草花を写実的にデザインして当時の流行のキャリコにプリントして有名になりました。

5-1-5　ドレスメーカーとマネキンの出現、デザイナーズファッション

洋式紡績の時代は多くのファッションデザイナーが現れ活躍しました。クチュリエ（couturier）と呼ばれるファッションデザイナーやオートクチュール（haute couture）のさきがけとなったドレスメーカーが出現し、ファッションを事業化して、マネキンスタイルによってデザイナーズファッションが生まれました。図5-9は1900年のドレスメーカースタイル（左）、1920年代のスタイルマネキン（中央）、1979年スーパーモデルマリー・ヘルビン（Mary Helvin）の体型モデル（右）で、20世紀からファッションを美しく造り、見せるためにもマネキンは不可欠なものになりました。プレタポルテやテーラードスーツ、ジャケット等の仕立屋ではミシンが活躍しました。日常着やスポーツウエアは洗濯が容易な白の綿製品を使用しました。図5-10右は、1920年代のテニスチャンピオ

図5-9
マネキンの変遷(12)

図5-10　洋式紡績時代のファッション（左から庶民のブラウスとエプロン(61)、WSPUの活動家(60)、パンクハースト像、1920年代のテニスウエア(66)）

第5章　洋式紡績の時代とデザイナーズファッション

ンドレスです。

1920年代は三大発明を活用したオートクチュールの成長期でした。当時は糸も布も十分にあり、光沢のあるレーヨン素材、化学染料による鮮明な染色布なども生まれ、スタイルはボリューム感を求めなくなっており、ミシンの普及もあってシンプルなファッションを大量生産でき、既製服化しやすくなっていました。ファッション素材が大量にあり、デザイナーは新作を発表しやすく、大量生産しやすい環境でした。また、20世紀初頭にポアレが100年以上付けていたコルセットを外したドレスを発表し、多くのデザイナーが同調しました。

1930年代は、映画スターのファッションがありました。多くのデザイナーはマレーネ・ディートリッヒ（Marlene Dietrich）やキャサリン・ヘップバーン（Katharine Hepburn）など有名女優の映画衣装を手がけました。

以下はこの時代に活躍した主なファッションデザイナーと作品（図5-11）です。

ウォルト（Charles F. Worth）は19世紀のイギリスのファッションデザイナーで、オートクチュールの草分け的な人です。当時は、客が生地を選んで仕立屋に依頼し、お針子が縫製するという分業でしたが、ウォルトは自分のデザインした服をモデルに着せて見せ、客に店で生地とデザインを選ばせ、客の体形に合わせて服作りを始めました。2006年生誕地イギリスのボーネ（Bourne）に小規模な「チャールス・ウォルトギャラリー」がオープンしました。

クリスチアナ（Lucy Christiana）はロンドン生まれで、別名レディ・ダフ・ゴードン（Lady Duff-Gordon）といい、1912年タイタニック号に夫とともに乗船していて、運よく生存した一人です。

フォルチュニー（Mariano Fortuny）はイタリアのファッションデザイナーで、柔らかい絹布に滝が流れるような曲線を細かいプリーツでドレープ感を表現した"デルフォス（delphos）"が有名です。

ポアレ（Paul Poiret）はフランスのデザイナーで、スカートの裾を極端に狭くしたパドルスカート（paddle skirt）やホッブルスカート（hobble skirt）を発表しました。パドルやホッブルとは"よちよち歩き"の意味です。

シャネル（Coco Chanel）はフランスのデザイナーで、上流階級の婦人客を相手にしたオートクチュールを開きましたが、ドイツ兵士と親交があったた

図5-11　左からウォルト(67)、ポアレ、ビオネ、パトウ(59)、パキャン(7)の作品

め、戦中・戦後の15年間はスイスに身を潜め、戦後再び活躍しました。
　ビオネ（Madeleine Vionnet）はフランス生まれで、有名な"バイヤスカット"技法を発表し、美しいドレープを生み出しました。
　パトウ（Jean Patou）は婦人用スポーツウエアのデザインを発表し、ニットの水着や白のゆったりしたテニススカートはファッションになり、名テニス選手レグランのテニスウエアをデザインしました（図5-10）。
　トーマス・バーバリー（Thomas Burberry）はギャバジン布に防水加工したバーバリートレンチコートの軍服を製作し、世界に知られました。その他、スキャパレリー（Elsa Schiaparelli）、パキャン（Jeanne Paquin）、ランビン（Jeanne Lanvin）、ハートネル（Norman Hartnell）らが活躍しました。

5-1-6　イギリス王室が発信したファッション
⑴　ビクトリア女王の3つのファッションと映画衣装
　ビクトリア女王は3つのファッションを世界に広めました。
　1つは白のウエディングドレスです。ビクトリア女王は1837年18歳で即位し、1840年ドイツのゴーダ家からアルバート公を迎えて結婚し、その衣装は従来のきらびやかさと異なり、白のシルクサテンと白のレースのドレスでした。ビクトリア女王の白のウエディングドレスは、その後の世界の結婚式のファッションとなって今日のように定着しました。
　2つ目は黒のドレスです。アルバート公が41歳の若さで病死し、喪が明け

た後でもワイト島（Isle of Wight）のオズボーンハウス（Osborne House）で、悲しみの隠居生活のような状態にあるなか、いつも喪服のような黒のドレスを着ていました。これを知った国民は一年間の服喪期間中に黒のドレスを着る習慣となり、一人で数着の黒ドレスが必要となり、黒ファッションが生まれました。

3つ目は広幅のレースです。イギリスではすでにボビンネットレース機とリバーレース機が発明されており、広幅のネットやレースが工場生産され、女王はこれを愛用しました。幅の狭いピローレースに代わっ

図5-12
ビクトリア女王(32)

て、イギリス製の広幅レースを広める目的があったのでしょう（図5-12）。映画『Queen Victoria（至上の恋）』（1997）ではアルバート公の死後ワイト島での生活から復帰するまでの、『ビクトリア女王・世紀の愛（The Young Victoria）』（2009）では女王や侍従たちのファッションが見られます。また、2017年イギリスのitvテレビ局が制作した若きビクトリアを描いたシリーズの『Victoria（女王ヴィクトリア ― 愛に生きる ―）』（2016〜17）や、晩年のビクトリアを描いたイギリス映画『Victoria & Abdul』（2017）でも当時を再現した衣装を見ることができます。

⑵ ファッションリーダーの皇太子エドワード（7世と8世）

洋式紡績時代のイギリス皇室で特にファッションを楽しんだ人は、皇太子時代のジョージ4世とビクトリア女王の長男エドワード7世でした。エドワード7世の皇太子時代のファッションは"エドワードルック"と呼ばれ、皇太子が愛用した三つ揃いスーツは20世紀に流行しました。7世の妃アレクサンドラ（Aleksandra）もファッションを楽しみ、19世紀後期の"プリンセスライン（図5-14）"と呼ばれたお好みの衣装はウエストで切り替えのあるドレスやコートで、スカートは裾広がりにしてドレープ感を出しました。

ビクトリア女王の孫で、ジョージ5世の長男エドワード8世は皇太子時代"ダンディボーイ"と呼ばれ、メンズファッションのリーダーとして大衆の人気を得ていました。パナマ帽をかぶり、ゆったりしたスーツとズボンにシュー

ズを履いて、新しい着方をしました。ジョージ5世が亡くなった後王位に就きましたが、その前にアメリカ婦人シンプソン（Wallis W. Simpson、後のウインザー公夫人）に出会い、彼女の夫で船舶事業家シンプソン氏に離婚させて結婚しようとしました。そのため議会や市民からブーイングが起こり、結婚をあきらめ王位を続けるか、王位を捨て結婚するか、の選択をさせられました。その結果、結婚を選び、1年を経たず王位を弟のジョージに譲りました。"王冠を捨てた皇太子"、"世紀の恋"、"王室最大のスキャンダル"と呼ばれましたが、その後のエドワードは王室と関わらず、夫人とファッションを楽しみました。

⑶ イギリス王室の映画とファッション

イギリス・オーストラリア合作映画『英国王のスピーチ（*The King's Speech*）』(2010)、イギリス・フランス・イタリア合作映画『*The Queen*』(2006)、イギリス映画『*Elizabeth—The Golden Age—*』(2007) などはイギリス王室の衣装や王位継承のあり方が分かります。王室衣装はバッキンガム宮殿隣の「クイーンズギャラリー」、ケンジントン宮殿内のギャラリー、エジンバラのホリルード宮殿などに、故ダイアナ妃の衣装（p. 258）はオルソープ（Althorp）やケンジントン宮殿に展示されています。

5-1-7　イギリス貴族社会が発信したファッション
― ツイードやスポーツファッションの発祥、そして合理服の推奨 ―

19世紀の貴族の三大スポーツは、①徒歩で銃猟するシューティング（shooting）、②乗馬で銃猟するハンティング（hunting）、③フィッシング（fishing）でした。これらの多くは広大な自領地内で行われ、その時の衣装は帽子とともにツイードでした。ツイードは18世紀半ばにスコットランドの労働着でしたが、貴族のスポーツファッションとなり、19世紀末に自転車に乗る時もツイードでした。今でも"ツイードラン"というツイードを身に着けて自転車でツーリングするイベントがあるなど、ツイードを着てスポーツを楽しんでいます。この時代に安全に自転車に乗れるようにデザインした女性のスカートが生まれました。

第 5 章　洋式紡績の時代とデザイナーズファッション

　19 世紀イギリスでロイヤルアスコット（Royal Ascot）と呼ばれる王室主催の競馬観戦時に着用されたファッションにはドレスコード（dress code）があり、特に女性は華美な帽子をかぶっていました。アメリカ映画『マイフェアレディ（*My Fair Lady*）』（1964）で当時のファッションを再現しています。

　イギリス発祥のスポーツは、クリケット、ゴルフ、テニス、フットボール（サッカー）、ラグビー、卓球、競馬、ボーリング、カーリング、水球、クレー射撃、ボートレースなど多くあり、それぞれ特有のスポーツファッションを生みました。特にテニスの白コットンドレスは有名で、今日も続いています。

　19 世紀末、イギリスの合理服協会（Rational Dress Society）が健康的なスポーツドレスとしてコルセットを着けず、ドレープ感やボリューム感を少なくし、体を動きやすくした衣服を提唱しました。スポーツを楽しむ上流階級の人はスポーツでは合理服でしたが、社交の場ではコルセットを着けドレープ感やボリューム感のあるドレスを身に着けていました。図 5-13 は 1900 年代のテニスウエアで、図 5-14 に 19 世紀末から 20 世紀の水着の変化を示しました。

図 5-13　テニスドレス (66)

図 5-14　プリンセスライン (7) と水着（左から 1935 年 (7)、1920、1890、1880 年 (68)）

図 5-15　ハイクレア城

189

コラム 5-1 TVドラマ『ダウントン・アビー』や映画『*The Duchess*』、『日の名残り』などの貴族生活と衣装

　貴族の生活を描いたイギリスTVドラマ『ダウントン・アビー ― 華麗なる英国貴族の館 ― (*Downton Abbey*)』は世界的に大好評となり、日本でも2015〜17年に放映、2018〜19年再放映されました。実在の貴族の館・ハイクレア城 (Highclere Castle) を舞台に、第一次世界大戦前後のあるイギリス貴族・伯爵家の日常生活を描いたもので、貴族の作法や20世紀初頭のギブソンガールやアール・デコ衣装の貴族ファッション、侍従やメイドなど使用人の衣装などを見て楽しめました。特に、朝食、散歩、アフタヌーンティー、ディナー、訪問等でその都度ドレスやスーツに着替え、アクセサリーを付け、着替え時には常に担当の使用人の手伝いが必要でした。広大な敷地で乗馬や自動車に乗り、狩りなどにはツイードを着たりするなど、普段着にも多くのファッションがありました。

　また、イギリス映画『ある公爵夫人の生涯 (*The Duchess*)』(2008) はデボンシャ公爵夫人の伝記で、アカデミー賞の衣装デザイン賞を受賞した作品です。その他、貴族の生活を描いた映画に『ハワーズ・エンド (*Howards End*)』、ドイツを愛した富豪家貴族の館の執務長だった主人公の戦前戦後の生活を描いた『日の名残り (*The Remains of the Day*)』などがあります。『日の名残り』は2017年ノーベル文学賞を受賞した日本生まれイギリス籍のカズオ・イシグロの作品で、バースに近い広大な敷地に建つダイラムハウス (Dyrham House) を舞台にした映画です。

コラム 5-2 モリス作品の展示

　ロンドンのVictoria and Albert Museum (V&A) のテキスタイルルームにたくさんのモリスプリント (図5-16、図5-17) がありましたが、多くはケンジントンのオリンピア (Olympia) にあるブリースハウス (Blythe House) 内のクロスワーカース・センター (Clothworkers' Centre) に移されました。ブリースハウスには科学博物館 (Science Museum) の紡織機械類もたくさん収蔵されています。

　モリスの作品はロンドン市内のウイリアム・モリス館 (William Morris

Gallery）と、モリスが晩年に住み現在私邸となっているケルムスコットハウス（Kelmscott House）の中庭の建物と地下室に展示のモリスソサエティ（William Morris Society）、郊外の新婚生活のために建てた"レッドハウス（Red House）"、ワンドル産業博物館（Wandle Industrial Museum）などや、コッツウォルズでモリスが制作に活躍した"ケルムスコットマナー（Kelmscott Manor）"、チェルトナム美術館・博物館（Cheltenham Art Gallery & Museum）、ブロードウェイタワー（Broadway Tower）などで見ることができます。1883年抜染技法を最初に使った藍染め多色刷り作品"苺どろぼう（図5-16）"や、その後の多色抜染技法を駆使した復製品はロンドンのリバティ百貨店で販売されています。

コラム 5-3　ファッションに影響を及ぼした画家たち

　ファッションは絵画にも現れました。バレエ衣装や舞台衣装を描いたスペインの画家ダリ（Salvador Dalí）、フランスの画家ドガ（Edgar Degas、図

図5-16　モリスの苺どろぼう(7)

図5-17　アカンサスの葉とモリスデザイン(7)

図5-18　ドガの踊り子(22)

図5-19
ロセッティの作品(69)

図5-20　アリスの衣装(70)

5-18)、シャガール（Marc Chagall）、ローランサン（Marie Laurencin）ら
の絵画はファッションを生み出しました。ダリのバレエ『バッカナール』の
衣装デザインはシャネルが担当して制作し、画家とデザイナーのコラボファッ
ションが生まれました。イギリスでは、写実主義のラファエル前派の『オ
フィーリア』で有名なミレー（John E. Millais）、ハント（William H. Hunt）、
ロセッティ（William M. Rossetti、図5-19）らがファッションとともに美し
い女性を描きました。大金持ちのマネ（Édouard Manet）は"ダンディマネ"
と呼ばれ、ファッションを最も楽しんだ画家でした。

コラム 5-4　イギリスのファンタジーとファッション

　イギリスでは、19世紀後半から20世紀前半にファンタジーや冒険物語の児
童文学が多く発表され、その中にファッションがありました。例えば、キャロ
ルの『不思議の国のアリス（*Adventures in Wonderland*）』（1865）はアリ
スの可愛いドレス（図5-20）がファッションでした。この空想物語がきっかけ
で、次々とファンタジーや冒険物語が生まれました。例えば、ポターの『ピー
ターラビット（*Peter Rabbit*）』（1901）、バリーの『ピーターパン（*Peter
Pan*）』（1904）、ミルンの『くまのプーさん（*Winnie the Pooh*）』（1926）、ス
チーブンソンの『宝島（*Treasure Island*）』（1883）、トールキンの『ホビット
の冒険（*The Hobbit*）』（1937）などがあります。

5-2　洋式紡績機械の発展

　洋式紡績時代の綿紡績工程は、機械が大型化し、図5-21の混打綿→梳綿
（→コーマ）→練条→粗紡→精紡という5〜6工程の洋式紡績が完成しました。
糸斑や毛羽になりやすい短繊維を除去する新しいコーマ機が発明され、コーマ
工程を通した高級綿糸"コーマ糸"が生まれ、ファッションに提供しました。
　表5-1は1864年のヨーロッパ諸国の紡績錘数で、イギリスが70%以上を占め
ています。イギリスは洋式紡績機械を外国に輸出し始めていました。

第5章 洋式紡績の時代とデザイナーズファッション

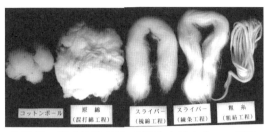

図5-21 洋式紡績工程の原綿から粗糸までの状態

表5-1 1864年の紡績錘数(ホ)

	(1,000錘)
イギリス	30,000
フランス	4,000
ロシア	2,000
オーストリア	1,500
スイス	1,300
イタリア	500
ベルギー	500
スペイン	300

5-2-1 混打綿工程と梳綿（カード）機の発展

　混打綿工程は19世紀に確立した洋式紡績の最初の工程です。原綿（raw cotton）は運搬しやすいように、綿作地にあるコットンジン工場で不純物と種を除いた綿花を圧搾機で約225 kgにして帯鉄で括って俵（bale）にし、麻袋に入れて輸送しました。綿紡績工場では帯鉄を切って硬く固まっている原綿を、紡績する糸番手に応じて等級の異なる綿花を混ぜながら打綿します。混打綿（図5-22）としてホッパーベールブレーカー（hopper bale breaker、開俵機）、ホッパーオープナー（hopper opener）、ビーターオープナー（beater opener）、スカッチャー（scuture）の順に通し、原綿の塊をほぐしながら砂や枯葉などの不純物を除去し、シート状にして、図5-23のラップマシーン（lap machine）でロール状に巻き取りラップにします。ラップはカード機に移され、繊維をほぐし方向を揃えながらスライバーにするために梳き作用を行います。図5-24のカード機は大型化されましたが、作用は初期のカード機と同じです。

図5-22 混打綿(33)

図5-23 ラップマシーン(33)

図5-24 カード機(71)

5-2-2　新しいコーマ機の発明と高品質綿糸・コーマ糸の生産

綿の繊維は図5-25のように数ミリメートルから数センチメートルと長さに分布があり、数ミリメートルの短い繊維はカード機で落綿となりますが、1 cm前後のやや短い繊維が含まれると、精紡で糸切れしやすく、不均一で、糸に毛羽が多くネップもできるので、高品質の糸にするには、短繊維を取り除き毛羽の少ない糸にする必要がありました。短繊維を除く紡績機械をコーマ機（combing machine）といいます。1846年フランスのハイルマン（Josué Heilmann）は、綿をコーミングして短繊維を除去するフレンチコーマ（French comber）を発明し、今日の綿コーマ機の原型となりました。

図5-25
種1個分の綿繊維長分布 (72)

コラム 5-5　綿糸のカード糸とコーマ糸

綿糸はカード糸とコーマ糸があります。カード糸はカード→練条→粗紡→精紡の工程で造ります。近年は粗紡工程を省略化したカード糸もあります。コーマ糸はカードと練条の間にコーマ工程を加えて紡績した高級綿糸です。

5-2-3　練条機と粗紡機の発展

練条機は、タンブラー式ストップモーションによるスライバー切れ自動停止装置と、金属ローラーのウエイト掛けの方法を改良してドラフトが5～6倍となり、5～6本のスライバー供給が可能となりました。図5-26は1901年プラット社製の練条機で、6本のスライバーを供給しています。一般にこの工程を3回（荒台、中台、仕上げ台）行って均一なスライバーにしていました。

粗紡機は、練条機のスライバーをローラードラフトで引き延ばし粗糸にします。粗糸は抜けて切れやすいのでフライヤーとボビンの回転差で少し撚りをかけます。図5-27は1907年プラット社製の粗紡機です。図5-28は粗糸をさらに均一化するための練紡機です。粗紡機は、細番手の糸の紡績をする場合は始紡機、間紡機、練紡機の3回粗紡機に通して、粗糸を均一にしました。この工程は手間がかかり、1930年代にシンプレックス（simplex、単紡機）という粗紡工程1回で行う方法が開発されました。

第5章　洋式紡績の時代とデザイナーズファッション

図5-26　練条機(33)

図5-27　粗紡機（始紡機）(33)

図5-28　粗紡機（練紡機）(33)

5-2-4　リング精紡機とエプロンローラーの開発

　綿繊維は繊維長が不揃いのため、精紡機で繊維束が分散して不均一な糸になり、毛羽が多く、ノイル（noil：糸にならない屑綿）が多く出ます。この問題を解決したのが、1917年スペインで発明されたエプロンローラー（apron roller）です。供給された粗糸はエプロン装置によって繊維束が乱れずに把持されて糸になるので、毛羽が少なく均一な糸になるため、糸切れが減少し、ノイルが少なく歩留まりが向上しました。また、これによってハイドラフト化が可能となりました。ローラーが3組の3線式エプロンローラー（図5-29）では50倍くらいのドラフトで、80〜120綿番手（7.4〜4.9 tex）のミュール精紡機並みの細い糸が紡績できるようになりました。4線式のスーパードラフトエプロンでは100倍以上のハイドラフトが可能となり、粗糸にしないでスライバーか

図5-29　3線式リング精紡機とエプロンローラー(39)

図5-30　プランテーション紡機(73)

ら直接糸にするスライバー・ツー・ヤーン（sliver to yarn）ができました。さらに、5線式が開発され、150倍のドラフトを可能にし、高ドラフト化でスライバーから直接細番手綿糸が生産できました。また、ベアリング入りのスピンドルが開発され、回転数が従来の7000 rpm から15000 rpm になり生産が向上しました。リング精紡機はアメリカと日本の技術によって発展しました。

　洋式紡績の時代、アメリカと日本はリング精紡機で綿糸を大量生産し、イギリスは高級モスリンや更紗用の細い糸を紡ぐミュール紡機を使っていました。

　図5-30はプランテーション紡機といい、19世紀半ばにアメリカの綿花栽培地で使われた簡単なカード付き精紡機で、現地で出荷できない不良綿を紡績していました。

5-2-5　糸を紡ぐ三方法 ― スピンドル法、フライヤー法、チューブ法 ―

　糸を紡ぐ方法は、大別するとスピンドル法、フライヤー法、チューブ法の3通りがあります。スピンドル法は細い棒に糸を巻き取る方法で、紡錘車、糸車、ジェニー紡機、ミュール紡機、キャップ精紡機、リング精紡機があります。

　フライヤー法はフライヤーを回転させながら篠または粗糸を細く引き延ばして撚りをかけて糸にする方法で、フライヤー式糸車、水力紡機、スロッスル精紡機、粗紡機があります。

　チューブ法は日本で発明されたガラ紡（図5-53）が始まりです。ガラ紡は綿を詰めたチューブ（筒）を回転させながら繊維束を細くして撚りをかけ、糸にする画期的な方法です。また、1937年にデンマークのバースルセン（Berthelsen）が、回転ドラム（ローター）でドラフトと撚りかけを同時に行う紡績方法を発明し、戦後になってオープンエンド精紡機（図6-20）というローターを高速回転させて撚りをかけ、糸に紡ぐ方法になりました。チューブに高速空気を送ってスライバーを細くし撚りかけするエアージェット式空気精紡機もあります。

第5章　洋式紡績の時代とデザイナーズファッション

5-2-6　世界一の紡織機械メーカーのプラットブラザーズ社と、わが国の洋式紡績機械の導入

　1821年にオーダハムで創業の紡織機械メーカーのプラットブラザーズ社は、20世紀初頭には82エーカー（34万m²）の土地に工場が並び、15000人が働き、洋式紡績時代を支えました。1982年に生産を中止しましたが、150年以上にわたり国内のみならず世界に紡織機械を輸出しました。わが国も19世紀後半にプラット社から綿紡績機械を輸入しました。薩摩藩の鹿児島紡績所、官営の2千錘綿紡績工場、民間企業の大阪紡績所などに備えられた機械はプラット社製で、日本の産業革命はプラット社の紡績機械によって始まりました。プラット社は1929年に豊田佐吉が発明したG型自動織機の特許を購入しました。

　トヨタ産業技術記念館（名古屋市）に19世紀末から20世紀初頭にプラット社から輸入したシングルスカッチャー、カード機、練条機、粗紡機、リング精紡機など一連の洋式紡績工程の機械が動態で展示されています。明治村機械館（犬山市）にもプラット社の洋式紡績機械が展示してあります。

5-3　コットンジンの発展とピッカーの出現

5-3-1　綿の種類によって使い分けたコットンジン
　　　　― ナイフローラージン、マカーシージンとソージン ―

　綿繰り機（コットンジン）は大きく分けて2種類のタイプがあります。1つは初期の木製ローラー綿繰り器から発展したローラージン（roller gin）で、他の1つはホイットニーとホームズが発明した円形のこぎり歯のソージン（saw gin）です。ローラージンはナイフローラージン（knife roller gin）とマカーシージン（macarthy gin）の2種類があり、小型の綿繰り機です。

　ナイフローラージンは、図5-31の表面に革を張った1つのローラーと1つのナイフのものと、二対のローラーA、Bのものがあり、Bはらせん状のナイフを取り付けてあります。実綿を供給し、らせん状のナイフで繊維を剥ぎ取り、ローラーA、Bの革の表面に付着させ、種はローラーBの下に落下します。ローラージンの綿繰り能力は45〜55kg/hrで、繊維を傷めずソフトに綿繰りできるので、海島綿やピマ綿などの高級綿に使いました。

197

マカーシージンは1840年に発明され、単動式と複動式があります。図5-32は複動式で、Aは革張りローラー、Bはドクターナイフ（doctor knife）、Cは２本のビーターナイフ（beater knife）です。供給台Dから実綿が投入されると、押し棒（feeder bar）Eでその適量を入れ、Aで運ばれた綿をナイフBで止め、ナイフCで繊維を剥ぎ取ります。剥ぎ取られた繊維はローラーで運ばれ、種は落下します。単動式は図5-33のような構造で、ローラーAの表面は繰り綿が付着しやすいように牛のなめし革がほぼ垂直に何枚も重ねて貼り合わせてあり、１本のビーターナイフCが上下運動することで繊維と種に分離し、繊維はローラーによって運ばれ、種は落下します。単動式はアジア綿などの繊維の短い綿の綿繰りに適していたので、わが国でも使いました。マカーシージンの生産能力は25〜40kg/hrでした。(テ)

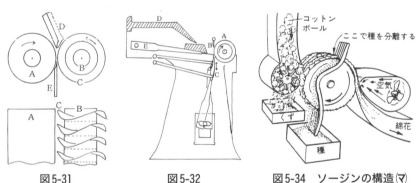

図5-31　ナイフローラージンの構造(テ)

図5-32　複動式マカーシージンの構造(テ)

図5-34　ソージンの構造(マ)

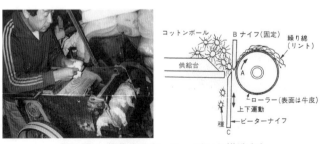

図5-33　単動式マカーシージンと構造(74)

第5章 洋式紡績の時代とデザイナーズファッション

　ソージンはホイットニーのコットンジンを大型化したもので、陸上綿に適しているため、今日最も普及している綿繰り機です。図5-34は20世紀初期のソージンの概略で、ソーローラー（saw roller）は直径約25 cmの円形のこぎり歯で機械の幅によって50〜80枚並べてあります。フィーダー（feeder）から送られたコットンボールはフィードローラーでほぼ一定量ずつほぐしながら落下させ不純物を除去しながらのこぎり歯に送ります。のこぎり歯に引っかけられた綿は種から繊維を剥ぎ取り、ブラッシングローラー（brushing roller）でかき集め、扇風機で綿を送って貯めます。綿が約225 kgになるとプレスして梱包し、原綿として出荷します。種はグリッド（grid）の間を通して下に貯めます。この方法は初期のものと基本的に同じですが、動力は水力からスチームエンジン、さらに電力に代わりました。19世紀後半のソージンの生産能力は80〜100 kg/hr、ローラージンの2倍で、陸上綿の増産に合わせ生産性の高いソージンが普及しました。木製ローラー綿繰り器で1日約450 g、初期のコットンジンで1日約22.5 kg、20世紀初期のコットンジンで1日約900 kgと効率がよくなり、綿花栽培の増産が可能となり、大プランテーション化へと進みました。

　1910年綿花生産量はアメリカ約60％、インド20％、エジプト8％で、輸入先はイギリス36％、ドイツ17％、日本12％、フランス10％でした(ユ)。

5-3-2　スチームエンジンによるコットンジンハウス

　コットンジン（ソージン）は、近代に入って図5-35のように大型化して水力で運転し始めました。20世紀初期のコットンジンの運転は主にスチームエンジンで、コットンベルト地帯によっては水力や牛馬を使っていました。

　図5-36、図5-37は、20世紀初期のコットンジンハウス（cotton gin house）と呼ばれるソージンを1台備えた100馬力のスチームエンジンCによるジン工場です。左側にある馬車で運んだ荷車Aの摘み綿を吸引筒DによってソージンEの上部に送り、不純物を除去しながら落下させて、種を分離した繰り綿はダクトを経て梱包装置Fで約225 kgにして外の馬車で出荷します。種はコットンジンの手前にある箱（図5-34）に収めます。綿作地帯では各地にソージンを1〜3台備えたコットンジンハウスで綿繰りを行っていました。

アメリカ映画『*Place in the Heart*』(1984)（アカデミー賞受賞作品）は、1939年のテキサス州の綿栽培の物語で、トラクターやピッカーがまだ普及していない時代で、簡単な道具での種まきや手摘みの様子、コットンジンハウスでの種や綿花の取引の様子、人種差別を受ける黒人の労働問題などを描いています。

コラム 5-6 コットンジンハウスがあるアグリラマ生活歴史博物館

アメリカ・ジョージア州ティフトン（Tifton）にあるアグリラマ生活歴史博物館（Agrirama Living History Museum）は19世紀末から20世紀初頭のジョージア州にあった農村や街並みを再現した野外博物館で、図5-37の動態のコットンジンハウスではスチームエンジンで綿繰りをしています。農家、菓子店、薬局、鍛冶屋、製材所、粉ひき工場、酒造所、学校、教会など35の建物を移築し、ピマ綿や陸上綿の綿畑や野菜畑もあり、家畜などを飼育しています。

図5-35　水力式コットンジン (75)　　図5-36　20世紀初期のコットンジン工場 (47)

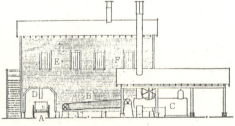

図5-37　20世紀初期のコットンジンハウスと概要 (47)

5-3-3 綿摘み機・ピッカーの出現

20世紀半ば近くまで綿摘みは人の手で行っていました。綿摘み機（cotton picking machine or picker）の発明は20世紀初期です。最初はエンジン付き手押しトラクターに掃除機のような吸引装置を取り付け、その先で1個ずつコットンボールをピンで引っ掛けて吸い込ませ袋に納める方法で、効率が悪く普及しませんでした。20世紀半ば近くになると、図5-38のような自動車型のトラクターに綿摘み取り部と吸引装置を装備したピッカーが出現し、その後、1畝ごとに自動的にピンで引っかけて吸引する綿摘みができる専用のピッカー（図5-39）となりましたが、十分な機械ではありませんでした。

5-4　アメリカの綿花栽培と奴隷制そして南北戦争

アメリカは独立戦争後北部の工業化が進み、南部は農業化が進みました。北部は自由労働制で労働者の多くはイギリスやアイルランドからの移民と自由黒人でした。南部は完全な奴隷制でアフリカから黒人奴隷を多く入植させ、イギリスやアメリカ北部が求めた綿花や砂糖きびなどの栽培に従事させていました。19世紀に入るとヨーロッパ諸国は奴隷制に反対し、19世紀半ばまでに国内の奴隷制を廃止していました。

一方、"綿は王様（Cotton is King）"、"綿は白い金（Cotton is White Gold）"と呼ばれる綿花を最大の輸出品としているアメリカは、綿栽培のために奴隷制を

図5-38
トラクターに取り付けたピッカー(▼)

図5-39　綿摘み専用ピッカー(▼)

維持せざるを得ない状況の中で、前章（図4-83）で記したように、1850〜1860年代に綿花増産とともに奴隷数が急増し、すでに400万人の奴隷がいました。一方、コットンジンの発展で大プランテーションが増設され、さらに綿栽培地を西のテキサス州へ広げるために、多くの奴隷を輸入しようとしました。

　南部のこの拡大政策に反対したリンカーン（Abraham Lincoln）は奴隷解放を唱え、1861年大統領に選出されました。奴隷廃止の動きを察した南部12州はアメリカ連合国を結成し、リンカーンの大統領就任に合わせて北部に軍隊を派遣し、1861年4月、南北戦争（American Civil War）が始まりました。1865年4月、南軍が降伏して4年間の戦争は終わりましたが、その間、北部の綿工業と南部の綿作に大きな影響を及ぼし、南部の綿花を多く輸入していたイギリスは特に大きな影響を受けました。

　南北戦争は北軍の勝利で終わりましたが、奴隷解放は行われませんでした。南部では黒人の奴隷労働が失われると綿花生産ができないこと、綿花は重要な輸出品で、北部でも綿花が必要であったからでした。1877年にジムクロウ法（Jim Crow Laws、黒人差別法）を定めて、黒人の社会的・政治的差別を認め、公然と黒人差別が残りました。アメリカにとって"綿は白い金"、"労働は黒い力"で、アメリカはそれを生産する奴隷制を廃止できなくしていました。

　南北戦争以前の南部の綿花生産は、1790年4000トン（奴隷数70万人）、南北戦争直前の1860年90万トン（奴隷数400万人）と増産し、世界の綿花生産量の80％を占めていました。特に綿花は輸出の目玉で、1803年からタバコに代わって最も多くなり、1820年から南北戦争前まで70％を輸出し、総輸出額の50％以上を占めていました。1910年260万トンに達し、国内消費も100万トンでした。アメリカの綿紡績工業は、1810年87000錘、1820年22万錘、1850年360万錘、1860年520万錘、1880年1070万錘、1900年1900万錘、1910年2740万錘と急増し、国内消費も増え、綿花の需要は増えました。(E)(R) イギリスは生産性の悪いミュール紡機を主に使っていましたが、アメリカは生産性の良いリング精紡機で綿紡績工業を発展させていました。

コラム 5-7　アメリカの綿花栽培や紡績を扱った小説

パターソン（Katherine Paterson）の『*Lyddie*（ワーキングガール・リ

ディの旅立ち）』（1991、岡本浜江訳、偕成社）は、1840年代ローエルの大紡織工場で働くミルガールズ（p. 150）の13歳から16歳までの寄宿舎生活を描いた小説です。パターソンは1957年に来日し、4年間日本に在住しました。

ストー（Harriet Stowe）の『*Uncle Tom's Cabin*（アンクルトムの小屋）』（1852）は、アメリカ綿花栽培地の奴隷労働者や家政婦の奴隷売買と奴隷トムの悲惨な生活を描き、南北戦争の引き金になった作品といわれています。

ミッチェル（Margaret Mitchell）の『*Gone with the Wind*（風と共に去りぬ）』（1936）は、アメリカ南北戦争前後の綿栽培地ジョージア州で、戦争に翻弄されながらも綿栽培を再興しようと生きる女性を描いています。

スタインベック（John E. Steinbeck）の『*The Grapes of Wrath*（怒りの葡萄）』（1939）は、1930年代東部からカルフォルニアへ移住した農民が綿作農業資本家によって翻弄され、貧しさの中で綿栽培を行う姿を描いています。『*Lyddie*』以外は映画化されました。

5-5　日本の近代化と綿紡績工業の発展そして産業革命

5-5-1　日本の近代化への道のり

1853年、アメリカの東インド艦隊司令官ペリー（Matthew C. Perry）が、船体をタールで黒く塗り大砲を備え、大きな煙突から黒い煙を出す大型蒸気艦船4隻で来航し、"泰平の眠りを覚ます上喜撰たった四杯で夜も眠れず"という句（狂歌）のように、ペリーの来航は日本人に強烈な印象と恐怖感を与えました。翌年、ペリーは艦船9隻で再び来航して横浜に入港し「日米和親条約」に調印、長崎、下田、箱館が開港しました。1858年、イギリスと「日英修好通商条約」、ロシア、オランダ、フランスとも通商条約（「5カ国条約」）を結び、1859年、横浜も開港しました。

幕末になると、1863年井上馨、伊藤博文ら5人（長州ファイブ）が日本人最初のイギリス留学をし、その後も長州・薩摩両藩士がイギリスへ留学しました。帰国後は政治や産業界で活躍し、近代化に貢献しました。2013年はイギリス留学150年、日・英政府間交流400年で、両国で各種のイベントを行いました。

イギリスとの交流は貿易にも関係し、1865年の輸出入はイギリスが80％以上で、輸出は生糸80％、茶11％、輸入は毛・綿製品各40％、武器7％でした。

1867年の大政奉還を経て翌年明治政府が誕生すると、

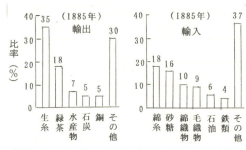

図5-40　1885年の日本の輸出入品目と比率(ミ)

殖産興業でイギリスから洋式紡績機械を導入し、2千錘紡績工場（十基紡）を各地に建設しました。この政策で最も打撃を受けたのが全国各地の伝統的な綿織物産地と綿作農家や糸紡ぎ、機織りの内職者でした。綿作は1890年20万ha、1900年6万ha、1910年5千haと減少しました。わが国の綿花はアジア綿で繊維長が短く、洋式紡績に不向きだったため、中長綿のインド綿やアメリカ綿を輸入しました。

19世紀後半、日本の近代化を支えたのは生糸や緑茶、和紙などの輸出品があったからですが、図5-40のように、1885年の輸出1位は生糸で約35％、2位緑茶で約18％、その他は、江戸時代に作られていた和紙など各地の地場産業による物産でした。輸入品は綿糸・綿布や毛織物が上位を占めていました。これらの輸入を抑えるために綿紡織や毛紡織工場を建てる必要がありました。

ヨーロッパの万博を学んだわが国も新しい機械の発明を奨励し、振興を図るために1877年第1回内国勧業博覧会を上野公園で開催しました。この中に臥雲辰致が発明したガラ紡機があり、これがわが国の産業革命を支えました。

明治政府は「お雇い外国人」として多くの科学者や技術者を招聘して、いち早く欧米の近代化を進めました。民間を含めると、800人以上（全体で2000人以上）いました。1871年工学寮工学校開校に際してイギリス人教師9名を招き、その後多くの外国人教師を招聘しました。日本の近代化はお雇い外国人が重要な役割を担いました。(G)

コラム 5-8　「教草」の編纂と地場産業の育成

1873年ウイーン万博で日本各地の名産を紹介して好評であったので、1879

第5章　洋式紡績の時代とデザイナーズファッション

年国立博物館が生糸、苧麻、草綿、繊維草木、藍、稲作、糖製、養蚕、製茶、製紙など地場産業の栽培から製品に至る過程を33種34枚（各産業1枚刷り）を図で説明した「教草」を作成し、生産の奨励と品質の均一化を行いました。

コラム 5-9　わが国の洋装化、ハイカラとモガ・モボファッション

　わが国のファッションの一つに和洋折衷がありました。ちょんまげを切った着物姿は"散切り頭を叩いてみれば文明開化の音がする"の都々逸のようでした。また、洋行帰りの男性で高い衿（high collar）の服を着た人を"ハイカラさん"と呼びました。モダーンガール、モダーンボーイ、略してモガ・モボというファッションリーダーがいました。モガは髪を短く切り濃い口紅を付け、短いスカートを、モボはもみあげにちょぼひげ、裾広がりのズボンに帽子とステッキを持ち、"1髪・2化粧・3衣装"が定番のファッションでした。

コラム 5-10　藍染めの縞物と絣物による庶民ファッション

　1874年に政府の招きで来日したイギリスの化学者アトキンソン（Robert W. Atkinson）は、日本の至る所で紺色の衣服を着ている様子を見て、"ジャパンブルー"と表現し、1890年に来日したアメリカの新聞記者ハーン（Lafcadio Hearn、小泉八雲）も、生活の中に藍染めの綿や麻布が多く使われ、日本はブルーにあふれていると述べています。ジャパンブルーは、江戸時代に藍染め紺屋が各地の町や村に定着したため全国各地に藍染めの縞と絣が生まれ、庶民ファッションとなりました。

5-5-2　日本の産業革命と世界一となった製糸業と綿紡織業

　日本の産業革命が始まった時期については諸説があります。①1880年代、②1900年代、③1910〜20年代の3説です。日本の工業化は、労働力は自前でしたが、生産機械、技術等は外国から輸入することから始まりました。長い鎖国というハンディーを背負いながら、植民地化されず、多くの製品や技術、生産機械、蒸気機関、鉄道などを欧米から輸入し、殖産興業政策の下で産業革命を確立することができたのは、先進諸国が求めていた生糸・茶・海産物や、江

戸時代に確立していた地場産業の各種の物産（和紙など）等があったからでした。特に生糸は外貨を稼ぐのに重要で、明治政府は品質の良い生糸増産のために、1872年フランスから技師を迎え、繰糸機を導入して官営富岡製糸場を建て、全国各地から選ばれた子女を機械製糸熟練工に仕立て、地元の小規模製糸工場に戻して指導させ、1894年機械製糸の生産は座繰りを上回りました。(T)

　1878年綿糸の生産のためにイギリスから技師を招き、2千錘の広島紡績所や愛知紡績所、10紡績所（十基紡）を建て、多くを民間に払い下げました(U)。1879年毛織物と加工の千住製絨所を設立し、千葉県や北海道などで羊を輸入して飼育し、また、北海道で亜麻の栽培と紡績を始めました。

　日本の産業革命は①の1880年代とする説が有力です。綿紡績工業を興すため、イギリスから1工場当たり、ミュール紡機4台（2,000錘）、前紡工程一式（打綿機1台、梳綿機5台、練条機1台、始紡機1台、練紡機2台）を導入した10紡績所の設立、織りは1880年代イギリスから飛び杼手織り機（バッタン）を導入しました。当時の紡績設備錘数はわが国の3万錘弱に対し、イギリスは3千万錘、アメリカは1千万錘でしたが、1882年に民間資本によって1万錘規模の大阪紡績会社が設立されてから綿糸生産が本格的になりました。大阪紡績会社がモデルとなって数年後には民間資本による1万錘規模の紡績会社が次々と生まれ、洋式紡績による国産綿糸が増産されました。製糸業や毛紡織業も発展しました。

　②の説は、1890年に輸入綿糸よりも国内生産綿糸の方が多くなり、1897年ころには綿糸が輸入よりも輸出の方が多くなり、1901年に21万梱（1梱約180kg、約38000トン）を輸出するようになったからです。1910年代は綿糸のほか綿織物も輸出した時期です。これは1896年豊田佐吉の力織機（豊田式汽力織機）の発明で綿布生産も飛躍的に増加したからでした。綿花はアメリカから輸入しました。

　1889年綿花輸入関税撤廃によりアメリカから輸入が増加する一方、洋式紡績に不向きなわが国の綿栽培は減少し、手紡ぎやガラ紡績用に使用していました。また、1909年には世界最大の生糸輸出量となり、綿布の輸出額が輸入額を上回りました。

　③の説は、この時期に日本の技術で紡績機械を造り始めたからです。特に第

第5章 洋式紡績の時代とデザイナーズファッション

一次世界大戦でイギリスから紡績機械の輸入がストップし、国産化する必要が起こり、1916年綿紡績機械の開発を始め、1921年には海外に輸出するまでになっていました。1915年イギリスから導入したレーヨン（人絹）やスフ紡

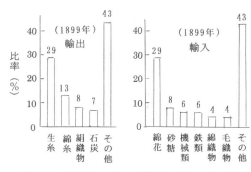

図5-41　1899年の日本の輸出入品目と比率(ミ)

績（レーヨン紡績糸）も加わりました。また、豊田佐吉による力織機の改良により綿布の生産が増し、1920年代は輸出額も急増しました。佐吉の力織機は1925年に織機全体の50％を超え、綿織物の生産が増加しました。1913年の世界の設備錘数（1,435万錘）の比率は、イギリス39％、アメリカ22％、日本2％（240万錘）、織機数（288万台）はイギリス28％、アメリカ24％、日本はわずか1％弱（24000台）でした。(サ) ところが20年後の1933年、綿製品の輸出はイギリスを抜いて世界一になりました。わが国の産業革命の時期は前述のように①〜③の説がありますが、それにはイギリスやアメリカと同様にファッションを担うコットンが関係していました。

図5-41は1899年の日本の輸出入品目と比率を示しています。綿紡績の発展に伴い綿花の輸入が多く、輸出は生糸・絹織物で、綿糸も輸出していました。

編み機は、国内の洋風化に伴い明治5年ころ靴下編み機や丸編み機が導入され、メリヤス業が発展して産業革命に貢献しました。特にシルクストッキングは欧米に輸出しました。

綿製品の輸出割合をイギリスと比べると、1882年イギリス81％、日本0％、1910年イギリス70％、日本0.2％、1926年イギリス46％、日本16％、1936年イギリス27％、日本39％と逆転し、このころレーヨンもイギリスを抜いて日本が世界一の生産量を示しました(H)。

5-5-3　わが国の綿紡績工業の始まり・鹿児島紡績所など始祖三紡績所

1855年にイギリスの綿糸、綿布が琉球を経て薩摩藩に伝わりました。薩摩

藩主島津斉彬はイギリスの綿工業の様子を知り、薩摩に綿紡績工場を建てることを考えました。生麦事件から発生した薩英戦争後にその遺志を受け継いだ島津忠義は、1867年薩摩藩の武士数名（薩摩スチューデント）をイギリスの紡績機械メーカープラット社（p. 144）へ派遣して、ミュール紡機3台（1台600錘、計1,800錘）、スロッスル精紡機6台（1台308錘、計1,848錘）と、打綿機1台、カード機10台などの前紡工程機械やボイラー、スチームエンジンなどの工場設備等を購入させました。プラット社の技師を迎えて、現在の鹿児島市磯公園内に工場を建て、わが国初の蒸気機関による洋式綿紡績機械を据え付けた鹿児島紡績所を発足させました。アークライトが水力紡機を発明した100年後でした。明治政府になった後、薩摩藩は1870年に堺紡績所、同じころ木綿問屋の鹿島万平は東京王子に民営第1号の鹿島紡績所を建てました。

　表5-2はわが国で最初に開業した3紡績所と、官営愛知紡績所、大阪紡績会社の紡績工程の設備状況を示しています。先発の3紡績所は、技術者や熟練工が不足しており、イギリスの紡機は中綿や長綿用に設計されていたため、わが国で栽培していた短綿のアジア綿では落綿が多くて歩留まりが悪く、太番手の糸しか紡ぐことができませんでした。3紡績所はその後に建設された官営紡績所に吸収されたり、閉鎖したりして姿を消しましたが、始祖三紡績所と呼ばれました(X)。鹿児島紡績所跡（技師住居、集成館など）は2016年「近代日本の産業遺跡・九州山口と関連地域」の1つとして世界遺産に登録されました。

表5-2　日本の初期の綿紡績工場と設備(ム)

工場 \ 機械	前紡工程（台数）							精紡工程（台数）			設立年度
	開綿	打綿	梳綿	練条	始紡	間紡	練紡	ミュール	スロッスル	リング	
鹿児島紡績所	1	1	10	1	1	2	4	3(600)	6(308)	—	1867
堺紡績所	—	1	2	1	1	—	1	5(500)	—	—	1870
鹿島紡績所	—	1	2	1	1	—	2	—	—	4(144)	1872
愛知紡績所	—	1	5	1	1	—	2	4(500)	—	—	1878
大阪紡績会社	1	1	10	4	4	5	11	15(700)	—	—	1882
同上一次増設	1	9	68	9	9	12	23	24(700)	—	15(256)	1886
同上二次増設	2	10	112	32	12	19	30	—	—	72(383)	1889

（カッコ内は1台当たりの錘数を示す）

5-5-4　渋沢栄一・山辺丈夫による大阪紡績会社の設立と綿紡績の発展

わが国最初の民間資本による本格的な綿紡績工場は、渋沢栄一と山辺丈夫に

第5章　洋式紡績の時代とデザイナーズファッション

よって1882年に設立された大阪紡績会社です。渋沢栄一は富岡製糸場の設置に関わりましたが、日本の産業を発展させるには綿紡績が重要であるとして、大阪の民間資本を集めて大綿紡績工場を建てることを考えました。渋沢はロンドンに留学していた山辺丈夫にイギリスの紡績技術を学んで、わが国に大紡績工場を建ててほしいと依頼し、山辺はマンチェスターに移住して、綿紡績工場で紡績機械の技術や工場管理などを習得しました。

　1882年山辺は渋沢の依頼で、プラット社からミュール精紡機15台（10,500錘）とそれに伴う前紡工程の紡績機械や蒸気機関などを購入し、大阪紡績会社の工場に備え付けました。翌年従業員約300人で、わが国最初の本格的な綿紡績工場の操業が始まりました。1886年アメリカから生産性の高いリング精紡機を10,140錘増設して20,640錘、1889年リング精紡機を27,648錘増設して、合計48,288錘の大工場になりました。これはイギリスの大工場と匹敵する規模でした。その後は大阪紡績会社をモデルに、各地に紡績工場が生まれ、リング精紡機の設備を増やし、綿紡績工業を飛躍的に発展させました。アメリカも生産性を重視してリング精紡機に転換していましたが、イギリスは細くて柔らかい糸ができるミュール精紡機にこだわり、リング精紡機の導入に消極的であったために、日本もアメリカも綿糸生産量においてイギリスを追い越しました。

　1885年、紡績会社22社で8万錘が、1890年、30社で35万錘となり、大阪紡績（後の東洋紡績）5万錘、鐘淵紡績3万錘、三重紡績1万6千錘、天満、浪華、東京、平野、尾張など1万錘紡績会社が次々と設立されました。1895年47社68万錘、1897年120万錘、1900年79社で136万錘となりました。当時工場に設備されたのは主にリング精紡機で、ミュール精紡機は10万〜20万錘ほどでした。1937年、わが国の綿紡績（1,260万錘）など繊維産業は世界一の生産量を誇りました。大戦中は合併整理で十大紡と呼ばれる紡績会社（210万錘）が、綿花が少ない中で生産していま

表5-3　日本の綿紡績設備錘数(メ)

年度	スロッスル	ミュール	リング	計
1867	1,800	1,800	—	3,600
1872	1,800	3,800	700	6,300
1887	2,200	73,100	11,100	86,400
1897	1,800	105,000	1,100,400	1,207,200
1907	—	43,600	1,439,900	1,483,500
1917	—	51,900	3,008,600	3,060,500
1927	—	37,000	5,892,600	5,929,600
1937	—	7,900	12,559,400	12,567,300
1947	—	5,900	2,893,400	2,899,300
1952	—	5,900	7,446,000	7,451,900
1957	—	—	9,017,600	9,017,600
1964	—	—	8,422,000	8,422,000

209

した。戦前の発展の陰には、細井和喜蔵の『女工哀史』(1925) のように若い女性の過酷な労働がありました。

5-5-5 日本の殖産興業による官営の千住製絨所、富岡製糸場、新町紡績所の設立と現在

殖産興業の下で建てた官営工場は2千錘十基紡、千住製絨所、富岡製糸場、新町紡績所などで、これらの繊維産業がわが国の近代化を支えました。

文明開化で欧米人が着ていたラシャの服は男のファッションのあこがれでした。政府はラシャを官服や軍服に使用するため、毛織物の国産化を始めました。1875年羊を輸入して千葉県下総に牧場を開き、その羊毛で紡績した糸で毛織物を織り、ラシャに加工するため、紡毛前紡機6台・精紡機6台・織機42台・縮絨機などを備えた千住製絨所を隅田川沿いの南千住に建て、操業を始めました。この設立に、ドイツで毛織物の製造技術を学んで帰国した初代所長井上省三が当たりました。当工場は蒸気エンジンを使い、石油ランプで照明するなど近代的な工場でした。1949年民間に払い下げられ、1960年採算が取れなくなり閉鎖しました。工場は取り壊されましたが、跡地は「日本羊毛工業の発祥地」とされ、井上省三が2頭の羊と一緒に立った銅像と記念碑があります。千住製絨所は毛織物工場のモデルとなり、特に愛知県尾州地区（主に梳毛・紡毛織物）と大阪府泉州地区（主に毛布）が毛織物の産地となりました。

富岡製糸場はフランスのリヨンから技師を招いて、1870年に群馬県富岡に建設が始まり、1872年に開業したわが国初の蒸気動力による300釜（1人1釜で2本の生糸・2緒繰り）のフランス式大型器械繰り官営製糸場でした。欧米は絹不足でわが国の生糸を求めたため、主要な輸出品でした。富岡製糸場の子女たちは「伝習工女」として優秀な子女が全国から集められ、ここで習得した器械繰りの技術を地元に戻って教習を始め、高品質の生糸ができるようになりました。長野県埴科郡西条村（現在の長野市松代町西条）の六工社は、1874年に富岡製糸場を模範に建設された国内初の民間蒸気製糸場で、富岡製糸場で技術を習得した和田英らが、ここに戻ってきて操業を始めました。技術の伝承により、わが国の生糸の品質の良さが世界に認められて、生糸の輸出に大きく貢献し、主要産業となってその後の世界一の生糸生産量と輸出に貢献しまし

第5章　洋式紡績の時代とデザイナーズファッション

た。富岡製糸場は、1939年片倉製糸紡績会社（現片倉工業）に移り、自動繰
糸機を導入して生産していましたが、国内の養蚕農家の減少や国外の安価な生
糸と競争できなくなり、1987年に操業を休止、その後は近代的産業遺産とし
て建物などが守られてきて、2014年「富岡製糸場と絹産業遺産群」として世
界遺産に登録されました。

　新町紡績所（内務省勧業寮屑糸紡績所）はわが国最初の官営絹紡績工場で
す。富岡製糸場や周辺の製糸場から出る屑繭や屑糸を綿状にして紡績機械で絹
紡糸（紬糸のような糸）にする目的で、1877年高崎市新町に工場を建てまし
た。動力は40馬力蒸気機関と、20馬力水車の併用工場でした。設備は苧麻紡
績と同じで、スイスから購入した前紡工程の切綿機・円型梳綿機・延展機・
粗紡機とフライヤー精紡機7台（2100錘）で、生産量は1878年約10トンでし
た。絹紡績工場は製糸業の発展とともに増え続け、1907年約4万錘（世界の
6%）、1936年46万錘（世界の60%）に増え、最盛期の大正末期から戦前に
は、全国に15社32工場があり、生糸の生産とともに絹紡績糸は世界の6割を
生産していましたが、現在は養蚕の壊滅で製糸業も絹紡績業も衰退しました。
㈫ 新町紡績所は1887年に民間に払い下げられ、1911年に鐘淵紡績㈱の所有
となり、製糸工場も併設されました。1975年に絹糸紡績業をやめ、その後製
糸と合繊紡績も操業停止して、食品工場となりました。富岡製糸場とともに世
界遺産登録を目指しましたが、加わることができず、2015年に文化審議会は
国史跡に指定しました。シナノケンシ㈱内の「絹糸紡績資料館」に円型梳綿
機や、絹糸紡績の歴史、名古屋市の産業技術記念館に旧新町紡績所で使用した
イギリス・グリーンウッド社製ローラーカード機（1896年製）を展示してい
ます。

　このように、初期の綿紡績工場はイギリス、千住製絨所はドイツ、富岡製糸
場はイタリアとフランス、新町紡績所はスイスと、当時の綿・毛・絹の紡績先
進国から最新機械を導入して殖産興業政策を行いました。官営の上記各工場は
モデルとなって、各地に繊維工場ができ、洋式紡績時代末には世界一の生産量
を誇り、近代化と洋装化とともに世界のファッションに大きく貢献しました。

5-5-6 わが国の亜麻栽培と羊毛生産の始まりと終わり

わが国の亜麻栽培は、1875年ロシア公使として赴任した榎本武揚が、東ヨーロッパで盛んな亜麻栽培を北海道の産業にするため北海道開拓使長官黒田清隆に亜麻の種を送ったことで始まりました。榎本は1862年幕府のオランダ留学生時に亜麻栽培を見聞していました。

吉田健作は1879年亜麻紡績を学ぶためフランスに留学し、帰国後1886年札幌に亜麻工場を建てました。北海道には1900年代に18工場、1920年代に53工場、1930年代に60工場ありました。図5-42は亜麻糸を紡ぐために輸入したフラックスホイールでトラバース付きフライヤー式糸車です。

羊の飼育は千葉県下総で牧場を開いて始まり、北海道でも亜麻の栽培とともに羊の飼育も行われました。わが国の羊毛と亜麻は品質が悪く、1950年代、羊毛は品質の良いオーストラリアやニュージーランドから、亜麻はフランス、ベルギー、オランダから輸入し、羊の飼育と亜麻の栽培は1960年代に終わりました。弥生時代から絹、江戸時代から綿、明治時代から亜麻と羊毛の四大天然繊維の栽培飼育は今日では幻になりました。

図5-42　フラックスホイール(76)

5-6　毛紡績、絹紡績、苧麻（ラミー）紡績および亜麻紡績

毛紡績は綿紡績の方法と少し異なっています。羊毛は繊維が綿より長く、捲縮があり繊維同士が絡み合っていて、簡単に梳くことができないからです。毛紡績には紡毛（woolen）と梳毛（worsted）の2工程があります。紡毛紡績は繊維が短く太い羊毛を使って、カードからコンデンサーカードに通した粗糸から糸にする短縮した工程で紡績しているため、太くざっくりした毛羽の多い糸です。梳毛紡績は細く長い羊毛を使って、カード→コーマ→練条→粗紡→精紡と綿紡と同じ名前の工程に通し、毛羽が少なく細い均一な糸です。梳毛紡機は綿紡機のローラードラフトと異なり、練条と粗紡はギルという鉄製の櫛で、髪の毛をほぐすように繊維の方向を揃えるギルボックスによるドラフトです。

第5章　洋式紡績の時代とデザイナーズファッション

　絹紡績はスライバーにする方法に、綿や羊毛のようにカード機を使用する方法と別の2方法がありました。前者は紡毛工程と似ており、手紬糸のような糸を紡績するもので、屑繭を開繊機でほぐし、混綿機で綿状にしてローラーカード機で梳きながら数十本の粗糸にし、リング精紡機で絹紡糸にします。

　別法は、櫛機→切綿機→円型梳綿機→排綿→計量→延展機→整篠機→練条機→粗紡機（始紡機・再紡機）→精紡機の工程で、練条機からは梳毛紡績とほぼ同じです。櫛機で大まかにシート状にして切綿機で適当な長さに切って棒に巻き、円型梳綿機でペニー（peignee、精綿または展綿）という繊維の方向を揃えたシート状の繊維束にします。これを延展機（展綿機）で重ねながらギルフォーラーの針山の間をドラフトしながら通してさらに、繊維の方向を揃え、円形ドラムに巻き取ります。巻き取った繊維束を外すと約3mのスライバーができ、これを繋ぎながら整篠機（ギル練条機）でドラフトして一連のスライバーにし、粗紡から精紡で糸にします。

　苧麻紡績（ラミー紡績）は原料を束にして精練で不純物や繊維同士をくっつけているペクチン質を除き、軟繊機の凹凸金属ローラーに通して圧搾しながら柔らかくし分繊し、絹紡績と同じ図5-43の大切機（filling）で30cmくらいにカットします。これを図5-44、図5-45の円型梳綿機（dressing、円型機）の大きなドラムを回転させて針で梳きながら不純物を除いて分繊します。この繊維は長く、一等綿といいます。ドラムに残っている繊維束を小切機にかけて再び円型梳綿機で梳ります。この繊維は短く二等綿です。円型梳綿機で梳った一、二等綿の繊維束を精綿（ペニー）といい、この中には不純物や、分繊していない太い繊維が残っているので、図5-46の排綿工程で下から照明を当てたガラス板の上に広げ、ピンセットを使って1本1本除きます。これを一定量に計量し、図5-47の延展機でスライバーにして、ギル練条機、粗紡機、精紡機の工程順に通して糸を紡ぎました。苧麻紡績は、切綿機（大切機、小切機）や円型梳綿機、排綿などを通してから紡績する不連続な方法で人手もかかるので1970年代に姿を消し、現在は毛紡績や綿紡績のような連続紡績に代わっています。

　亜麻紡績は19世紀半ばまでフライヤー式糸車で、19世紀末ラインとトウに分ける櫛梳き機（hacking machine、図5-48）や乾式紡績のほか、湿式紡績法

213

（図5-50）が開発されました。トウはカード→延線（drawing）→粗紡→精紡の工程を、ラインは続線（spreader）→延線→粗紡→精紡の工程を通して糸にします。前紡工程（図5-49）はギルボックス方式でドラフトします。湿式紡績法は、1854年ローラードラフトしやすいように、粗糸を湯に通して繊維同士を

図5-43　大切機(77)

図5-44 円型梳綿機の作業(77)

図5-45
梳綿作業の様子(77)

図5-46　排綿(77)

図5-47　延展機とスライバーにする様子(77)

図5-48
垂直式亜麻櫛梳き機(オ)(ヒ)

図5-49　亜麻スライバー化(オ)

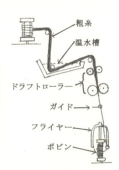
図5-50
亜麻湿式紡績(オ)

214

第5章 洋式紡績の時代とデザイナーズファッション

くっついているにかわ状物質を溶出して紡績する方法です。

5-7 わが国で発明されたガラ紡機

　明治政府の殖産興業政策として行われた第1回内国博覧会（1877年）は84000点（内機械類211点、紡織機63点）出品され、長野県の臥雲辰致の「木綿糸機械（図5-51）」は、糸を紡ぐ独創的な紡機で、手回しで同時に両側40錘の糸を紡ぐことができ、機械類の中で鳳紋賞を受賞しました。この機械はブリキの筒と天秤機構の鉄の棒以外は木製で、大工仕事で作ることができ、繊維の短いアジア綿や洋式紡績工程で出る落綿、糸や布の反毛を原料にして三河地域で発展し、わが国の産業革命の一端を担いました。ブリキの筒がガラガラと音を立てるので、「ガラ紡機」といいます。その後、水車を動力とした改良型ガラ紡機が普及しました。

図5-51　出品のガラ紡機(ﾑ)

5-7-1　ガラ紡機の原理とクラッチ機構、天秤機構

　図5-52は円筒に綿を詰め、ハンドドリルで筒を回転させて上部へ糸を紡いでいる様子です。これを機械化したのが図5-53の手回し式ガラ紡機です。図5-54はガラ紡機の原理で、(1)は筒から綿を引き出し筒の回転で撚られて糸となり、上方に巻き上げます。太く引き出されると、糸が強くなり筒が上がり(2)の状態で筒の回転が止まると撚りがかからず、太い

図5-52
ガラ紡機の説明装置

図5-53　初期のガラ紡機(72)

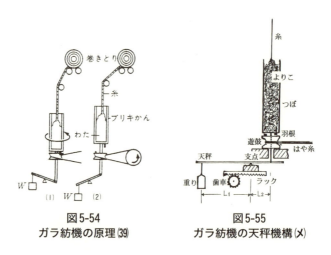

図 5-54
ガラ紡機の原理(39)

図 5-55
ガラ紡機の天秤機構(メ)

部分が引き延ばされて糸が細くなり弱くなって筒が落下し、再び(1)の状態となってこれを繰り返します。このクラッチ機構で連続的に糸を紡ぎます。糸の太さ（番手）は、綿の量に応じて自動的に調節できる天秤機構（図5-55）が工夫されました。

5-7-2　ガラ紡の水車紡績と舟紡績の盛衰

三河地域では粉ひき小屋の水車を動力とした水車紡績のガラ紡工場が生まれ、後に電力（図5-56）となりました。1882年68000錘が設置され、洋式綿紡績工場の約2万錘に対して、ガラ紡機の方が多くありました。

1878年矢作古川で舟に外輪の水車を取り付け、舟の中に据え付けたガラ紡機を運転するという舟紡績がありました。図5-57は舟紡績の内部です。舟紡績は1898年に64隻ありましたが、1932年の洪水で舟が流され消滅しました。

図5-58は1884年から1975年までのガラ紡績（愛知県下）と洋式紡績（全国）の設備錘数です。戦争中はアメリカからの輸入綿花がストップとなり、各種紡織機を壊して機械の鉄部分を供出したために、戦後すぐに糸や布は量産できませんでした。ガラ紡績機は簡単な構造で、木製で造れたことと、屑綿を原料にできたため、1945年60万錘が1948年180万錘に増え、戦後の衣料不足時代にその役割を果たしました。ガラ紡機は資源に乏しいわが国に適した紡績機械でしたが、細くて均一な糸を紡ぐことができず、洋式紡績機が再興した

216

第5章　洋式紡績の時代とデザイナーズファッション

1965年ころからガラ紡機は衰退し、今日稼働の工場は1、2カ所のみです。ガラ紡機の一部は東南アジアへ移転しています。

初期の手回し式ガラ紡機は、明治村の機械館（愛知県犬山市）と日本綿業倶楽部（大阪市）の2カ所に保存してあり、複製品は産業技術記念館や安城市博物館などに展示してあります。産業技術記念館では手回しと電動式があり、デモ用に運転ができます。

図 5-56
ガラ紡機 (81)

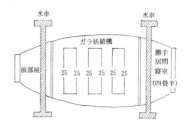

図 5-57　舟紡績（150錘の内部）(モ)

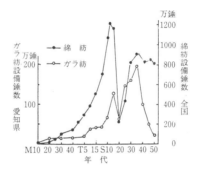

図 5-58
ガラ紡と洋式紡績の設備錘数 (モ)

コラム 5-11　S撚りを右撚り、Z撚りを左撚りとは

糸の撚りは、図5-59のS撚りとZ撚りがあり、精紡機の糸はZ撚り、ミシン糸はZ撚り、手縫い糸はS撚りといわれています。糸の撚り方向は本の説明では、S撚りを右撚り、Z撚りを左撚りとしています。図5-60の紡錘車で糸を紡ぐ時、時計の針方向（右方向）に回転させるとZ撚りに、反時計方向（左方向）に回転させるとS撚りになり、本で示してある撚りと逆になります。糸車でドライビングホイールを右方向に回すと、平行掛けでスピンドルは右回転してZ撚りの糸、たすき掛けでスピンドルは左回転してS撚りの糸になり、紡錘車と同じです。リング精紡機ではスピンドルは右回転し、Z撚りの糸を紡績しています。

一方、糸を2本以上揃えて撚糸にする場合、右方向に回転させるとS撚り、

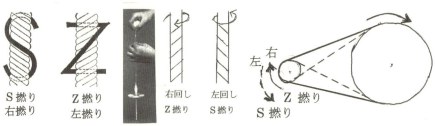

図5-59 糸の撚り 　　　図5-60 紡錘車と糸車の回転方向と糸の撚り方向

左方向ではＺ撚りになり、紡績の場合と逆です。ロール巻きのトイレットペーパーで、右巻きを上にして紙を上に引き上げるとＳ撚り、左巻きを引き上げるとＺ撚りになるのと同じです。JIS では「Ｓより糸：右方向によりをかけた糸、Ｚより糸：左方向によりをかけた糸」と定義しており、撚糸の撚り方向を示し、紡績とは異なります。Ｓ撚りを右撚り、Ｚ撚りを左撚りと表記するのは混乱するので、糸の撚りは単にＺ撚りとＳ撚りのみで表すとよいでしょう。

5-8 綿布を増産する織機等の発展

5-8-1 新しい自動織機の出現 ― ノースロップ織機とＧ型自動織機 ―

　洋式紡績の時代の初期は、イギリスでランカシャー織機（図4-88）が25万台、1874年には46万台が設置され、多くの織布工場では、1000台以上備えていましたが、経糸切れの見張りと杼替えで、1人で1〜3台の受け持ちが精一杯でした。

　アメリカのドレーパー会社のノースロップ（James Henry Northrop）が、1894年織機を停止させないで、杼の管糸替えができる装置付きのノースロップ織機（Northrop Loom、図5-61）を開発しました。これにより、人の仕事は、主に経糸切れを監視し経糸を繋ぐ作業となって、1人で4〜8台受け持てるようになりました。さらに同会社は経糸切れ停止装置を開発して人の作業はさらに減り、1人で十数台を受け持つことができるようになりました。画期的なこの半自動織機はドレーパー会社で働く2500人により月産1500台のスピードで生産されました。織機生産数は70万台になり、アメリカの全織機の40％を占

第5章　洋式紡績の時代とデザイナーズファッション

め、ノースロップ織機による綿織物生産は、綿花や綿紡績糸とともにアメリカの産業を支えました。イギリスはランカシャー織機にこだわり、ノースロップ織機は2％ほどでした。

わが国は、1873年のウイーン万博に初めて出品し、そこで飛び杼式手織り機を見て、1880年代にイギリスから導入し改良した"バッタン機"が普及しました。また、大阪紡績工場ではイギリスのランカシャー織機が設置されました。

豊田佐吉は、1890年に足踏みで杼を飛ばす"からくり織機"といわれた「豊田式木製人力織機」、1896年に経糸が切れると自動停止する装置を備えた動力織機「豊田式汽力織機」、1915年に「豊田式鉄製小幅動力織機（図5-62）」を開発して、耐久性のある動力織機となりました。この織機は「G型自動織機（図5-63）」が生まれるまでの約10年間に43000台生産され、今日でもこの織機を使って伝統的な綿布を織っている工場があります。完全な自動織機は、豊田佐吉が1924年に完成させたシャトルを停止せずに交換して連続的に緯糸入れができる無停止杼替式の「G型自動織機」で、1人20〜30台受け持つことができました。

1929年、「G型自動織機」のすばらしさを知ったイギリスのプラット社は100万円（約30億円に相当）で特許を買いました。わが国が海外に特許を売った最初の出来事でした。ランカシャー織機にこだわっていたイギリスは佐吉の自動織機で息を吹き返すことになり、この織機は"non-stop shuttle change Toyoda Automatic Loom"と呼ばれ、世界的に有名になりました。

図5-61
ノースロップ織機⒃

図5-62
小幅動力織機㊴

図5-63
G型自動織機⒃

「G型自動織機」は、2000年にロンドンの科学博物館で、産業革命以降の文化・産業の歴史を紹介する「現代社会の形成」特別展に動態展示されました。現在も科学博物館に動態の状態で「G型自動織機」を展示しています。産業技術記念館では、「G型自動織機」の製作過程の部品の展示と集団運転のデモが行われています。

5-8-2　イギリスのハッタスレイ織機の改良と杼の無い織機の発明

ハッタスレイは足踏みで杼を飛ばすハッタスレイ織機を開発した後、1867年に図5-64のドビー装置付きの多色柄織り織機（Hattersley Dobby loom）を開発しました。1908年にテープや帯ひも、リボンなどが織れる世界最初の小幅柄織り織機（Hattersley Narrow Fabric loom）を、1921年に万能型ハッタスレイ織機（Hattersley Standard loom）を発表しました。

初期のハッタスレイ織機は、図4-91（p. 160）のように、ペダルを両足で踏むたびに綜絖が上下して開口し、同時に杼を飛ばし筬打ちするので、織り工は足で踏むだけでよく、飛び杼式手織り機よりも速く織ることができました。その後動力化して、タータンやグレンチェックなど多色柄毛織物の代表的な織機でしたが、1983年に製造中止になりました。今日でもスコットランドではドビー装置付きハッタスレイ織機でハリスツイードを織っています。

わが国にも足踏みで杼を飛ばし筬打ちする織機が1892年、松田繁次郎によって開発されました。これはハッタスレイ織機と同じで、足でペダルを踏むと開口、杼入れ、筬打ちを同時に行うもので手を使わず織ることができました。

1942年に新しい織機の特許が出ました。杼の無い織機（shuttleless loom）で、槍のような長い棒で緯糸を通すもので、スイスのスルーザー社（Sulzer Brothers）のレピア織機（rapier loom、図6-39）です。杼を飛ばすよりエネルギーが少なく、高速で緯入れができ、戦後急速に発展しました。

図5-64
ハッタスレイ織機(78)

5-8-3　編み機の発展とわが国のレース生産

洋式紡績の時代はべら針の発明で様々な編み機が生まれました。編み機は横編み機と経編み機があります。横編み機は円型式（丸編み機と1890年自動靴下編み機）と平型式（べら針横編み機とひげ針コットン編み機）、経編み機は1855年ラッセル、1864年トリコット、1879年ミラニーズなどの多彩な編み機が発明されました。織機と同様に、図4-101、図5-65のパンチカード付きリバーレース柄編み機が主体でした。

わが国のレースの生産は19世紀後半からで、イギリスやアイルランドなどからかぎ針を使った手工芸レースの技術が導入されました。1881年に「東京府レース製造教場」を設立し、かぎ針編みレースのクロッシェレース（Irish Crochet Lace）を伝授し、ニードルポイントやボビンレースも伝わりました。

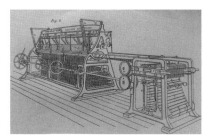

図5-65　リバーレース柄編み機(53)

5-9　洋式紡績時代の三大発明とファッション
―化学繊維（レーヨン）、化学染料（モーブ）、本縫いミシン（シンガー）―

(1) 化学繊維の発明とファッション

絹を人工的に造り出そうという発想は、絹に最もあこがれを持っていたフランス人が得たものです。フランスのシャルドンネ（Hilaire B. Chardonnet）は、1884年に引火爆発しやすいニトロセルロースから造った硝化綿の人造絹糸（artificial silk）を発明し、工場生産にも成功しました。1889年のパリ万国博覧会に出品し、ぴかぴか光る人造絹糸のドレスに多くの人が驚きました。ところが、人造絹糸の原料は引火しやすい硝化綿で、ドレスが燃えやすく危険でした。

安全な最初の化学繊維（chemical fiber）はドイツで開発されました。1890年、コットンリンターを酸化銅アンモニアで溶解して銅アンモニアレーヨン（cupra ammonium rayon、キュプラ）を発明し、1899年工場生産を始めまし

た。1892年、イギリスのクロス（Charles F. Cross）とビバン（Edward J. Bevan）らは、木材パルプを薬品で溶かした粘性液から繊維化したビスコースレーヨン（viscose rayon、レーヨン）を発明し、1904年にイギリスのコートルズ社（Courtauld Co. Ltd）が工業化しました。"rayon"は"ぴかぴか光る繊維、この繊維に光あれ"という意味で名付けられました。

　20世紀に入ると、ドイツのシュタウディンガー（Hermann Staudinger）が、繊維などは分子と分子が手を結び合って大きな連続体を形成しているという巨大分子説（高分子説）を発表しました。1935年アメリカのカロザース（Wallar H. Carothers）はヘキサメチレンジアミンとアジピン酸で合成した絹の分子構造に似た高分子からできた繊維をナイロン（nylon）と名付け、世界最初の汎用合成繊維（synthetic fiber）が誕生しました。1939年日本の桜田一郎らはビニロン（vinylon、合成1号）、1941年にイギリスのウィンフィールド（Winfield）らはポリエステル（polyester）を発明しました。アクリル（acrylic）も発明され、多くは戦後に工業化されて新しいファッションに生かされました。

　半合成繊維のアセテート（acetate）はイギリスのセラニーズ社が酢酸セルロースから繊維化し、絹に近い光沢を有していましたが、当時の化学染料や天然染料では染色が難しく、白物だけに使用していました。1923年アセテートを染める分散染料が開発されました。レーヨンもアセテートも化学染料で鮮明に染まるのが特徴で、婦人用ファッションに欠かせないものになりました。

　わが国では、1915年にイギリスからレーヨン技術を導入し、1920年に人絹（人造絹糸の略、レーヨンフィラメント）の生産を始めました。1929年にはフランスから銅アンモニアレーヨンのキュプラを導入しました。特にレーヨンは国策として奨励されたことで、1926年、旭絹織（現旭化成）、東洋レーヨン（現東レ）、日本レーヨン（現ユニチカ）、倉敷絹織（現クラレ）などが生産を開始し、1935年に26万トン生産し、1937年に世界一のレーヨン生産量を示しました。当初は人絹のみでしたが、1931年、帝国人造絹糸（現帝人）が綿や羊毛の長さにカットした捲縮レーヨンスフ（SF、ステープルファイバーの略、短繊維）の生産を始めました。レーヨンは水にぬれると弱く、収縮し、しわが付きやすい欠点がありましたが、人絹は絹、スフは綿や羊毛の代用品として特に戦中・戦後の衣料不足を補いました。

第5章　洋式紡績の時代とデザイナーズファッション

コラム 5-12　イギリスのコートルズ社とレーヨンそしてリヨセル

　イギリスの絹織物業のコートルドは、コートルズ社を興して、イギリスや海外にレーヨン工場を建設して生産し、特許料などで莫大な利益を得ました。その資金で印象派の絵画を収集し、それらは現在、ロンドンのサマーセットハウス（Somerset House）内のコートルド美術館（Courtauld Institute Galleries）に展示されています。

　コートルズ社はイギリス最大の合成繊維・化学品メーカーで、1988年セルロース系再生繊維リヨセル（Lyocell、p. 255）を開発しました。

コラム 5-13　マーセル化（シルケット加工）による綿の染色性向上

　1850年、イギリスのマーサー（John Merser）は綿繊維を濃い水酸化ナトリウム溶液で処理すると、染色性などが向上することを発見しました。その後、1890年ころ綿糸や綿布を緊張状態で処理すると、光沢が出ることが分かり、これをマーセル化（Merserization）と呼び、綿布の光沢発現と濃色染めが可能となりイギリス綿布はさらに人気となりました。わが国は1898年この技術を導入し、絹のような光沢が出ることから"シルケット"加工といいました。

(2) 化学染料の発明とファッション、そして毒性問題

　化学染料は合成染料ともいいます。1856年イギリスのパーキン（William H. Perkin）が、コールタールから得られるアニリンから世界最初の化学染料・アニリン染料（塩基性染料）を発明し、藤紫色の"モーブ（mauve）"と名付けました。アニリンパープルともいいます。パーキンはロンドンで生まれ、王立化学大学（現 Imperial College of London）の助手となりました。アニリンを重クロム酸カリで酸化させてできた黒い沈殿物で絹を染めたところ鮮やかなパープルに染まり、この発見が世界最初の化学染料モーブとなりました。パーキンは特許を取り、1857年会社（Perkin & Sons）を設立して生産を始めました。ファッションデザイナーのウォルトはモーブで染めたシルクのドレスを制

作して有名になりました。パープルは高価な貝紫しか表現できない色だったのです。ビクトリア女王はモーブのプリントドレスを着て話題となり、瞬く間にモーブ染料はヨーロッパに広がりました。

1956年、パーキンが世界初の化学染料を発明した100周年を祝して、パーキンの会社をその前身とするICI会社（Imperial Chemical Industry Ltd Co.）が常温で染まる反応染料を発表し、これは今日最も多く使われている化学染料となりました。

モーブの発明以降、イギリス、ドイツ、スイスなどで化学染料の開発が進みました。1858年に赤紫色の塩基性染料マジェンタ（magenta、フクシン、fuchsine）、1860年に黒色のアニリンブラック（aniline black）、1862年に酸性染料、1868年に茜の色素成分のアリザリン（Alizarin）、1880年にインジゴピュア（Indigo pure、建染め染料）、1884年にコンゴレッド（Congored、直接染料）、1923年に分散染料などが、コールタールから精製して得られるベンゼン、ナフタレン、アントラセンなどから造られました。イギリスのICI、ドイツのバイヤー（Bayer、現Dyster）やIG、スイスのゲイジ（Geigy、現Ciba）など大手染料メーカーが出現し、化学染料の工場生産は、藍や茜などの天然染料栽培農家に大打撃でしたが、鮮明に染色できたのでファッション界では大歓迎でした。

一方で、BMJ（British Medical Journal）は1869年マジェンタなどのアニリン染料の有毒性を指摘し、染色堅ろう性の低さによる雨、汗、洗濯等で染料の脱落を憂慮しました。最近（2016年）アニリン系アゾ染料などの24種類が毒性問題で使用禁止されましたが、発明当初から化学染料の問題点が指摘されていました。

(3) シンガーらによる本縫いミシンの大量生産とファッション

ミシンの発明過程は第4章（p. 164）に述べました。図5-66は1853年のロックステッチのトーマスミシン（Thomas Machine）です。本格的なミシンは、ハウの特許を買ったアメリカのシンガーによって開発されました。彼は糸が円を描いて動くよりも直線で動く方が効率がよいと考え、曲がった針を真っすぐにし、布を移動させながら縫うことができるように、1851年に回転かまを使っ

た本縫いミシンを考案し、シンガーミシン会社（I. M. Singer & Co、現 The Singer Co. NY）を設立して大量生産を始めました。1855年にパリ万博に出品して金賞を受賞しました。直販や月賦販売という新しい方法で家庭用や工業用のミシンの製造販売を行い、世界に普及させ、シンガーミシンは世界のミシンの3

図5-66　トーマスミシン(82)

分の2を占めました。1889年モーター付きの電動ミシンが生まれ、同年4回目のパリ万博で大人気を得ました。

　アメリカのウィルソン（Allen B. Wilson）は1854年足踏みミシンを考案し、1867年のパリ万博に出品し金賞を得ました。彼は Wheeler & Wilson Manufacturing Co. でミシンの生産を始めました。図5-67は1878年製の足踏みミシンです。ギブス（James E A Gibbs）は1857年にチェンステッチ1本縫いミシン（図5-68）の特許を得て、Wilcox & Gibbs Co. でミシンの生産を始め、さらにロックステッチミシンを開発しました。ミシンはアメリカの発明者たちが興した会社によって世界に普及しました。本格的なミシン（図5-69）の普及はこの時代に出現したオートクチュールを成功させ、ファッションの大衆化を促しました。

　1854年にペリーが黒船で来航した折、ペリーは将軍家定にミシンを献上しました。明治に入り洋装化とともにミシンを輸入し、多くは千住製絨所に設置

図5-67
足踏みミシン
（1878年）(60)

図5-68
チェンステッチミシン（1857年）(16)

図5-69
現在のミシンの原型（1877年チェンステッチ）(16)

し、主に軍服の縫製に使いました。鹿鳴館の女性用ドレスもミシンを使って造られました。

当初輸入に頼っていたわが国は、1932年「安井ミシン商会（現ブラザー工業会社）」が家庭用ミシンの国産化を始めました。

5-10 第5章のまとめ

洋式紡績の時代、イギリスでは紡織機械を大量生産し、世界に輸出しましたが、繊維製品の生産量は次第にイギリスに代わって日本が世界一を誇り、ファッションを支えました。この時代の化学繊維、化学染料、本縫いミシンの三大発明は新しいファッションを生み、デザイナーが活躍し、プレタポルテからオートクチュールへと既製服化が行われ、庶民もファッションを楽しむ時代でした。

<table>
<tr><td>第6章</td><td>

革新紡績の時代と若者ファッション
― 紡織レボリューションと合成繊維の発展 ―

</td></tr>
</table>

<table>
<tr><td>6-1</td><td>

革新紡績の時代（戦後～現代）の世界とファッション
― 科学・技術の三大発展と生活様式の変化、糸とファッションの三大発展と三大発明、そして若者ファッションへの影響 ―

</td></tr>
</table>

　戦後から約70年間は、世界が大きく変化し、科学と技術の発展が進み、糸造りも布造りも革新の時代で、ファッションも大きく変わりました。

　1945年第二次世界大戦終結後は、アメリカとソ連の社会構造の相違から対極化が進み、西側の北大西洋条約機構（NATO）と東側のワルシャワ条約機構（WTO）によって世界が東西に二極化されました。この二極化は、1950～53年の朝鮮戦争、1961年のベルリンの壁建設、1962年のキューバ危機、1964～75年の長きにわたったベトナム戦争などを引き起こしました。その後、1989年のマルタ会談によって米・ソ連の対立が解かれ、1990年東西ドイツの統一国家、2016年アメリカとキューバの和解など、社会構造の違いによる冷戦から解放され平和が訪れたと思われました。ところが、今日では同じ宗教同士や異宗教の対立などによって各地域で紛争が勃発しています。2015年 IS のイラク侵攻、2016年シリアの内戦では繊維産業や石鹸工業で有名な世界遺産のアレッポ（Aleppo）が打撃を受けました。南スーダンなどアフリカ諸国も内戦に苦しんでいます。北朝鮮やイランなどの核兵器問題もありますが、2018年4月27日、北朝鮮の金正恩委員長と韓国の文在寅大統領が軍事境界線で握手と境界線を行き来して、朝鮮半島の平和を確認し合いました。同年6月にトランプ大統領と金委員長による米朝会談まで行われ、2019年3月に第2回の会談が行われました。

　経済面では、二大国家に対抗してヨーロッパ諸国は経済的な協調を強めるために、1993年ヨーロッパ連合（EU: European Union）を結成し、2002年共通通貨ユーロ（Euro）を発行して、人と物の出入りを自由にしました。ところが、IS によるテロ活動やイラク紛争、アフリカ諸国の内戦などで国を追われた難

民が EU 圏に流入し、受け入れ問題が起こり、2016 年にイギリスは国民投票で EU を離脱し 2019 年 3 月の離脱が決まらず難航しています。

　社会面では、1960 年代アメリカで第二次フェミニズム（リベラル・フェミニズム）が台頭し、ウーマンリブ運動によって女性の地位向上や社会進出が行われました。わが国も学園紛争で女子学生のスタイルが変わり、国際反戦からウーマンリブ運動が盛んとなり、ファッションにも大きく影響しました。

　科学・技術では、特に著しい三大発展がありました。第一に宇宙開発が進み、1957 年にソ連が世界初の人工衛星 "スプートニク 1 号"、翌年アメリカが "エクスプローラ 1 号" を打ち上げ、1961 年にソ連は世界初の有人人工衛星に成功しました。さらに、ソ連とアメリカは有人人工衛星を月に到達させて、月面を人間が歩き、宇宙ステーションを建設して、そこに人を居住させて研究を行っています。今日では多くの国が気象用、研究用、軍事用などを目的に宇宙へロケットを打ち上げています。

　第二に交通関係の発達です。高速鉄道、大型飛行機、ハイブリットカー、電気自動車、水素自動車が生まれ、無人運転の鉄道や自動車が実現しました。

　第三に情報関係です。電気・電子、通信・情報等の開発が活発です。戦前では考えられなかったパソコン、携帯電話、スマートフォンなどの新しい通信技術が開発され、情報技術を生かしてロボット化や人工頭脳化が進んでいます。

　糸とファッションにも三大発展・三大発明がありました。1960 年代にポリエステル繊維、反応染料、革新精紡機の三大発展、さらに、20 世紀末に新合繊、革新織機、無人紡績工場の革命的な三大発明が生まれました。

　ファッションの発信地はパリ、ロンドン、ニューヨークにとどまらず、ミラノ、東京、中国やインドなど世界各国に広がり、ファッションデザイナーも多くの国で誕生し、若者ファッションが生まれています。

6-1-1　戦後のイギリス社会
― 植民地の独立から生じた "イギリス病" そして油田発掘と再興 ―

　第二次世界大戦後、イギリスは 1945 年の総選挙でチャーチル首相の保守党が負け、波乱の出発でした。植民地のほとんどが独立国となって輸出が減少し

228

工業生産が急減、インフレとともにポンドが急落し、勝利国でありながらイギリス社会は経済的に停滞し、"イギリス病（British Malaise）"となりました。

1967年スコットランド沖で北海油田が発見されました。この開発で景気を生み、労働者不足で移民を導入しました。サッチャー首相（Margaret Thatcher）は「小さな政府」を目指して国営企業の民間移管を行い、炭鉱閉鎖による労働者の失業によるデモの発生もありましたが、1980年代に入り、原油輸出ができるようになって"イギリス病"から脱皮できました。サッチャー首相の在任期間は11年余りでイギリス史上最長でした。ドキュメンタリー映画『The Iron Lady（マーガレット・サッチャー：鉄の女の涙）』(2011) はサッチャー時代のイギリスの政治、経済、王室との関わりなどが詳しく描かれています。

1960年代、北アイルランドのカトリック過激派で組織されたIRA（Irish Republication Army）によるテロ活動が起こり、1998年にテロ停止を宣言するまでの三十数年間に3200人が死亡、5000人以上の負傷者が出ました。

スコットランドは、2015年独立への国民投票では僅差でイギリスに残留することになり、イギリスは、2016年EU離脱投票では僅差で離脱となりました。EU加盟国アイルランドと北アイルランドとの自由な往来ができなくなることによる国境問題や貿易問題等によりEUとの離脱交渉"ブレグジット（Brexit, Britain exit の略）"が難航しています。2019年3月放映の実話に基づくTVドラマ『ブレグジット EU離脱（BREXIT: The Uncivil War）』は国民投票による"離脱派"と"残留派"の票の奪い合いをリアルに描いていました。

コラム 6-1　イギリスのミレニアム事業
― 大英博物館、ミレニアムブリッジ、テート美術館、綿栽培のエデンプロジェクト ―

2000年ミレニアムを祝して、大英博物館併設の国立図書室は円形閲覧室のみを残して大英図書館（The British Library）を建設して移し、その跡は、フォスター（Norman R. Foster）の設計で総ガラス張りエントランスの自然光を取り入れた明るく広い円形グレートコート（Great Court、図6-1）に改築されました。フォスターはテムズ川沿いに総ガラス張りロンドン市庁舎、2000年ウェンブリーサッカー場とミレニアムブリッジ（Millennium Bridge）

図6-1　大英博物館グレートコート　　図6-2　エデンプロジェクトと温室内の綿栽培

など有名な建造物を設計しています。

　2000年、テート美術館は火力発電所の建物をリフレッシュしたテートモダーン（Tate Modern）とテートブリテン（Tate Britain）に分離しました。

　2001年セント・オーステル（St. Austell）近郷に世界最大の温室のある植物園・エデンプロジェクト（Eden Project、図6-2）を開設しました。大温室にカリフォルニアの綿畑を移して、イギリスではできない綿栽培をしていると宣伝し、話題になりましたが、実際は数十本の綿を栽培しているだけでした。

コラム 6-2　ロンドンオリンピックと王位60周年のイギリス

　2011〜12年、イギリスは祝賀ムードが続きました。2011年ウイリアム王子とキャサリン嬢の結婚、2012年エリザベス女王のジュビリー祝賀会、そしてロンドンオリンピックと続きました。

　オリンピック開会式のイベントでは、イギリスの歴史が紹介されました。水車が回り馬車が通っていた中世の田園風景から、産業革命を表現した大きな煙突が何本も現れ、スチームエンジンの船や鉄工場で生き生きと働く労働者や婦人参政権を得た婦人たちとともに、熔解した鉄から五輪の輪を描いてオリンピックを盛り上げました。残念ながら、産業革命を興した綿紡績やそれで富を得たブルジョアジーがファッションを謳歌したシーンは出てきませんでした。

6-1-2　アフリカと東南アジア植民地の独立

　第二次世界大戦前のアフリカの多くの国はヨーロッパ諸国の植民地でした。戦後、インドとパキスタンの独立に刺激されて、アフリカに独立運動が起こ

り、1950年代にリビア、エジプト、モロッコ、スーダン、チュニジア、1960年代に15カ国、1970年代に8カ国、1980年代以降4カ国と独立が続きました。2011年、スーダンの北部支配から南スーダンが独立しました。アフリカで綿作（図6-3）を行っている国は約半分です。植民地時代から続く作物ですが、大規模栽培が難しいためオーガニックコットンの栽

図6-3　アフリカ諸国の綿花栽培地（黒塗り国）

培に力を注ぎ、フェアトレードとして世界に輸出しています。エジプトとスーダンは高級綿花も栽培しています。

　東南アジア諸国も戦前は欧米の植民地で、1945年ベトナム、1946年フィリピン、1948年ミャンマー、1949年インドネシア、1953年ラオス、カンボジア、1957年マレーシア、1959年シンガポール、1984年ブルネイが独立しました。ラオスとカンボジアは、主に布団や脱脂綿用のアジア綿を栽培しています。

6-1-3　現代ファッションとデザイナー、そして若者ファッション

　戦後間もない時代は、アバンゲールとアプレゲールが交錯していました。糸や布が不足していたこの時代のデザイナーズファッションは、戦前から活躍していたシャネル、ディオール、カルダン、ローランらが担いました。図6-4は1950年代から1990年代のファッションシルエットです。

　1950年代は戦後の安定期に入り、生産効率の良い紡織設備が増加して糸も布も増産され、パリ、ロンドン、ミラノ、ニューヨークなどがファッション発信地として定着しました。1954年、シャネルはパリで店を再開し、シャネルデザインがファッションになりました。ディオールは"ニュールック"とし

て、Ｙ、Ａ、Ｈなどの"アルファベットライン"を発表しました。

1960年代は"スインギングシックスティース（swinging sixtieth）といわれ、戦後の復興で糸も布も十分豊富となり、ファッションはオートクチュールからプレタポルテ（pret-a-porter）へ移り、既製服の時代を迎えました。ポリエステルやナイロンなどの合成繊維が普及し、ミニスカートやパンタロンなどが出現しました。オッシー・クラークは特殊なレザーや蛇皮を使った若者ファッションを発表し、その後、花柄デザインを得意とするパートナーのセリア・パートウエルズのファッションを制作しました。アメリカでは反戦運動から生まれた若者ヒッピー（hippies）、イギリスではロンドン・カーナビストリートで若者モッズ（mods）が生まれ、若者ファッション時代を迎えました。

オードリー・ヘップバーン（Audrey Hepburn）のスクリーンファッションがありました。映画『ティファニーで朝食を』、『パリの恋人』、『ローマの休日』、『シャレード』などではジバンシーの、『マイフェアレディ』、『戦争と平和』などではビートンデザインの多くの衣装が発表されました。『いつも二人で』では珍しく黒のポリ塩化ビニルのコートドレスがみられました。オードリーは"演技にはコスチュームがとても大切だった"と述べていました。

1965年、クワントが発表したミニスカートは5年前にブーイングされたことを忘れたかのように、ツイッギーをモデルにして登場させると、瞬く間にロンドンから世界へ広まり、その丈は膝上20cmまで短くなりました。ミニスカートによって、下着と一体化したパンティストッキングやタイツが開発されました。伝統的なデザイナーも新しいファッションを発表しました。図6-5は、1964年カルダンの宇宙時代に合わせた"スペースエイジ：中央"、1965年サン・ローランの画家モンドリアン（Piet Mondrian）デザインの"モンドリアンドレス：右"、ユキ（鳥丸軍雪）の"赤ドレス：左"です。1960年代末は、ミニの反動でミディやマキシスカートが流行しました。1960年代はデザイン界の常識を覆すほどで、特にロンドン発生のファッションが多く、"スインギング・ロンドン（Swinging London）"と呼ばれました。イギリス映画『*My Generation*（マイ・ジェネレーション ―ロンドンをぶっとばせ！―）』(2018)は、"1髪・2化粧・3衣装"の若者の姿をドキュメンタリーに描いています。男にもカラフルな服装を提唱したアメリカのデュポン社の宣伝は"ピーコック

第6章　革新紡績の時代と若者ファッション

革命"と呼ばれました。

　1970年代はセブンティース（seventieth）と呼ぶファッションが生まれました。多くのデザイナーが生まれ、フォークロア（folklore）や伝統を重視したデザインが重んじられました。ジーンズもファッションに加わりました。イギリスでは、リバティ、モリス、アッシュレイによる伝統的三大花柄プリントがファッションを彩り、サイケデリック（psychedelic）的で革新的な衣装や派手なメイクと色とりどりに髪を染めた、"1髪・2化粧・3衣装"の若者たちがロンドン・キングストリートのワールズエンドに現れました（図6-6）。パンクファッション（punk fashion）と呼ばれ、ウエストウッド（図6-7）やローデスらのデザイナーたちによる反体制ファッションとして世界的に広がりました。イギリス映画『ヴィヴィアン・ウエストウッド — 最強のエレガン

図6-4　1950～1990年代までのシルエット(34)

図6-5　代表的デザイナー作品(7)

図6-6
1970年代作品(59)

図6-7
ウエストウッド作品(7)

図6-8
YUKI 20年記念展示(7)

ス ―（*WESTWOOD PUNK<ICON<ACTIVIST*）』（2018）は、まさに"1髪・2化粧・3衣装"の若者ファッションを描いていました。The Dress of the Year（DOY）（p. 236）を4回受賞し、授賞式の最後のシーンは印象的でした。

また、話題のファッションにホットパンツ（hot pants）がありました。短いパンツがなぜホットなのかは不明ですが、ミニスカートと同様に、ネーミングの良さもあって世界的な若者ファッションになりました。

1980年代ニューヨークファッションのヒップホップ（hip hop）は、人種問題に対する抵抗を意味していました。高田賢三や三宅一生らも新しいファッションを発表し、革新的な若者ファッションもありました。ウエストウッドやローデス、川久保玲、山本輝司らがアバンギャルドファッションを担い、レザージャケットに穴あけズボン、引き裂きやつぎはぎ服などの"ぼろ服"のプアールック（poor look）と呼ばれたパンクファッションは、30年後の2010年代のダメージジーンズに引き継がれています。30年後は面白いというレイバーの法則（p. 266）通りです。海賊風の太い横縞柄のパイレーツルック（pirate look）、DCブランドや三宅一生が発表した"一枚の布"も有名になりました。

1990年代はファッションショーを華やかにするスーパーモデルがファッションを彩りました。古着や、色落ちしてよれよれになっている服を重ね着するグランジ・ファッション（grunge fashion）がありました。また、30年前に起こったパンクファッションに高級感のある優雅なクチュール性を加えたパンククチュール（punk couture）という相反するようなファッションも生まれ、ぼろ衣装と高級衣装の二極性を表現しました。日本のファッションも注目を浴びてきました。渋谷や原宿などで生まれたストリートファッションや、アニメーションや漫画に登場する衣装が若者ファッションになりました。1990年代の特徴として、環境を配慮したデザイナーのキャサリン・ハムネットやステラ・マッカートニーらが現れ、環境を意識したPET容器リサイクルのフリースファッションが登場しました。日本人デザイナーのユキの作品は、1992年V&Aで20年記念展示（図6-8）がありました。ユキはダイアナ妃が1986年に来日し、天皇陛下との会談時に着用したドレスをデザインしました。

2000年代はゴシック・ファッション（Gothic fashion）とかゴス・スタイ

ル（Goth style）というロマンを追求したファッションが復活しました。また、ファストファッションや SPA の時代となり、ユニクロ、H&M、ZARA、GAP などが出現して、世界市場に一斉に低価格同一ファッションを提供しています。これらは人件費の安い中国や東南アジアなどの発展途上国の人によって造られ、過酷な労働が問題となりました。一方で、ファッションが及ぼしている労働問題や環境問題に注目して、人間の尊厳を重視した倫理感のあるエシカルファッションが芽生え、2004年、パリでエシカルファッションショーが開かれました。ユニバーサルファッションも生まれました。現代は様々なファッションスタイルが発表され、今後どのようなファッションが生まれるか不透明な時代です。

　ファッションを扱ったアメリカ映画『プラダを着た悪魔（*The Devil wears PRADA*）』（2006）は Vogue の編集長アナ・ウインターの活躍を描いた作品で、最近のアメリカ映画『メット・ガラ（*Met Gala*）』（2016）は、ニューヨークのメトロポリタン美術館によるファッションは芸術かを問うものでした。メトロポリタン美術館では、2017年に４カ月間「川久保玲特別展」が開催されました。ドイツ・ベルギー合作のドキュメンタリー映画『ドリス・ヴァン・ノッテン ── ファブリックと花を愛する男（*Dries*）』（2016）は、ファストファッションの影響でファッションデザイナーの活躍の場が失われていることを描いていました。

■コラム 6-3　　イギリスのファッションデザイナーを輩出する大学

　ファッション界に多くのデザイナーを輩出している大学に、ロンドンのローヤルカレッジ（Royal College of Art、RCA、図6-9）とセントマーチンカレッジ（Central Saint Martins College of Art and Design: CSM）があります。その他、ロンドンファッション大学（London College of Fashion: LCF）やイギリス各地にはファッションやデザイン関係のカレッジが数多くあり、イギリスのみならず世界のファッションを支えています。

コラム 6-4 イギリスのドレス年間賞（DOY）と使用素材、そしてブリティッシュ・ファッション・アワード（BFA）

イギリスでは、1963年よりファッションデザイナーを発掘するために、バース（Bath）のファッション博物館（旧コスチューム博物館）が、その年の最も優れた作品に与えるドレス年間賞（DOY）を毎年発表しています。また、デザイナー賞（British Designer of the Year: BDY）を設立してデザイナーを表彰しています。イギリスファッション協議会（BFC）のBFA（British Fashion Award）は、毎年新人デザイナー賞や各種のファッション賞を与えています。

1963年から2016年までのDOYの受賞作品と使用素材を調べました。今日最も多く使用されているポリエステルなどの合成繊維は数件のみで、毛・絹など

図6-9
RCA大学の学生展示作品（2015）

図6-10
左からクワントのDOY第1回受賞作品(59)、ミニスカート(60)とデイジー柄(88)

図6-11 左から第4、6、13（高田賢三）、14回(59)、と第8回（Bill Gibb）のDOY(89)

の四大天然繊維が多く、ファブリックは主にベルベットとレザーで、サテン、シフォン、デニム、スエード、オーガンザなど様々なものを使っています。

第1回受賞はマリー・クワントのジャンパースカート作品（図6-10）です。1961年に発表してブーイングが起きたミニスカートは受賞3年後に再発表して世界的なファッションとなりました。クワントのシンボルマークはデイジーです。図6-11の第4回ロシーア（Michèle Rosier）の透明PVCコート作品や第14回ピュー（Gareth Pugh）のフィルムをまきつけたプラスチックコートとラップのアンサンブル作品は着心地が気になります。第6回ムアー（Jean Muir）の作品、第8回ビル・ギブの"Water fall dress"のフレア作品です。

> **コラム 6-5** 現代、近代、古代の三大プリーツとドレープファッション

三宅一生のポリエステル"プリーツ・プリーズ"、フォルチュニーのシルクプリーツ"デルフォス"、古代エジプトのリネンプリーツ（図1-3）は歴史上の三大プリーツファッションでした。またビル・ギブの"water fall、図6-11の右端"、ビオネのバイヤスカット（図5-11）、古代のトガ（図1-23）は歴史上の三大ドレープファッションといえそうです（図6-12）。

図6-12
左から一生のプリーツ(7)、デルフォス(59)、ビオネのドレープドレス(59)

6-1-4　わが国の復興と、しわしわファッションから若者ファッション

第二次世界大戦中、日本軍は東南アジアで食料品等と交換に綿布を使い、軍用に紡績や織布機械を壊して使いました。このため、わが国の戦後は衣料不足が続き生活が苦しく、社会的にも経済的にも混乱していました。"衣食足りて礼節を知る"の諺のように、1950年代半ばになってようやく糸や布が安定供給され衣料切符が不要となり、"もはや戦後ではない"という経済白書の表現が生まれたほど復興して"神武景気"となり安定してきました。

戦後から1950年代までのファッションはディオールのAラインスカート

が伝わり、裾広がりのスカートが流行しました。"太陽族"と呼ばれる若者ファッションが生まれましたが、ファッション素材はレーヨンスフ（p. 222）が主体で、しわが付きやすく"しわしわファッション"の時代でした。

1960年代は"岩戸景気"となり、"消費は美徳"と消費をあおりました。しわが付きにくいポリエステルが現れ、しわの無いファッションを身に着けた六本木族やみゆき族などが現れ、大きな変化を生みました。当時のサラリーマンは夏でも長袖のワイシャツにネクタイという姿でした。1961年ポリエステルの半袖ワイシャツを"夏が来るホンコンが行く"のキャッチフレーズで発売し、"ホンコンシャツ®"、"セミスリーブシャツ®"として大好評を得ました。今では当たり前の半袖ワイシャツですが、開襟半袖シャツしか無かった時代に、ネクタイが締められる半袖ワイシャツは革命的で、サラリーマンのファッションになり定着しました。六本木や銀座などに現れた〇〇族と呼ばれる若者が、アイビージャケットにロングスカートなど今までにないスタイルの若者ファッションで街を闊歩し、Tシャツの落書きルック、Vネックセーターなど新しいファッションが生まれました。この時代のファッション素材は、ポリエステルやアクリルなどの合成繊維製品で、しわが付きにくく、プリーツが付けやすく、W・W（ウォッシュ・アンド・ウエア）性があり取り扱いがしやすく、レーヨンの"しわしわファッション"は終わり、1960年代以降は世界のファッションと同じ道を進みました。

日本のファッション界も活発となり、2005年から始まった毎年春、秋に開催される「ファッションウイーク東京」で、世界のデザイナーがブランドの新作を発表しています。21世紀は長い不況に入っていますが、ファッションは常に前進していました。不況でも生活にゆとりが生まれ、風合いや快適性が追求され、ピマ綿や希少価値のある海島綿、アンゴラ、キャメル、モヘアなどの高級素材がファッションに使われました。21世紀は地球温暖化や石油の輸入問題、大震災などで、クールビズやウォームビズが推奨され、省エネも重視され、天然素材が見直されて、エシカルファッションが期待されています。

コラム 6-6　衣・食・住に関わる三種の神器

戦後間もない時の衣・食・住に関わるもので、炭火アイロン・かまど・掘り

こたつから"電気アイロン・電気がま・電気こたつ"の小型電気製品に移りましたが、その後、1950年代の三種の神器として衣・食・住の大型電化製品"洗濯機・冷蔵庫・掃除機"がもてはやされました。2010年代の衣・食・住の三種の神器は"乾燥機付き洗濯機・皿洗い機・掃除ロボット"といわれています。

6-2 現代の紡績機械の発展
― 自動化とコンピュータ化による全自動紡績や革新紡績機の出現 ―

6-2-1 混打綿工程の発展

近年まで綿紡績の混打綿機は、人の手で原綿を供給するホッパーフィーダー、綿塊を解きほぐすオープナー、均一なラップにするスカッチャーでした。現代では、混打綿工程は自動化と省力化が進み、品質の異なる原綿を並べて吸引装置で一定量ずつホッパーフィーダーに送る装置です。オープナーやスカッチャーは高速化され、綿ほこりが飛散しないようにバキュームで集め、クリーンな混打綿工程となっています。ラップの自動玉揚げ装置や、偏光カメラで不純物を分別する装置を付けて、不純物等による機械の損傷や不良品を防いでいます。

6-2-2 カード機、コーマ機、練条機、粗紡機の発展

現代のカード機（梳綿機）はシリンダーの回転が600 rpm以上となり、高速化して生産性を高め、ラージパッケージ化や自動化が行われています。またシリンダーの幅を1 mから1.5 mと広くして生産性を高めています。図6-13は今

図6-13 カード工程(72)

図6-14 練条機(72)

図6-15 単紡機(72)

日のカード機で、ラップ供給のほかに上部から一定量の綿が送られウエブの下にある吸引穴で落綿やほこりを吸引し、クリーン化を行っています。また、ケンスの中に一定量のスライバーが入ると、自動的に空きケンスと交換します。

コーマ機はコンピュータを使って品質の向上と、コーミングを高速化しています。練条機（図6-14）は8本供給による1工程です。ケンスが満杯になると空ケンスと自動交換を行います、ロボットの自動スライバー繋ぎ装置つき練条機（オートレベラー）の紡出速度は500〜1000m/minと高速化しています。

粗紡機は1回のみ通すシンプレックス（単紡機）が一般的となりました。図6-15は現代の粗紡機で、粗糸はラージパッケージ化され、ハイドラフト、ハイスピード、ストップモーションなどの改良が加えられています。粗糸の自動玉揚げ装置（automatic doffer、ワゴンドッファー）や一斉ドッファー化、粗糸の精紡機へ自動搬送装置付きも開発されています。一斉ドッファーは、満管となった粗糸を機械から一斉に抜き取り、空ボビンを一斉に差し替えて運転を行う装置です。粗糸の巻き取りはコンピュータを使ったサーボモータで制御する方法が開発され、巻き取りの均一化や量の増大が行われています。

6-2-3　リング精紡機の発展

リング精紡機は、3線式（ローラーが3組）エプロンローラーで50倍のドラフト、60番手（約10tex）以上の細い糸を紡績し、4線式エプロンローラーでは100倍以上、5線式では200倍近いハイドラフトが可能で、粗紡工程を省略してスライバーから直接精紡機で糸にできるようになりました。スピンドルの回転数は1980年代15,000rpm、1990年代25,000rpmとなりました。

また、1台の錘数が400錘から800錘や1,000錘に増えました。糸切れ繋ぎは人手（図6-16）からロボット（図6-17）になりました。このロボットは自動糸繋ぎのほか、精紡機のボビンが満管になると自動停止して、ボビンを引き抜き空ボビンと交換します。また、図6-18のように精紡機のボビンが満管になると、1台分のボビンを一斉に抜き取り、空ボビンと交換して再び運転を始めるため、人手が全く要らなくなり、全自動紡績（6-2-4）となりました。

リング精紡機は戦後急速に性能が向上し、世界各国で使われ、1987年1億5千万錘、1997年1億7千万錘、2007年2億1千万錘、2010年

第6章 革新紡績の時代と若者ファッション

図6-16 手による糸繋ぎ(72)

図6-17
ロボット化(79)(91)

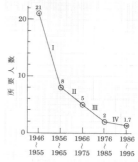
図6-19
紡績の生産性変化(39)

図6-18 精紡機の自動一斉玉揚げ装置（左：満管のボビン、中央：満管ボビンを一斉に持ち上げる、右：空ボビンを一斉にはめる）(79)(86)

2億3千万錘が設置されています。わが国は逆に紡績工場が減少しつつあるため、ピーク時の1970年代に1400万錘（生産量150万トン）あったものが、1987年830万錘、1997年390万錘、2007年140万錘、2010年47万4千錘となり、これは、1893年の設備錘数の47万5千錘より少なくなっています(A)。一方、世界的にリング精紡機が増加し続けているのは、発展途上国が紡績工業に力を入れていることや、連続自動紡績システムや全自動紡績システムの開発が関係しています。

図6-19は戦後から1990年代まで10年ごとの紡績機械等の改良により400ポンド（約180kg）の綿糸を生産するのに要する人数を示しています。この変化の主な理由として、Ⅰは工程の短縮化やラージパッケージ化、Ⅱは自動化や高速化、Ⅲ、Ⅳは自動化、高速化や連続化による効果です。今日わが国の紡績機械や技術は、発展途上国等の紡績工場で活躍しています。

6-2-4　連続自動紡績システム（CAS）と全自動紡績システム（FAS）

　1950年代の紡績機械はラージパッケージ化、高速化、省力化、省人化など
を目的に開発されてきました。特にわが国は省力化と省人化を目指して紡績工
程の自動化の開発が行われました。精紡機では満管全錘自動玉揚げ装置が開発
され自動化へ進みました。これは図6-18のように、管（ボビン）に糸が満管
に巻かれるとオートカウンターによって機械がとまり、その台の管は一斉に
抜かれ空の管と交換して、再び自動運転を始めるものです。これをステイショ
ナリー・オートドファー（stationary auto doffer）といい、ロボット方式より
も時間の短縮ができました。糸切れは巡回ロボットによる糸繋ぎ装置があり、
これらの装置を組み合わせて、1960年代に世界最初の連続自動紡績（CAS:
continuous automatic spinning）システムが生まれ、世界の注目を浴びました。

　1980年代には、混打綿工程から前紡、精紡、ワインダー工程までの全紡績
工程が完全自動化して無人化された全自動紡績システム（FAS: fully automated
spinning system）が開発され、コンピュータ管理で原綿を投入すると、自動的
にスライバーとなり、糸はチーズ状やコーン状に巻き取られます。全自動紡績
システムの工場は1万錘から5万錘の設備で稼働しています。

6-2-5　革新精紡機の出現
　　　 ― ローター式オープンエンド精紡機とエアージェット式空気精
　　　 紡機など ―

　新しい精紡機として、ローター（筒）を回転させて撚りをかける方法が開発
され普及してきました。エアージェット（空気流）による精紡機も生まれまし
た。これらの紡績方法は、スピンドルを使用せずローターの回転や、空気流で
加撚して糸にするので革新精紡機といいます。

　1960年代に実用化されたローターを使う精紡機はオープンエンド精紡法
（open-end spinning method、OE精紡機）といいます。リング精紡機の紡出速度
はおよそ30〜40 m/min ですが、OE精紡機の紡出速度は200 m/min です。1980
年代に開発されたエアージェット式空気精紡機（air-jet spinner）は400 m/min
の紡出速度で、リング精紡機の10倍の能力があります。[39] [79]

　OE精紡機は第二次世界大戦前に発表され、日本などで改良され、粗紡工程

を省略してスライバーから直接糸に紡績できるようにしました。糸はリング精紡機のように細い管に巻き取らないで、直接チーズ状に大量に巻き取るので、ワインダー工程が不要です。OE精紡機は粗紡機とワインダー工程が省略され、生産性が高いのが特徴ですが、60番手（約10 tex）以上の細い糸を紡績することが難しく、細番手はリング精紡機やミュール精紡機を使っています。

OE精紡機はローラードラフトしながら回転ローターの中でスライバーをさらに100〜200倍の高ドラフトにしながら糸状にして撚りをかけます。図6-20は初期のローター式のOE精紡機で、ドラフト部のふたを開けている状態です。上部にスライバーとローラードラフト、下部にローターが見えます。

図6-20
ローター式 OE (33)

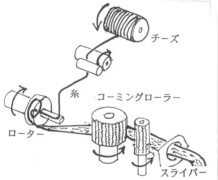

図6-21　コーミング法 OE とコーミングローラー (79)

図6-22　現代の OE (79)

図6-23　エアージェット式空気精紡機 (79)

図6-21は、コーミング法という OE 精紡機の紡績の様子を図で示しました。スライバーはコーミングローラーの細かい針で梳かれ分繊しながら空気流の吸引でドラフトされ、10万〜13万 rpm の高速回転をしているローターへ供給されます。そこで遠心力によってローター内壁に並べられた繊維束はガイドに導かれてさらにドラフトされ、ローターの中央部の穴から引き出されると同時に、高速回転による撚りがかかって糸になり、チーズ状に巻き取られます。図6-22は現代のローター式 OE 精紡機で、下にあるケンスから供給している太いスライバーが糸になり上部に見えるようにチーズ状に巻き取っています。リング精紡機のスピンドル回転数は最高 3 万 rpm ですが、ローター式 OE 精紡機のローターの回転数は 10万 rpm 以上で、生産性が非常に高いことが分かります。

　エアージェット式空気精紡機は、図6-23のようにリング精紡機と同様エプロン式ローラードラフトでスライバーを細くし、フロントローラーから出ると旋回流の空気で繊維束を結束させながら撚りをかけて糸にする方法です。スライバーをローラードラフトで細くしているので中番手の糸が紡績でき、生産性が極めて高いのが特徴です。その他、セルフツイスト精紡機（self-twist spinner）やフリクション精紡機（friction spinner）があります。

　OE 精紡機は現在（2015年）世界に850万ローター（錘）ありますが、そのうち中国が275万ローターで 3 分の 1 を占め、日本は 1 万 2 千ローターが設置されています(A)。革新精紡機の生産性の高いことは次のデータで分かります。綿糸20番手（約30 tex）の糸を 1 時間・1 台当たりの生産量として大まかに示したものです。紡錘車：1 〜 2 g；糸車：10 g；ジェニー紡機：100 g；ミュール紡機：200 g；リング精紡機：1 kg；OE 精紡機：10 kg で、糸車の時代から250年ほどしか経っていませんが、OE 精紡機はおよそ1000倍以上の生産性があります。(39)

コラム 6-7　毛羽が少なく細く均整なコンパクトヤーン

　1997年スイスのリーター社が、細くて毛羽の少ない均整な綿糸を紡績する装置を開発しました。精紡機（コンパクトリング精紡機）のフロントローラーから紡出された繊維束を、網目構造の収束装置（図6-24）からの空気で吸着させて、繊維束の広がりを防ぎ、収束と平行性を整えて紡績しています。この方

法はエプロンのみより均整化ができました。

6-2-6　ファンシーヤーンを造る撚糸機とファッション

図6-25は機械的に造られている飾り糸（fancy yarn、意匠撚糸）の一例です。飾り糸はネップヤーンやスラブヤーンのような単糸や、紡績中の糸に別の糸を巻きつけるコアヤーンやカバードヤーン（図

図6-24
繊維束収束装置(39)

6-26、図6-27）などは精紡機を使って造ります。多くの飾り糸は専用の機械・器具を使います。最も簡単なものは芯糸にスラブヤーンのような飾り糸を巻きつけるものです。また、図6-28のループヤーン（リングヤーン）は、普通の糸と強撚糸（飾り糸）の2本の糸を使って、強撚糸を速く送ることでループ状に形成して芯糸の周りに撚りこまれ、これに押さえ糸を送ってループ状の箇所を撚って固定してできます。飾り糸の速度でループの大きさが決まります。

多くの飾り糸は、飾りの形状を決める"飾り糸（浮き糸、弛み糸、花糸）"、飾り糸の芯となる"芯糸"、飾り糸の形状が崩れないようにする"押さえ糸"の3種の糸で構成しています。かべ撚り、ループ撚り、ノット撚り、カール撚りなどによる飾り糸は通常の撚糸機にアタッチメントを取り付けて造り、モールヤーン、タムタムヤーン、テープヤーンなどは特殊な機械で造ります。図6-29はモールヤーンの製造方法です。二組の2本の芯糸を送り二組の内側の糸に飾り糸を緩く巻き、ナイフで切りながら2本の糸を撚り込んで造ります。

飾り糸を経糸に使って高速織機で織ることが難しいため、経・緯とも飾り糸で織る時は図6-30のように手織りで行われています。

コラム 6-8　伸縮性かさ高加工糸の造り方

水着や各種スポーツウエア、靴下のような伸縮性とボリューム感のある布に使われている糸は、伸縮性かさ高加工糸といいます。ポリエステルやナイロンの熱可塑性を生かして、フィラメント糸などに半永久的な捲縮を付与したもので、多くは図6-31の仮撚り法で造られています。仮撚り部で強い撚りをかけ、ヒーターで撚りを熱固定します。下方のスピンドルで逆方向に回転させて撚り

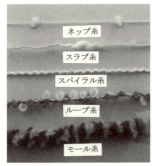
図6-25 各種の飾り糸

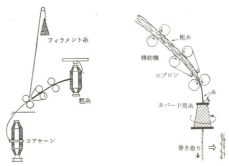
図6-26 コアヤーン(ヤ)　　図6-27 カバードヤーン(ヤ)

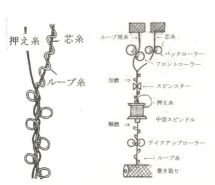
図6-28 ループヤーンの作り方(ヤ)

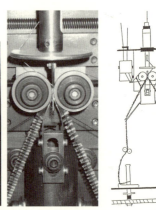
図6-29 モールヤーンと造り方(ヤ)

図6-30 ループヤーン織り(80)

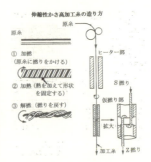
図6-31 仮撚り法

第6章 革新紡績の時代と若者ファッション

を戻すと伸縮性かさ高加工糸になります。また、伸縮性のある糸にポリウレタンを芯にして巻き付けたカバードヤーン（図6-27）があります。

コラム 6-9 国際繊維機械見本市と紡織機械の発展

紡織機械の見本市として、ヨーロッパで、ITMA（International Exhibition of Textile Machinery）が1951年に第1回をフランス・リールで開催し、4年ごとにヨーロッパで開催しています。アメリカは1961年からATME（American Textile Machinery Exhibition International）を4年ごとに、わが国は1976年から大阪国際繊維機械ショー・OTEMAS（Osaka International Textile Machinery Show）を4年ごとに開催しています。ITMA、ATME、OTEMASは三大国際繊維機械見本市と呼ばれ、世界の最新紡織機械が出品されます。見本市に展示紡織機械による糸や布で作ったファッションも展示するとよいでしょう。

6-3 わが国の衣料不足を補ったガラ紡と特紡、そしてリサイクル反毛

ガラ紡は洋式紡績工程から出る落綿やアジア綿などを使いましたが、ガラ紡が普及すると、原料確保のためにイギリスからブレーカー機（廻切機）を導入して、糸屑や裁断屑、古着などを綿状の再生綿（再生毛）にしました。再生綿にすることを"反毛"といい、ガラ紡が集中している三河の岡崎市を中心に発展しました。反毛はリサイクルの始まりといえます。

第二次世界大戦中は、アメリカやオーストラリアなどから原綿や原毛が輸入されなくなり、紡織機械の多くは軍需用に壊され、戦中・戦後は糸も織物も僅かしか生産できませんでした。大工仕事で造ることができたガラ紡機は即座に量産され、衣料不足の解消に貢献し、1949年には全国で406万錘に達していました。三河のガラ紡と尾張の機屋が大儲けした時代で、"ガラ万・ガチャ万"と呼ばれ、少しガラ紡や織機を動かすだけで収益があったことから生まれた言葉でした。1950年代に設備統制が解除されて紡績工場や織布工場が復興し、衣料不足も解消されるようになると、生産性が低く品質の悪いガラ紡糸の生産

247

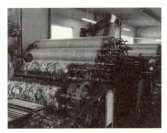
図6-32
特紡カード機の後部(81)

図6-33
同カード機の前部(81)

図6-34　精紡機(81)

は減少し、1955年に190万錘あった設備は20年後の1975年にはわずかしか残りませんでした（図5-58）。今日ではアジア綿を栽培しているカンボジアなどで、わずかにガラ紡機が稼働しています。

　ガラ紡が衰退し再生綿が消費されなくなると、これを活用する方法として、図6-32～図6-34の"特紡"に使用しました。特紡は反毛した再生綿をカード機とコンデンサーカード機の連結した紡機の粗糸をリング精紡機で糸にする紡毛方式で、ガラ紡よりも均一な糸ができました。

　今日では、太いが柔らかい特紡糸は、ガラ紡糸に代わって作業用手袋、モップ、足袋底、帯芯、毛布などに使用しています。コンデンサーカード機でシート状にしたものは、フェルトにして、車の内装用やカーペットなどのクッション材として使われています。特紡は1000錘ほどの小規模工場が多く、あまり発展していませんが、リサイクルのために残す必要があります。

　綿紡績工場等では落綿や屑綿ができます。そのため綿紡績が始まった当初からイギリスでは落綿紡績（cotton waste spinning）が行われていました。現在も綿紡績が盛んな国では落綿紡績が行われています。

6-4　わが国の戦後の紡績業再興の過程と衰退

　1937年、綿・スフ紡績機は1,260万錘に達して世界一の生産量でしたが、第二次世界大戦直後、十大紡の残存設備は210万錘で糸不足が続き、前述のようにガラ紡機が活躍しました。1947年連合軍総司令部（GHQ）は400万錘まで

増設を認め、新紡が参入、1950年制限が撤廃されて新新紡が参入、朝鮮戦争による特需や国内需要の増加で"糸偏景気"が起こり、1950年524万錘、1955年1千万錘と綿・スフ紡績は増設に増設を重ね、しわしわファッションを生みました。1970年には1,400万錘（わが国最高の設置数、糸生産量150万トン）に達しました。その間に、1952年、生産過剰の操短（操業短縮の略）で稼働時間の短縮や一部設備の封鎖によって生産量を調節しました。1958年に内需が増えましたが、1960年に二次操短、1961年に神武景気で増産、1963年はその反動で三次操短と、増産・操短を繰り返し、1970年にピークを迎え、1980年ころまでは1,200万錘を維持していました。その後、中国、インド、パキスタンなどの後進国が紡績設備を増やしたため、不況カルテルを結んで生産調整するとともに、"スクラップアンドビルド（scrap and build）"方式で、老朽化設備を壊し生産性の良い新設備に替えました。このため当時の機械はほとんど残っていません。

　その後も発展途上国の追い上げに太刀打ちできず、2000年380万錘、2010年127万錘、2016年90万錘と設備錘数は急減しました(A)。その間にCASやTASの連続自動紡績法を開発しましたが、紡績後進国（韓国、台湾、中国、アセアン諸国など近隣諸国やインド、トルコ、パキスタンなど）の安価な綿糸に太刀打ちできず、廃業や発展途上国に設備の移転等で今日に至っています。

6-5　特殊な糸のロープメイキング

　糸は衣服用のほか家庭用の紐や産業用のロープが造られました。紐やロープもミシン糸の撚糸のように糸を撚り合わせ、単糸を三子糸に、さらに三子糸を

図6-35　初期の製法(83)

図6-36　近代の製法(83)

図6-37　現代の製法(84)

249

撚り合わせて紐（strand）にして、それを十数本で組み、コードやロープにします。図6-35～図6-37はロープ製法の変遷です。図6-36は300 yd（274 m）もあるレール上を走りながらコーンで3本を均一に撚りかけしていますが、現代は図6-37のように数メートルの短い間に多数の糸に撚りをかけてロープを造っています。

6-6 自動織機（有杼織機）から四大革新織機（無杼織機）の開発

　戦後の大きな発展は、杼を使わない無杼織機が出現したことです。無杼織機は革新織機といわれ、戦前に発明された図6-38、図6-39の槍のような長い棒の先に緯糸をつまみ、中央付近で反対側の棒の先に糸を渡して通すレピア（rapier）織機、戦後に発明された重い杼（約300～400 g）の代わりに小さくて軽い弾丸（約30 g）に緯糸をつかんで次々と飛ばすグリッパー（gripper）織機、図6-40、図6-41の圧縮空気を瞬時に次々と噴射して緯糸を飛ばすエアージェット（air-jet）織機、わずかな水と一緒に緯糸を飛ばすウォータージェット（water-jet）織機が生まれました。

　革新織機は大きなチーズ状に巻いた緯糸を高速に通すので、従来の杼による方法より生産性が2～5倍向上し、緯入れエネルギーも大幅に減少しました。エアージェットやウォータージェットは緯糸を遠くへ

図6-38　杼とレピア (85)

図6-39　レピア織機 (85)

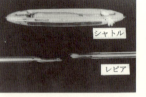

図6-40　エアージェット織機 (86)

図6-41　エアージェット噴射部 (86)

素早く通すことができ、3〜5m幅のカーテンやシーツ、絨毯などの織物ができます。特に遠くまで飛ばせるグリッパーは7m幅の織物ができます。レピアは主に毛織物用、ウォータージェットは水の影響を受けないポリエステル用、エアージェットは各種の織物に適し最も多く使用されています。従来の有杼織機は革新織機では出せない風合いのある織物になるので、現在も多く使用しています。織りで最も手間のかかる経糸をヘルドの穴に通す綜絖通しは、2人の手作業でしたが、現在は自動的に行っています。革新紡織機は産業技術記念館で稼働展示されています。

6-7 コンピュータによる無縫製編み機、レース機、刺しゅう機、ミシン等とファッション

編み機は生産性の良い丸編み機（図6-42）、シャツやジャージ用の経編み機（図6-43）、セーターやカーディガン用の横編み機（図6-44）、靴下編み機（ストッキング編み機）などがあります。ホールガーメント（Whole Garment®）編み機（図6-44、右）は、図6-45のスライド式の新ニードルを使ったコンピュータ制御によって多色柄でセーターなどを無縫製で製品として編みあげられるものです。また、縫い目となる部分を糸で縫わず裏側に接着テープを当て熱処理で溶融接着する縫い代の無いニットジャケットもあります。最近レギーファッションというレッグ（脚）にファッションを生かしたタイツやストッキングが注目されています。明治以降に欧米から導入した編み機により、今日では世界に誇るほど多くの製品を造っています。

刺しゅう機（図6-46）もコンピュータで操作され、1台に多数のヘッドがあり、布地が移動して、多色の刺繍が同時に多種類生産できます。

ミシンでは製造各社が家庭用ミシンや工業用ミシンの開発を行い、最近はミシンのコンピュータ化が進み、面倒な針穴に糸を通す作業が自動糸通し装置の発明で素早くできるようになりました。

わが国は編み機、刺しゅう機、ミシンのほか、CAD、自動裁断、自動縫製も進化させファッションに貢献しています。

図6-42　丸編み機(85)

図6-43　経編み機(85)

図6-45　新ニードル(87)

図6-46　現代の多頭式刺繍機(93)

図6-44　コンピュータ横編み機と無縫製横編み機(87)

6-8　現代のピッカーとコットンジン

6-8-1　ピッカーの発展

綿摘みは、トラクターに吸引装置を取り付けたピッカーによる機械摘みが試みられましたが、高価で能率も悪く、20世紀半ばまで手摘み（図6-47）でした。戦前に、トラクターと吸引装置が一体となったピッカー専用の綿摘み機（図5-39）が生まれ、1960年代に2畝の小幅ピッカーで、その後は、4～6畝の広幅（図6-48）で効率よく綿摘みが行われています。ピッカーは図6-49のように、

図6-47　綿の手摘み(72)

252

第6章　革新紡績の時代と若者ファッション

図6-48　現代のピッカー(90)

図6-49　ピッカーのピン(90)

図6-50　グラウンドマシーン(90)

ピンがコットンボールを引っ掛けて摘み取りバキュームで荷台に送り、荷台がいっぱいになると近くに待機しているキャリアに移します。キャリアの綿は足で踏んで固められ、牽引車で運ばれ、綿繰りの順番が来るまで倉庫やビニールシートをかぶせて空き地に保管されます。ピッカーですべてのコットンボールを摘み取ることができないので、枝に残り地面に落ちた綿を図6-50のグラウンドマシーン（ground machine）で集めます。

6-8-2　コットンジン工場の発展

図6-51～図6-53は標準的なコットンジン工場です。トラックで運ばれたコットンボール（実綿）はトラックごと計量され、吸引装置のある場所に置きます。煙突状の筒で吸引された実綿は工場の上部に運ばれ、4台のソージンにほぼ均一に供給され、落下中に砂、枯葉、がくの破片などの不純物を除去して、種と繊維を分離し、繊維は地下に集められます。約225kgになると帯鉄で梱包さ

図6-51　吸引装置(90)

図6-52　コットンジン装置(90)

図6-53　225kgで梱包(90)

253

れ、計量後、麻袋に入れて原綿として出荷します。初期のスチームエンジン工場（p. 199）と同じです。種はコンベアーで外に集められ、リンター（種に付着しているごく短い繊維で、化学繊維の原料）を除いた後、製油工場で綿実油や綿実粉、飼料などに加工されます。

6-9 大プランテーションによる三大綿花栽培地と小規模産地

　世界で綿を栽培している国はおよそ90カ国弱で、栽培していない国と半々くらいです。2017年度綿花栽培量は25,137千トンで、インド24％、中国21％、アメリカ18％の三大産地で63％、パキスタン8％、ブラジル6％、オーストラリア4％を加えた大規模生産国で81％を占めています。中規模生産国はウズベキスタン3％、トルコ2％、トルクメニスタン、メキシコ、ブルキナファソ、ギリシャ、アルゼンチン、マリ、ミャンマーは1％前後で、これら9カ国で約12％です。残りの7％は小規模生産国で、アフリカ諸国、中央アメリカ諸国、西インド諸島、イエメン、ペルー、インドシナ半島、カスピ海沿岸国などです。(A) このように今日でも多くの国が綿花栽培を行い、2016年度の綿花は繊維全体の24％を占め、ポリエステル57％と二大繊維時代を続けています。

　綿花栽培には大量の水が必要で、大規模な灌漑設備を造っています。例えば、旧ソ連時代に中央アジアのカザフスタン、ウズベキスタン、トルクメニスタンでは、海といわれるアラル湖（Aral）に流入している大きなシルダリア川とアムダリア川から砂漠地帯に灌漑設備を設けて栽培していました。ところが、灌漑が進み、湖の水量が次第に減少し、湖の面積が狭まり、塩分濃度が濃くなって魚が死滅してしまいました。そしてついに"アラル湖は湖としてほぼ消滅している"と発表されました。

　また、綿花栽培には大量の農薬（殺虫剤、枯葉剤）が使用されており、排水に含まれた農薬が蓄積し、綿花栽培地近辺の人々の体には、農薬による影響が出ているといわれています。これらは、ファッションのために栽培されている綿花による環境破壊であり、人体に影響を及ぼしている負の遺産です。また、綿は栽培に大量の化学肥料が使用されています。綿花生産を有機栽培することは大プランテーションでは難しく、小規模生産地が担っています。それをフェ

第6章　革新紡績の時代と若者ファッション

アトレードで輸入してファッションに使うのが望まれます。

コラム 6-10　話題の四種のコットン — オーガニックコットン、カラードコットン、遺伝子組み換えコットン、ハイブリットコットン —

オーガニックコットンは無農薬・有機肥料使用と紹介されています。綿は化学肥料でなく有機肥料で育てられますが、無農薬化はハウス栽培をしない限り難しい作物です。カラードコットンは1982年アメリカの昆虫学者フォックス（Sally Fox）が、虫害に強い中南米産の茶綿と白い陸上綿を交配して、ベージュ、グリーン、ピンク、パープル色のコットンを作りました。カラードコットンは自然の色ですが、色があせる欠点があります。遺伝子組み換えコットン（GM綿、Genetically Modified Cotton）やハイブリットコットンは病虫害に強くして生産性を高めるために開発され、インド、パキスタン、中国などで栽培されています。アメリカでは低農薬コットンの開発を行っています。

コラム 6-11　デニムファッション（廃坑の古着デニムが数百万円）

若くして交通事故死したジェームス・ディーンの映画『理由なき反抗（*Rebel Without a Cause*）』（1955）で、彼のデニムのジーンズ姿がありました。彼はTシャツにジーンズで自由や反体制を主張し、それが若者ファッションになりました。その後、ジーンズはベトナム戦争反対のシンボルとなり、一般に広く定着しました。今日では、"デニムハンター"がアメリカ西部の廃坑に残っている19世紀末の着古されたリーバイスデニム作業着を探し出し、これが"青い黄金"と呼ばれ、高値で売買されています。

6-10　再生繊維リヨセルの開発と、合成繊維生産とファッションへの影響

イギリスのコートルズ社（p. 223）は1988年セルロース系再生繊維リヨセル（Lyocell）を開発しました。有機溶剤で溶解して紡糸して湿潤強力を高め、水

255

に膨潤しにくく耐洗濯性があり、綿より柔らかいのが特徴で、ソフトジーンズやドレープ感のあるドレスなどに使われています。現在はオーストリアのレンチング社（Lenzing）に商標権が移り、テンセル（Tencel ®）が統一名です。

合成繊維（合繊）は戦前にナイロンとポリエステル、1950年代にアクリル（acrylic）が発明され、三大合繊が揃いました。

ナイロンはとても強く、当時アメリカはパラシュートなどの軍需用に使用し、ストッキングの需要もありました。ナイロンは柔軟で、吸湿性があるので、インナー、ストッキング、ソックス、スポーツウエアなどに使用されています。

ポリエステルは全繊維生産量の半分以上を占め、今日最も多く使われている繊維で、しわが付きにくく、速乾性があって洗ってすぐ着られる機能的な繊維です。スチームプレスが可能な耐熱性があり、紳士服、婦人服、ドレス、コート、シャツ・ブラウス、スポーツウエアなど広範囲なファッションに使用されています。レースカーテンなどインテリアやタイヤコードなど各種の産業用などにも使われています。

アクリルは、各国・各社が同時に競って開発しました。アクリルはステープルを生産し、セーター、カーディガン、手編み毛糸などに使用しています。

戦前に発明された日本のビニロン（vinylon）は工業化が遅れ、1950年生産が始まり、1951年のナイロンとともに学生服や作業服などに使用しました。ビニロンは強く、耐薬品性に優れていますが、風合いが他の繊維より劣るため、1970年代からは産業用として使用しています。また、温水で溶ける可溶性ビニロンがあります。この繊維を混ぜて紡績し、布にしてから温水に浸してビニロンを溶出させて柔らかく保温性がある布や、可溶性ビニロンの布に他の繊維の糸で刺繍してからビニロンの布を溶出してケミカルレースを生産しています。

6-11 ポリエステルの改質による新合繊

ポリエステルは絹に近い物性を持ち、1960年代に絹様合繊として市場に出て以来、三角形や星形などの異形断面、アルカリ減量、異収縮混繊などの加工

で、より絹に近い風合いをもつシルクライク合繊を生みました。中空化や極細化などで既存の合繊を改質して天然繊維以上の性能や新しい性能を持たせたものを「新合繊」といい、世界から「Singousen」として認められています。

　ポリエステルは合成繊維の中でも特に熱可塑性に優れており、半永久的なプリーツ加工ができました。三宅一生はポリエステルのプリーツ性を生かしてドレス全体にプリーツを施した"プリーツ・プリーズ"（p. 237）というファッションブランドを発表して注目されました。ポリエステルの熱特性とわが国の絞りの技術で様々な凸加工やギャザー絞りなどで新しいファッションも造られています。

コラム 6-12　映画『シャレード』のポリエステル、小説『氷壁』のナイロン、TV ドラマ『刑事コロンボ』「溶ける糸」のビニロン

　アメリカ映画『シャレード（Charade）』（1963）の１シーンです。主演のヘップバーンがソフトクリームを食べている時、相手役のグランドのポリエステルスーツを汚してしまい、彼はラベルを見て"着たまま洗うと型崩れが直るよ"とスーツを着たまま石鹸を付けてシャワーで洗い、"速乾性スーツを干したよ"といい、その直後、"一寸湿っている"といいながら外出しました。わが国でも、ポリエステル製品の発売当初"洗濯機で洗える学生服"というキャッチフレーズがありました。1960年代の映画に雨でずぶ濡れになるシーンもありましたが、しわがつかずポリエステルのようでした。

　井上靖の小説『氷壁』はナイロンザイルを扱い、岩の鋭角との摩擦に対する強度低下を提起しました。ナイロンの発明時の有名な言葉は"石炭と水と空気から造られ、蜘蛛の糸のように細く、鋼鉄のように強い"が宣伝文でした。

　アメリカ TV ドラマ『刑事コロンボ』の「溶ける糸」は外科用手術糸の可溶性ビニロン糸を内科手術に使って殺人をしようとするものです。現在は体温で溶ける安全なポリ乳酸繊維の内科用手術糸が開発されています。

| コラム | 6-13 | 故ダイアナ妃のファッションドレスと二人の妃のドレス |

　ダイアナ妃のドレス（図6-54）はオルソープの記念館に展示してあります。美しい人工池と小島にダイアナ妃の墓と、近くに記念碑堂があっていつも参拝者が絶えません。2017年、妃の逝去20年に当たり、ウイリアム王子一家とヘンリー王子・妃が住むケンジントン宮殿で「DIANA: HER FASHION STORY」展が2019年まで開催され、8月30日の命日は宮殿前に多くの人が花束をささげていました。2010年バースのファッション博物館で「THE DIANA DRESSES」展が開催されました。キャサリン妃とメーガン妃のファッションも注目され、三人の妃の王室衣装ファッション展が開催されるのが楽しみです。

図6-54　オルソープの展示（左）、ケンジントンの展示（中央）、バースの展示（右）

6-12　新しい糸と繊維

　最近、新合繊のほか、新素材やハイテク素材などと呼ぶ新しい糸や繊維が開発され、ファッションにも使われています。

　極細繊維は図6-55のような方法で絹より細い繊維が造られました。この繊維で造られた布はピーチタッチの布や人工皮革を生み、高密度織物は図6-56の透湿性防水布などに使われています。溶解法によるナノファイバー（nano fiber）もあります。

　中空繊維は軽い衣服以外に水処理、汚水処理、活性炭と併用した飲料水の浄化、海水淡水化など特殊な用途にも使われています。人工蜘蛛糸（スパイバー

®）は蛋白質の遺
伝子を微生物に組
み込み、増殖して
造ります。蜘蛛の
糸のようによく伸
縮し、強いのが特
徴です。

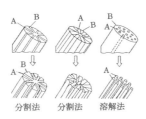

図6-55 極細繊維の作り方

図6-56 普通織物（タフタ、左）と極細繊維の透湿性防水布（右）

　新しい繊維にポリエーテルエステル系繊維、アクリレート繊維、ポリ乳酸繊維があります。ポリエーテルエステル系繊維はポリウレタンのように伸縮し、耐熱性、耐塩素性、熱セット性がよい特徴があります。アクリレート繊維は、吸湿性が標準状態で40％もあり、これを生かして吸湿発熱素材が造られています。吸湿すると発熱する現象は多くの繊維で見られますが、着用時のセルロース繊維の吸湿性は10〜20％で、発熱しても1〜3℃くらいですが、アクリレート繊維は5℃以上昇温します。ポリ乳酸繊維はとうもろこし澱粉からぶどう糖を造り、発酵させて乳酸にし、重合してポリ乳酸とし、熱で溶かして溶融紡糸して造ります。生分解性があり、3年ほどで分解されるため、環境を考慮した繊維やプラスチックに用います。数カ月で分解される糸は内科手術用に使用します。

　最近の色加工技術によるファッション素材に、室内で白や無地の服が太陽に当たると様々な色模様が現れる"フォトクロミック®"や染色によってメタリック調の輝きを持つ布"メタリックネット®"があります。自然の黄花コスモスなどで染めた花染め布に薄い重曹液などをスプレーすると赤っぽく色を変化させたり、薄いくえん酸をスプレーして赤色を消したりすることもできます。

コラム 6-14　糸で造らないファッション素材
― 不織布と人工皮革 ―

　糸で造らない布にフェルト、樹皮布、毛皮、紙布などがありますが、20世紀後半に不織布や人工皮革などが開発されました。不織布は各種フィルターやマスクに最適ですし、接着芯地としてファッションに欠かせません。1948年

布表面にポリ塩化ビニル樹脂をコーティングした擬革（ビニールレザー、塩ビレザー）、1959年ポリアミド系やポリウレタン系の樹脂で造った合成皮革、1963年極細繊維をポリウレタン樹脂でからめた人工皮革などが開発されました。特に表面を毛羽立てたスエード調人工皮革はファッション素材に多く使われています。

6-13 古くて新しいファッション素材の糸
─ 麻類の糸、紙糸、金糸・銀糸 ─

　近年のエコロジーを背景にヘンプ、マニラ麻、サイザル麻、ケナフ、ココ椰子、竹、月桃、い草、いらくさ、糸芭蕉などの麻類やパンヤなどの天然素材は人と環境に配慮したエシカルファッション素材に生かし、夏のクールビズ衣服用に綿などの汎用繊維と混ぜて使います。靭皮繊維のヘンプやケナフ、葉脈繊維のマニラ麻、サイザル麻などは古代からロープや網などに利用しました。月桃、い草、いらくさは亜麻や苧麻と同じ靭皮繊維です。パイナップル、バナナなどの繊維もあります。2〜3年で生育する効率の良い孟宗竹は、繊維を取り出すのに煮沸処理や薬品処理が必要です。月桃は沖縄などで栽培して繊維を取り出し "かりゆしウエア" として商品化しています。

　紙糸（paper yarn）は、楮や三椏などの和紙原料が入手しにくいため、2〜3年で生育するマニラ麻を原料にして、伝統的な和紙と洋紙を造る両方の技法を生かして造っています。紙糸は和紙糸、抄紙糸ともいい、古く奈良時代に和紙を細く切り、撚って糸にしていました。今日ではマニラ麻を、アルカリ剤を加えて高圧蒸気で蒸解し、十分に叩解します。それを抄紙工程で薄くシート状に広げ、洋紙のように抄紙をしてロール状に巻き取ります。この薄い紙をマニラペーパーといい、これをスリット工程で数ミリメートルの幅（1〜5mm）に切断して細いテープ状にし、撚糸工程で加撚して紙糸にします。マニラペーパーはかつては謄写版用紙として、現在は複写紙として使われているように、とても薄く丈夫な紙です。紙糸の布は吸湿性、吸水性、通気性、熱伝導性が大きく冷感であることなどから夏のファッション素材で、紙糸と綿糸の交撚糸はさらりとした触感、吸湿性に優れ、洗濯ができ、靴下、サマー製品などに使わ

第6章 革新紡績の時代と若者ファッション

れています。

　金糸・銀糸は古くから装飾用に使われていました。本物の金や銀を使わないものができると、業界では"まぎれ「紛」"として区別しました。「本紛」は銀をいぶして金箔のようにしたもの、「新紛」は和紙に金属蒸着したもの、「ソフト紛」はポリエステルフィルムに金属蒸着したものと区別しています。今日の金糸・銀糸は「ソフト紛」が多く、金属蒸着した薄いフィルム膜をロール状に何層にも巻いて細く切り、平箔糸（スリット糸）をそのまま使うか、ポリエステルやナイロン糸の芯糸に巻き付けて撚糸にして使います。フランス語のラメは金糸・銀糸またはその織物のことですが、わが国ではまがいものを"ラメ（lame）"と呼んでいます。ポリウレタンを芯糸にして伸縮性のあるラメ糸もあります。

　最近は植物繊維からナノファイバーを作りだしたり、伸縮性のある蜘蛛の糸を再生したり、伸縮性と強度のあるみの虫の糸で繊維強化プラスチックを造るなどして、天然素材が見直されています。

コラム 6-15　ファッション用糸を展示するジャパン・ヤーンフェアと、テキスタイル・マテリアルセンター

　2004年から毎年2月に愛知県一宮市で開催される糸の見本市、ジャパン・ヤーンフェア（Japan Yarn Fair）は、全国の意匠撚糸メーカー約50社が最新の糸を展示し商談の場となっています。各社自慢の綿、麻、毛、絹、合繊の各種繊維糸やモール糸などのファンシーヤーン、ラメ糸、和紙糸などや、それらを使った生地も見たり触れたりできます。ファッションショーや、コンテストの作品展示なども行われ、ファッションには糸が重要であることが分かります。

　また、「テキスタイル・マテリアルセンター」（羽島市）では、主に尾州産地の毛織物の生地を展示しています。

6-14　第6章のまとめ

　科学技術が発展した今日では、紡績レボリューションといえるほど革新紡績

261

機や無人紡績工程の開発、織機、編み機、レース機、刺しゅう機、ミシンなどもコンピュータを組み込み、今までにない方法で糸や布造りが行われ、新しい加工方法などの多様な素材で若者ファッションを生みだしています。ファッションもイノベーションの時代を迎えています。それでも、ファッション素材の基本はドレープ感の出やすい糸で造った織物や編み物などであり、今後も変わらないことでしょう。

エピローグ

エピローグ

―糸・布造りの三大発明による発展とファッションの多様化―

①各時代の三大発明で新しいファッションを生み、綿は世界史を変えた

　大昔から世界の人々の生活の中で、糸を紡ぎ布にすることは欠かすことができない重要な作業でした。糸で造った布は人体を美しく装うのに最適で、常にファッションを生みだしてきました。ファッションには当時の糸や布造りの三大発明が大きく関わっていました。後期旧石器時代のクロマニヨン人による「なめし・針・紡錘車」から始まって、紡錘車・糸車・フライヤー式糸車の三大糸紡ぎ道具から、産業革命前の「フライヤー式糸車・飛び杼手織り機・靴下編み機」、産業革命初期の「ジェニー紡機・水力紡機・ミュール紡機」、洋式紡績時代の「化学繊維・化学染料・本縫いミシン」、戦後の「合成繊維・革新紡績・革新織機」の三大発明は、糸や布の生産を増大させ、それぞれの時代で新しいファッションを生み、ファッションを変え、ファッションに貢献してきました。

　糸が貴重な紡錘車の時代は、権威の象徴として幅広い布を体に巻き重ね着をして、ボリューム感とドレープ感を表現した身分ファッションでした。

　糸車の時代は、糸や布の生産が多くなり、聖職者らは毛や絹の美しく彩色した布を使い、ボリューム感とドレープ感のある宗教服ファッションを、フライヤー式糸車の時代は、高級毛織物や繊細な亜麻糸によるレースのラフで飾った貴族ファッションを生みました。

　綿糸を紡ぐ三大紡機の時代から糸や布が工業的に大量に造られ、産業革命で富を得たブルジョアジーの女性たちが富豪族ファッションをリードしました。

　洋式紡績の時代から化学繊維や化学染料、本縫いミシンで新しいファッションを生み、庶民もデザイナーズファッションでコットンファッションを楽しむことができました。現代では糸や布は豊富となり、様々なテキスタイルで若者ファッションを生みだしています。

　三大紡機の時代から綿糸、綿布の需要が増すと、大量の綿花栽培のための植民地政策や奴隷貿易を増長し、アメリカ南北戦争を起こし、機械化による糸や

布の生産は手仕事で生産している人々を脅かし、暴動や紡織機の破壊などが起こりました。糸や布の生産でブルジョアの出現、資本家と労働者という区別や、子どもが小さな大人として扱われ、若い女性の労働問題、社会構造の変化などをもたらしました。

　大航海時代、イギリスは海軍力によって制海権を得るとともに、探検家たちが艦隊を率いて航海し、そこで得た各地の綿製品を知り、特に東インド会社から輸入された高級インド綿布に触れたことが綿製品のあこがれとなり、産業革命を興し、綿花確保のため、植民地化して奴隷を入植させ綿栽培を行いました。特にアメリカ南部や西インド諸島に奴隷を多く入植させて綿栽培を行い、リバプール港は綿花入荷港として、マンチェスターやその周辺は綿紡織工業として発展しました。そしてリバプール・マンチェスター間に船運河や鉄道を敷いて綿花や綿製品を輸送し、イギリスの交通網を発達させました。

　ファッションに大きく影響を及ぼした産業革命の成功の要因は、綿の良さを知り、綿紡績を確立し、必要な綿花を植民地で奴隷たちが栽培してきたからでした。今日イギリスの植民地であった多くの諸国は綿花を栽培し、その国の経済を支えています。"世界史を変えた……"という書物がありますが、ファッションのための綿はまさに世界史を変えました。スチーブン・ジョンソンは"木綿は世界を変えたことに疑う余地はない"、ジョン・スタイルズ（歴史家）は"木綿がヨーロッパを制したのはファッション性があったから"と述べ、一方でコットンベルト地帯は黒土で黒人奴隷が働いていたので、"ブラックベルト地帯で、最大の負の遺産であった"、と述べています。(リ)

②わが国の綿糸生産のきっかけと糸作りの発展、ファッションへの寄与

　わが国に目を向けると、幕末にアメリカのペリーの黒船来航、ハリスらによって「日米通商」の締結がありましたが、わが国はアメリカよりもイギリスやフランスの技術や文明を多く取り入れました。その方向性を最初に打ち出したのがイギリス艦隊と戦った薩摩藩でした。この戦いで産業革命を成し遂げていたイギリスの軍力や技術、特に綿糸や綿製品を知り、イギリスから紡績機械を導入し、イギリスの技師を招き、わが国初の綿紡績工場を建てました。これを基に明治政府の殖産興業のもと綿紡績工場が各地に建てられました。また、

エピローグ

輸出用の良質の生糸を生産するのに役立ったのは、フランスの製糸機械と技術で操業した「富岡製糸場」でした。綿糸の生産と生糸の輸出で産業革命を興しました。

開港以来100年以上イギリスやフランスに後れをとっていたわが国の紡織技術や製糸技術の進歩は、急速に目覚ましく発展し、今や世界の先端を行くまでになりました。全自動紡績システム、革新織機、本物以上の手触りや性能を持つ人工皮革、新合繊などの新素材の開発、ナノテクノロジーによる超極細繊維によるスエード調人工皮革、さらに環境を配慮した砂糖きび・竹・月桃など植物由来繊維の開発です。現在テキスタイル産業は衰退していますが、Ｊブランド（Japan Brand）やＪ∽QUALITY（Japan Infinty Quality）で世界に誇る糸や布そしてファッションを創造して、発信してほしいものです。

③ファッションの多様化は女子力と女子会から

ファッションは、女性が女性のために行っている社会現象です。シャネルは、自らデザインした衣服や帽子を着けて女性に見せ、「私自身がモードだった」と述べ、多くの女性デザイナーたちは、「女性が私（女性）の作品をまとって輝くように美しく、セクシーに変身する姿を見て納得する」と述べています。

ファッションを世界に発信するには女子力が必要です。女性の社会進出は、1970年代のウーマンリブを経て、1986年男女雇用機会均等法が制定され、1990年前後に“オバタリアン”と呼ばれる人たちが活力を発揮しました。同じころ参議院選挙で女性が躍進し“マドンナ旋風”といわれました。2010年に“女子会”という言葉が生まれましたが、1970年代の“アン・ノン族”や“コギャル”たちは“女子会”の先駆けで、ファッションリーダーでした。

最近の“TGC（トーキョウ・ガールズ・コレクション）”や“コスプレ（コスチューム・プレー）”などは、一層“女子会”を感じます。女性が装うのは女性へのライバル意識であり、そこにファッションが生まれるのでしょう。「女子力は日本を救う」という合い言葉で、“リケ女”や“スポ女”のような“○○女”の言葉が生まれました。ラガルドIMF（国際通貨基金）理事は2012年来日した折に、“日本は女性の能力や労働力を活用すれば救われる”と提言

しました。2013年安倍総理は「最も生かし切れていない人材は女性だ。女性の能力開花が閉塞感の漂う日本を成長軌道に乗せる原動力だ」と女子力に期待しました。ところが安倍内閣では女性閣僚の不手際が目立ちました。2014年の流行語に、"輝く女性"、"カープ女子"、"こじらせ女子"がありました。

④ファッションの多様化とTPO

国会でTPOに関わるファッションが問題になりました。国会では帽子、外套、マフラーなどを禁止した規則があるそうです。1991年一議員が"帽子もファッションの一部"といってベレー帽をかぶり本会議に出席して咎められました。服装に厳しい国会ですが、"官製ファッション"と呼ばれたクールビズを提唱したこともあって"ノータイ"が国会ファッションとなりました。一方で、ウォームビズを提唱しながら帽子やマフラー、手袋などは禁止されたままです。

ファッションか服装の乱れかで物議をかもしました。1977年の"ジーパン騒動"は、大学のアメリカ人教師がジーパン姿の女子学生を教室に入れず、議論となりました。2010年冬季オリンピック出場選手が公式ユニフォームを着て飛行機に搭乗時、一選手がネクタイを緩めカッターシャツを外に出したスタイルを服装の乱れと批判されて、開会式に参加できませんでした。2014年某航空会社の超ミニスカートの新制服が職場にふさわしくないと批判され、2017年東京銀座の某公立小学校で、イタリアの有名ファッション専門店がデザインした高級服を、服育として育ち盛りの新入生の制服に定めたことがニュースになり、服育、制服とは何かが問われました。これらはまさにTPOの問題です。

⑤レイバーの法則とファッション

ファッションについて、やや古い本ですが、イギリスのレイバー（James Laver）の著書『*Taste and Fashion*』(Z)で、流行について述べています。今流行している衣装が、もし10年前に出現していたら"下品で見苦しく（indecent）"、5年前であると"恥知らず（shameless）"と思われ、1年前では"セクシーな（daring）"ものになり、現在"流行（smart）"していると述べています。さらに、現在流行している衣装も、1年後は"野暮ったく時代

遅れ（cowdy）"となり、10年後は"ぞっとしてひどく醜い（hideous）"、20年後は"滑稽な（ridiculous）"、30年後は"面白い（amusing）"、50年後は"古風で趣がある（quaint）"、70年後は"魅力的な（charming）"、100年後は"ロマンチック（romantic）"、150年後は"完璧に美しい（beautiful）"、と述べています。これをレイバーの法則（Laver's Law）といいます。

この法則を後に実証した例はミニスカートです。イギリスデザイナーのジョン・ベイツやマリー・クワントは1961年に膝上までのショートスカートを発表しましたが、ロンドン市民から"恥知らず"とブーイングが起こりました。ところが、5年後の1966年に突然世界的なミニスカートブームとなり、レイバーの指摘のように"恥知らず"と言われた5年前のデザインが、ファッションになりました。世界的に大流行したミニスカートは数年で消滅しましたが、30年後の1995年ころに再び現れてファッションになり、定着しました。まさにレイバーの法則に合った30年後は"面白い"というファッションでした。

わが国では、30年後は"面白い"というファッションがミニスカート以外にもあります。1974年ころに流行した厚底靴が、30年後の2005年に再び流行しました。1970年代のパンクファッションや80年代のアバンギャルドの穴あきズボンやつぎはぎ服は、30年後の2000年代に"ダメージジーンズ"として現れ、定着しています。1970年にロングスカーフが流行しましたが、40年後の2011年に再び現れました。1980年代のセーターの袖を首に巻く襟巻ファッションは、およそ30年後の2013年にはニットの外衣を首や体に巻いたり掛けたりしていました。30～50年前の流行は10代や20代の若者にとって新鮮で、今後、昭和末期から平成初期のファッションが再び流行するかもしれません。

⑥流行の変遷とファッションの定着

現代の流行の変遷は、ある事象が発生し、伝播した後、急激に消滅する場合や、その事象を残しながら衰退する場合があります。前者はブームと呼び、後者はファッションと呼ぶことにします。ブームはその場限りですが、

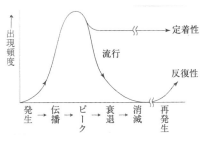

図 E-1　流行の３形態

ファッションは伝播した後、定着する場合があります。レイバーの法則のように30年後や40年後に再発生する場合もあります。

これらの関係を図E-1に示しました。再発生し定着した例はミニスカートで、女子中高校生の制服などがあります。ファッションとなった後、そのまま定着したものはジーンズ、Tシャツ、半袖ワイシャツなどです。

⑦最近の環境問題から生まれたクールビズとエシカルファッション

2005年地球温暖化防止のため"夏のエアコン温度を28℃にしましょう"と呼びかけ、衣服の軽装化として5月1日から10月31日までの間"ノータイ・ノー上着"のクールビズや、2011年東日本大震災の津波により電力不足が危惧され、6月1日から9月30日までの間のスーパークールビズは、官庁や役所内でポロシャツやアロハシャツに半ズボン、スニーカーやサンダル履きが認められました。また、CO_2排出量が多い冬季の対策として"ウォームビズ"という官製ファッションも提唱されました。ウォームビズ用の発熱素材や、クールビズ対応の放熱性、通気性、接触冷感、水分移動性等の性能に優れた素材など、わが国の科学や技術の力を結集した糸や布が開発されています。

最近では、"エシカルファッション"という言葉が生まれました。エシカルとは"倫理的な"という意味です。哲学者井上哲次郎は産業革命以降、大量生産のために人の労働が最優先、最重視されて、人間の尊厳が軽視されていることで、道徳心すなわち倫理感が失われたとして倫理学を学問として確立し、"Ethics"と名付けました。エシカルには人間の尊厳を尊重するという意味が込められており、次の4点がエシカルファッションに必要です。

Ⅰ：負の遺産を生まない・造らない・残さない。人間の尊厳重視や適正な労働と良好な作業環境、公正な賃金等です。

Ⅱ：3R（Refresh・Reform・Recycle）で"もったいない"精神を浸透させる。過剰な繊維製品消費量の減量、仕立て直し、焼却せずに回収率を向上させるなどです。

Ⅲ：フェアトレードを推奨する。発展途上国の原料、製品、労働などを適切に評価して購入し、価値観の平等化や国際社会に貢献します。

IV：環境負荷を低減する。天然素材、天然染料、有機栽培、地産活用など地域の伝統的な技術や製法の継承、工芸作物の奨励等で地球環境を保全します。

⑧ファッションが生んだ負の遺産・黒人人種差別と映画

　ファッションも糸や布を造る紡織業も、その原料生産も本来は平和産業です。ところが、時にはファッションは権力や地位、富を示すもので、それを得るためにその原料や製品、産地を奪うための戦争もありました。ファッションに必要な原料や糸、布を造ることに携わってきた多くの人々が過酷な労働に耐えてきました。産業革命前後の綿や糸、布が大量に必要だった時代には、黒人奴隷によって綿花栽培が行われ、大プランテーションは過酷な労働を生みました。

　1963年黒人人種差別に反対した“ワシントン行進”の際、キング牧師（Martin Luther King）は「私には夢がある」と演説し、差別撤廃運動が盛り上がり、黒人の権利を認める人民権法の成立に向かいました。ところが、アメリカでは黒人差別が続いています。2014年 NBA の球団オーナーが“黒人を試合につれてくるな”と差別発言、同年ニューヨークで黒人男性が路上で物を売っていたかどうかで口論となり、白人警官数人に首を絞めつけられて黒人が死亡する事件や、同年ミズーリ州で白人警官が車道を歩行したとの理由で黒人青年を射殺する事件が、白人主体の陪審員裁判で無罪となり、各地で黒人デモが発生、暴動化した地域もありました。アメリカ映画『ミシシッピー・バーニング（*Mississippi Burning*）』（1988）は、史実に基づく1960年代のミシシッピー州の小さな田舎町での殺人事件と黒人差別を扱ったアカデミー賞受賞作品です。

　2013年２つの奴隷制度の問題を追及した実話に基づく映画がありました。アカデミー賞受賞作品のアメリカ・イギリス合作映画『それでも夜は明ける（*12 Years a Slave*）』は、19世紀半ば一人の自由黒人の音楽家が拉致されて南部へ奴隷として売られ、綿花栽培に一人でも奴隷が必要という状況のなかに放り込まれていく、負の遺産としての奴隷制度を克明に描いています。スティーブ・マックイーン監督は授賞式で“過去を知らなければ将来は語れぬ、ひどく苦しく悲しい出来事も歴史として事実を知らなければ、未来は語れない”と語

りました。"Cotton is King" といわれた時代に、歴史上の影の部分を振り返ることは必要です。アメリカ映画『大統領の執事の涙（The Butler）』は南部綿作農場の奴隷の子が親の悲惨な姿を見ながらも、懸命に生き、ホテルのボーイからホワイトハウスで7人の大統領の執事を務めるようになったという成功物語です。

⑨ファッションが生んだ負の遺産・病気と過酷な労働

　綿花栽培には農薬が欠かせず、最も多く使用している作物ですが、農薬の使われる量や使用の仕方にも問題があります。大プランテーションでは飛行機を使って散布していますが、発展途上国などでは、ポンプを背中に背負って農薬を散布しており、農薬吸引で病気になっているという報告があります。

　ジーンズにビンテージ感を出すためにサンドブラスト（sand blast）という細かいシリカの砂（硅砂）を高圧空気で当てて行っていました。トルコやバングラデシュなどでサンドマンと呼ばれたサンドブラスト加工者がマスクをしてもこの細かい硅砂の粉を吸い込み、肺に溜まって硅肺の病気になり問題となりました。2010年にこの加工法は禁止されましたが、ビンテージジーンズのファッションを楽しんだ人はこのような現実を知っていたのでしょうか。

　また、話題のSPAやファストファッション（低価格衣料）の多くは、人件費を抑えるため発展途上国の労働条件の悪い環境下で造られており、フェアトレード上問題があります。アメリカのドキュメンタリー映画『女工哀歌（China Blue）』(2008) は"世界の工場"といわれている中国のジーンズ縫製工場で、低コストで仕事を請け負った経営者とそこで働く若い女子労働者の過酷な労働が描かれています。現在は賃金の低さからバングラデシュも世界の縫製産業を担っていますが、2013年ダッカで縫製工場の老朽ビルが崩壊して若い縫製工が1100人以上死亡し、2500人以上が負傷しました。この事故を重く見た映画作家アンドリュー・モーガンは、アメリカ映画『The True Cost ― ファストファッションの真の代償 ―』(2015) で、華やかな業界の中で、作業に携わっている多くの人が苦しみ、環境を破壊している現実を描きました。

　多くの人はファッションを楽しんでいますが、発展途上国の「○○製」や「Made in ○○」の安価な服の裏に、このような負の部分があるのです。

⑩ファッション商品の焼却問題と最近のサスティナブルファッション

　ファッション業界では、流行から外れた商品は焼却処分をしているそうです。2018年イギリスの有名ファッションブランド"バーバリー"が値崩れを防ぐために余った商品を焼却したことで批判を浴びました。今日ファストファッション業界は、大量生産・販売している商品を再利用して、100％循環型とか完全サスティナブルを唱えています。"100％"や"完全な"は不可能と思いますが、短いサイクルのファッションだからこそサスティナブルファッションは当然なことです。

　日本映画で、『繕い裁つ人』（2015年、監督：三島有紀子、主演：中谷美紀）がありました。注文ドレスや古い服の寸法直し、仕立て直しなどの老舗洋裁店が、仕立て業の心のこもった服作りとともに、古い服を宝物のように扱って、作る側も使用する側もリフレッシュ、リユースに心がけるまさにエシカルファッションであり、サスティナブルファッションを扱った映画です。

　テキスタイルの生産や加工に伴う労働や環境問題、大量生産・大量消費に伴う廃棄問題など、陰の部分や負の遺産をなくして、エシカルファッション、サスティナブルファッションを考えることは不可欠です。

おわりに

― 百聞・百見は一験・一触にしかず ―

　私たちが"知っている"という言葉には3つの意味があります。一つは"聞いて知っている"、二つ目は"見たり読んだりして知っている"、三つ目は"体験したり実物に触れて知っている"ということです。「百聞は一見に如かず」のように、見たり聞いたりして知識を得ることも大切ですが、私たちが本当に知っているというのは、三つ目の体験や経験、実物や本物に触れて得られるものと思います。すなわち、「百聞・百見は一験・一触にしかず」といえます。

　47年ほど前の1971年に勤務先（愛知教育大学）の農場の畑を借り、教材用に綿の栽培を始めました。そして収穫した綿の糸紡ぎを考えました。紡錘車の代わりに、ボール紙と割り箸の独楽で作った糸紡ぎの道具を考案し、紡いでできた糸に興味を持ちました。慣れてくると、ピマ綿や海島綿で100番手くらいの細い糸も紡ぐことができるようになりました。これならシースルーのような布も古代に作れたと思いました。綿は絹、麻、羊毛に比べて、栽培から収穫まで簡単で、糸紡ぎも難しくなく、染色しやすく汎用性がありました。

　亜麻や苧麻も栽培しました。亜麻の茎から繊維束を取り出すことは難しく、糸を紡いでみると、太くて硬い糸にしかなりません。そこで、水を加えながら木槌で叩くと亜麻の繊維束は分繊して細い短繊維になり柔らかくなりましたが、それでも綿糸のような柔らかい糸にはなりませんでした。亜麻を使っていた古代エジプト時代のファッションで、ドレープ感が出ていないのは当然でしたが、壁画や石像・銅像に示された美しいプリーツは、どのようにして作り保持したか不明です。また、苧麻を育て、糸を績み、布にして、水にぬらしながら木槌で叩いても柔らかい布にならず、秦始皇帝の兵馬俑やわが国の埴輪のドレープ感のないストレートな衣装が理解できました。メソポタミアのフェルトも同様です。蚕を飼育し、繭を切って蛹を出してから煮沸し、湿った状態の繭から独楽で糸を紡ぐと、とても細く強い糸ができました。繭から直接紬のような糸ができました。生糸にする以前は紡錘車で繭から紬糸にしていたと考えられます。

藍、紅花、紫草、茜なども栽培しました。各種の天然染料や草花で染めてみると、絹や羊毛はほとんどのもので濃く美しく染まりましたが、綿や麻は藍、紅花、茜や、黄花コスモスなどの花弁の一部以外は薄くしか染まりませんでした。このため古代の亜麻や綿の布は白くして用いたと思われます。古代ギリシャのキトン、古代ローマのトガやパラなどの布はドレープの出やすい毛織物のほか、東洋の絹や綿も使いました。中世の軍服や宗教服は美しく彩色されていました。天然染料で美しく染まる毛織物や絹織物で、ボリューム感もドレープ感もありました。近世から近代にかけて美しく染色された綿のインド更紗がイギリスで評判になりました。これは当時、綿を美しく染めることがとても難しかったためです。藍や紅花などを使ったインドやジャワなどの多色更紗や、わが国の江戸から明治の庶民のファッションが綿や麻のジャパンブルーであったことも理解できました。綿や麻を蛋白質繊維の毛や絹のように濃く染めるために、水に浸した蛋白質の大豆を搾った豆乳のような"ご（豆汁）"という液に浸して染める工夫も生まれました。綿や麻が各種の天然染料などで濃く染めることができるようになったのは、1850年にマーセル化加工が開発されてからでした。

　四大文明の時代から育てられてきた綿、亜麻、羊毛、絹という四大天然繊維は栽培飼育しやすく、糸にしやすかったこと、染めやすかったことと、これらの糸で造った布は丈夫で、人体を包みやすく、ドレープ感やボリューム感がでたことなどから、5000年以上にわたって連綿と人々のファッションを担ってきました。特に、綿は栽培が容易で、大量生産ができ、糸紡ぎも容易であったので、近世からは"綿は王様"と呼ばれるほどファッションの主役でした。1970年代までは綿は全繊維生産量の50％以上を占め、今日でもポリエステルに次いで2番目で毎年生産量が増えており、ファッション素材として二大繊維時代になっています。

　それにしても、ファッションのための糸作りは、5000年は続いた紡錘車や約850年続いた糸車の時代を経て、200年続いた産業革命期からの洋式紡績機械が、戦後60年という極めて短い期間に全自動紡績システムとなり、紡錘車や糸車のように一人で1本の糸を紡いでいた260年前に対し、無人で数千本の糸が同時にできるという時代になりました。この大きな変化を見ても、ファッ

ションのための糸作りがいかに重要であったかが理解できました。

すでに述べましたが、愛知教育大学在職中の在外研究員の時に、イギリスの産業革命の起爆となった三大紡機やその原料を支えたアメリカの綿花栽培等について調査研究を始めました。糸を紡ぎ、布を織る道具・機械の発展について、イギリスの博物館等で調べている間にファッションへの影響について興味を持ち、定年後に名古屋学芸大学ファッション造形学科に勤めたことが、本書をまとめるきっかけになりました。ここでファッションの勉強ができました。

綿や亜麻、藍や紅花などを栽培し、独楽で糸を紡ぎ、染めて、手で布を織ってみると、機械化の必要性が実感できます。初期の機械を見て触って動かしてみると、機械の素晴らしさがよく分かります。三大紡機の発明が産業革命を興したことも理解できます。道具・機械が発展し、新しい糸や布ができると新しいファッションが生まれました。糸を紡ぎ、布を造ることはまさにファッションのためでした。これらの発見や体験によって「百聞・百見は一験・一触にしかず」を強く認識しました。

ファッションは糸を紡ぐ道具・機械の発展によって支えられ、新しいファッションを生み出してきました。今後も糸を紡ぎ、布を織る技術は進歩し、新しいファッション素材が生まれてくることでしょう。

わが国は明治以降、"西洋生まれの日本育ち"の言葉のように、西洋の技術でファッションの糸や布を提供してきました。2018年は明治元年から150年となりました。前半は戦争が絶えず、特に日本も参戦した第一次世界大戦終結100年では、パリで世界の首脳が出席して記念式典があり、イギリスでも各地で戦没者の追悼式が行われました。後半は平和な時代が続いています。その間約50年後に自前の紡織機械で産業革命を確立し、100年後は高度成長期の波に乗って世界一のファッション素材を生産し、東京オリンピックを開催しました。その後、テキスタイル産業の衰退で貢献度が少なくなってきましたが、"日本生まれの世界育ち"のファッション素材を次々と提供し、150年後の東京オリンピック・パラリンピックを迎えようとしています。50年後、特に100年後からわが国独自の技術で糸・布造りを世界に発信してきたように、今までに培ってきた技術や感性で、150年後以降はエシカルファッションを意識した新しいファッション素材が提供できることを期待しています。

総　括

― 糸を紡ぎ、布を作る道具・機械等の三大発明による
ファッションの変遷とマズローの"5段階欲求説"―

　人間の基本的欲求の実現について、アメリカの心理学者マズロー（Abraham H. Maslow, 1908 － 1970）の「ピラミッド型5段階欲求説」があります。その説に基づいて、人が衣服を着ることへの欲求と、糸を紡ぎ、布を作る道具機械等の三大発明によるファッションとの関わりをまとめ、「糸とファッション」の総括とします。

　マズローの第1段階は生理的欲求です。

　コラム1-2で述べているように、後期旧石器時代のホモ・サピエンス先駆けのクロマニヨン人は「なめし・針・紡錘車」の三大発明によって"毛皮ファッション"を楽しみ、生理的欲求を満たしました。

　第2段階は安全欲求です。

　四大文明時代になると、亜麻、動物の毛、綿、絹から、それぞれ紡錘車を使って糸を紡ぎ、布を織って衣服を作りました。糸で作った織物の衣服は、丈夫で動きやすくドレープ性があり洗濯ができたので、安全で衛生的な"織物ファッション"が生まれました。紡錘車は糸を紡ぐ世界共通の最初の道具でした。紡錘車は1日に10時間紡いでも600メートルくらいしかできず、衣服を作るのに必要な糸の量を紡ぐには10日以上、トガの布は4カ月もかかり、糸や布はとても貴重でした。王や高官らは庶民と区別するために、たくさんの布を使った衣服を身に着けて権威を示し、"身分ファッション"の時代でした。

　第3段階は社会的欲求・集団的所属欲求です。

　10世紀に入ると、紡錘車より効率よく糸を紡ぐ糸車が出現しました。草木で染めた重厚な毛織物は、キリスト教支配の神官や宗教家の衣服に使われ、社会的な所属を示す"宗教服ファッション"となりました。16世紀にフライヤー式糸車と靴下編み機が発明されました。フライヤー式糸車は繊細な糸ができました。貴族らは高級毛織物と繊細なリネンのラフを身に着け、編み機で

作った足にぴったりするキャニオンズはホーズとともに貴族男子の衣服となりました。ラフとキャニオンズは貴族社会を示す"貴族ファッション"でした。10世紀から17世紀の衣服は社会的欲求・所属欲求を満たしました。「紡錘車・糸車・フライヤー式糸車」は古代から産業革命前までの三大糸紡ぎ道具です。「フライヤー式糸車・靴下編み機・飛び杼」は機械化前の三大発明で、繊細な毛糸と亜麻糸、靴下、広幅織物は"貴族ファッション"に貢献しました。

第4段階は承認欲求・自我欲求です。

イギリスで産業革命が興った背景は、硬いリネンやちくちくする毛織物に対して、庶民が肌触りのよいインドの綿製品を知り、熱望したからです。綿を紡ぐ「ジェニー紡機・水力紡機・ミュール紡機」の三大発明は産業革命を興す基となりました。産業革命で富を得た富豪族の女性は、美しくプリントされた綿布を大きく広げたスカートでボリューム感を出した"富豪族ファッション"で自我欲求を満たしました。富豪族は貴族に対して存在感を示し、議会に進出するなどで承認を得ました。産業革命後の洋式紡績時代は綿糸、綿布が大量生産され、「レーヨン・モーブ・ミシン」の三大発明で、デザイナーが活躍し、庶民もファッションの仲間入りが承認され、"庶民ファッション"の時代が来ました。

第5段階は自己実現欲求です。

戦後になると、糸を紡ぎ、布を織る機械等の発展は著しく、従来の方法とは全く異なった「ローター法・空気法・摩擦法」の三大精紡機、無杼織機のレピアの他に3～5メートルの広幅織りの「グリッパー・エアージェット・ウォータージェット」の三大織機、コンピュータ化された「編み機・レース機・刺しゅう機」の三大機械が生まれ、これらによって量産された糸、布、衣服や、「合成繊維・合成樹脂・合成染料」の三大合成製品などによって新しい素材が生まれ、それらを身に着けて"1髪・2化粧・3衣装"で自己実現欲求を満たした若者によって"若者ファッション"の時代となりました。

ところで、マズローは晩年に最終の5段階の自己実現欲求では不十分と気付き、第6段階として自己超越欲求をピラミッドの頂上に掲げました。自己実現のためのエゴを抑え、今日的な環境や人間尊重、社会問題等を考える必要性を

提起しました。これまで繊維産業やファッション産業は様々な衣服を提供しファッションに使われてきました。エピローグで述べていますが、その裏には多くの負の遺産がありました。第6段階の自己超越欲求を満たすために、例えば「天然素材の新活用・完全リサイクルできる製品・土壌に戻る製品」のような三大発明を推進して、人間の尊厳を重んじ、地球環境を守るために"エシカルファッション"を意識した製品作りをしてほしいものです。

写真等の出典場所

(1) Manchester Museum

(2) British Museum, London

(3) 人間博物館リトルワールド（犬山市）

(4) 東京国立博物館

(5) 伊澤優子氏（西尾市）

(6) Petrie Museum of Egyptian Archaeology, London

(7) Victoria and Albert Museum

(8) 八尾市立歴史民俗資料館

(9) 吉野ヶ里歴史公園（神埼市）

(10) Museum of Fine Art, USA, Boston

(11) National Gallery of Scotland, Edinburgh

(12) Brighton Museum and Art Gallery

(13) Manchester Town Hall

(14) Quarry Bank Mill, Wilmslow

(15) Science Museum (Blythe House, London)

(16) Science Museum, London

(17) Hatfield House

(18) Royal Albert Memorial Museum & Art Gallery, Exeter

(19) National Museum and Gallery, Cardiff

(20) Museum of Welsh Life, St. Fagans

(21) Dyrham House, nr Bath

(22) Courtauld Institute Gallery, London

(23) Scottish National Portrait Gallery, Edinburgh

(24) Sudeley Castle, Winchcombe

(25) Tate Britain, London

(26) Irish Linen Centre & Lisburn Museum

(27) Lochcarron of Scotland Visiter Centre, Galashiels

(28) Cotswold Woolen Weavers Exhibitions and Mill, Nr Lechlade

(29) National Maritime Museum, London

(30) 加藤紬工場（現加藤手織牛首つむぎ）（白山市）

(31) Cogges Manor Farm Museum, Witney

(32) Museum of Nottingham Lace

(33) Museum of Science and Industry, Manchester

(34) Abington Museum, Northampton

(35) Helena Thompson Museum, Workington

(36) The Scottish Kiltmaker Visitor Centre, Inverness

(37) Helmshore Mills Textile Museum, Rossendale

(38) Calderdale Industrial Museum, Halifax

(39) 産業技術記念館（名古屋市）

(40) Newtown Textile Museum

(41) Wellbrook Beetling Mill, Tyrone

(42) Moravian Museum, Pudsey

(43) Sandringhame House

(44) Slater Mill Museum, USA, Pawtucket

(45) Lowell Historical Society, USA

(46) 田上郷土史料館（八尾市）

(47) Agrirama Living History Museum, USA, Tifton

(48) Lewis Textile Museum, Blackburn

(49) Colne Valley Museum, Huddersfield

(50) Paisley Museum & Art Gallery

(51) Whitchurch Silk Mill

(52) Ruddington Framework Knittter's Museum

(53) Nottingham Industrial Museum

(54) Tiverton Museum

(55) Museum of Costume and Textiles, Nottingham

(56) World of Silk, Crayford

(57) Tolson Museum, Huddersfield

(58) Trowbridge Museum

(59) Costume Museum (Fashion Museum), Bath

(60) Museum of London

(61) Elmbridge Museum, Weybridge

(62) Manor House Museum, Bury St Edmunds

(63) Blandford Fashion Museum

(64) Snibston Discovery Park, Coalville

(65) Bankfield Museum, Halifax

(66) Winbledon Lawn Tennis Museum

(67) Charles Worth Gallery, Bourne

(68) Wigston's House Museum of Costume, Leicester

(69) Guildhall Art Gallery, London

(70) Alice Wonderland Centre, Llandudno

(71) Wigan Pier

(72) 日本綿業振興会（大阪市）

(73) Museum of American Textile History, USA, North Andover

(74) 高須ふとん店（西尾市）

(75) National Museum of American History, USA, Washington D.C.

(76) 北海道開拓記念館（現北海道博物館）（札幌市）

(77) 日本繊維工業株式会社・田上氏

(78) Tartan Weaving Mill & Exhibition, Edinburgh

(79) OTEMAS（大阪国際繊維機械展、第5回、6回、7回）（大阪）

(80) Avoca Hand Weavers, Ireland, Wicklow

(81) 有限会社近藤衛司工場（豊田市）

(82) Leeds Industrial Museum

(83) Chatham Historic Dockyard

(84) 石田製綱株式会社（蒲郡市）

(85) 尾張繊維技術センター（一宮市）

(86) 豊田自動織機株式会社（刈谷市）

(87) 株式会社島精機製作所（和歌山市）

(88) Fashion and Textile Museum, London

(89) Lotherton Hall, Leeds

(90) Lamoreaux Farm, USA, Arizona Gilbert

(91) 豊和工業株式会社（清須市）

(92) Westminster Abbey, London

(93) バルダン（一宮市）

(94) 絹糸紡績資料館（上田市）

文献（図・表等）

(ア) 『チグリス・ユーフラテス展解説書』中日新聞社、1974

(イ) Wikipedia.org

(ウ) 『技術の歴史（第1〜14巻）』チャールズ・シンガー編、筑摩書房、1981

(エ) *The History and Principles of Weaving by Hand and by Power*, Alfred BARLOW, Marston, Searle & Rivington, 1879

(オ) *Flax and Linen*, Patricia BAINES, Shire Publications Ltd, 1985

(カ) *Cotton Mills in Greater Manchester*, Mike WILLIAMS, Carnegie Publishing Ltd., 1992

(キ) 『和国百女』1694

(ク) 『技術者・発明家レオナルド・ダ・ヴィンチ』フェルド・ハウス著、山崎・国分訳、岩崎美術社、1974

(ケ) *Homespun to Factory Made: Woolen Textiles in American, 1776–1876*, Merrimack Valley Textile Museum, 1977

(コ) 『イギリス歴史統計』ミッチェル編、犬井・中村訳、原書房、1995

(サ) *The Lancashire Cotton Industry: A History Since 1700*, Mary B. ROSE, Lancashire County Books, 1996

(シ) *History of the Cotton Manufacture in Great Britain*, Edward BAINES, Fisher Son & Co. London, 1835

(ス) *The Spinning Mule*, Harold CATLING, The Lancashire Library, 1986

(セ) 『アークライト紡績機』井野川潔、けやき書房、1984

(ソ) *The Spinning Mule*, Thomas MIDGLEY, Bolton Metropolitan Borough, 1979

(タ) *The BP Book Of Industrial Archaeology*, Neil COSSONS, David & Charles, 1993

(チ) *The Cotton Trade of Great Britain*,

T. ELLISON, Augustus M. Kelley, Bookseller, 1868

(ツ) *The Woollen Industry*, Chris ASPIN, Shire Publications Ltd, 1982

(テ) *The Science of Modern Cotton Spinning*, Evan LEIGH, Palmer & Howe, 1877

(ト) *Cotton Mills in Greater Manchester*, Mike WILLIAMS and D. A. FARNIE, Carnegie Publishing Ltd, 1992

(ナ) *Cromford Mill* (leaflet), Arkwright Society, 1980

(ニ) *DAVID DALE of NEW LANARK*, D. J. MACHAREN, Heathbank Press, 1983

(ヌ) *Flax to Fabric: The Story of Irish Linen*, Brenda COLLINS, Irish Linen Centre & Lisburn Museum Publication, 1994

(ネ) 『アメリカ産業革命史序説』豊原治郎、未来社、1962

(ノ) *The Story of the Evolution of the Spinning Machine*, Palin DOBSON, Marsden & Co. Ltd, 1911

(ハ) 『概説アメリカ経済史』岡田泰男編、有斐閣、1983

(ヒ) *Textile Machines*, Anna P. BENSON, Shire Publications Ltd, 1983

(フ) 『産業革命のなかの綿工業』S. D. チャップマン、佐村明知訳、晃洋書房、1990

(ヘ) *Textile Printing*, Hazel CLARK, Shire Publications Ltd, 1985

(ホ) *The Cotton Industry*, M. B. HAMMOND, 1897

(マ) *Breaking the Land*, Pete DANIEL, University of Illinois Press, 1985

(ミ) 『日本貿易精覧』東洋経済新報社、1975

(ム) 『臥雲辰致』村瀬正章、吉川弘文館、1965

(メ) 「下野紡績所の機械設備について」調査報告書、玉川寛治（私信）『技術と文明』第3巻1号、玉川寛治、1987

(モ) 『西三河のガラ紡史』鈴木喜七

(ヤ) 『川島の撚糸』川島町撚糸同業界、1988

(ユ) *Textiles*, Paul H. NYSTROM, D. Appleton and Company, 1924

(ヨ) 『日本紡績史』飯島幡司、創元社、1949

(ラ) *Linen-Making in New England 1640–1860*, Merrimack Valley Textile Museum, 1980

(リ) 『世界を変えた6つの「気晴らし」の物語 ― 新人類進化史 ―』スティーブン・ジョンソン著、大田直子訳、朝日新聞出版、2017

(ル) 絹糸紡績資料館資料、1995

(レ) 『繊維機械学会誌（繊維工学）』
Vol. 40, No. 8, 1987

上記以外の文献

(A) 『繊維ハンドブック・2018年版』
日本化学繊維協会

(B) 『ファッションの歴史』J. アン
ダーソン・ブラック、山内沙織
訳、PARCO出版、1985

(C) 『ユーラシア文明とシルクロー
ド』山田・児島・森谷、雄山
閣、2016

(D) *The Story of Textiles*, Perry
WALTON, Montauk Bookbinding
Corporation, 1936

(E) *The Cotton Munufacture Industry of
the United State*, Growth BEFORE,
Augustus M. Kelley Publishers,
1966

(F) 『綿絲紡績上巻』渡辺周、丸善、
1917

(G) 『近代日本経済史要覧』安藤良雄
編、東京大学出版会、1975

(H) *The Cotton Industry in Britain*, R.
ROBSON, Macmillan & Co. Ltd,
1957

(I) *The Industrial Revolution and*

British Overseas Trade, R. Davis,
Leicester University Press, 1979

(J) *Samuel Slater and the Origins
of the American Textile Industry
1790–1860*, Barbara M. TUCKER,
Cornell University Press, 1984

(K) 『イギリス産業革命の研究』永田
正臣、ミネルヴァ書房、1979

(L) *Cotton Arkwright*, Margaret ARK-
WRIGHT, John Sherratt and Son
Ltd, 1971

(M) *Historic New Lanark*, Ian DON-
NACHIE and George HEWITT,
Edinburgh University Press, 1993

(N) 『オウエン自叙伝』ロバート・オ
ウエン、五島茂訳、岩波書店、
1961

(O) *Samuel Slater's Mill and the Indus-
trial Revolition*, Christopher SI-
MONDS, Silver Burdett Press, 1990

(P) *Samuel Slater: Father of American
Manufactures*, Paul E. RIVARD,
Slater Mill Historic Site, 1974

(Q) 『イギリス史』川北稔編、山川出
版社、1998
『イギリス史研究入門』近藤和彦
編、山川出版社、2010

(R) 『アメリカ経済200年の興亡』浅
羽良昌、東洋経済新報社、1996

(S) 『概説イギリス経済史』米川伸

一、有斐閣、1986

(T)『産業革命』高村直助編、吉川弘文館、1994

(U)『日本の産業革命』大江志乃夫、岩波書店、1968

(V) *The Lancashire Cotton Industry=A Study in Economic Development*, Sydney J.CHAPMAN, The Manchester University Press, 1904

(W)『アメリカ経済史』鈴木圭介、東京大学出版会、1972

(X)『明治期紡績技術関係史 — 日本の工業化問題への接近 —』岡本幸雄、九州大学出版会、1995

(Y)『コットンの世界』馬場耕一、日本綿業振興会、1988

(Z) *Taste and Fashion*, James LAVER, George G. Harrap and Company Ltd, 1948（初版1937）

参考文献

- 『化学繊維ハンドブック・1968年版』日本化学繊維協会
- 『繊維年鑑・昭和40年版』日本繊維新聞社
- 『臥雲辰致』宮下一男、郷土出版社、1993
- 『綿花から織物まで』日本紡績協会、1995

- 『産業革命と民衆』角山栄、河出書房、1980
- 『新版概説イギリス史』青山・今井編、有斐閣、1992
- 『繊維産業発達史概論』上出健二、日本繊維機械学会、1994
- 『地域からみる世界歴史年表』宮崎正勝、聖文社、1992
- 『「資本論」と産業革命の時代 — マルクスの見たイギリス資本主義 —』玉川寛治、新日本出版社、1999
- 『子どもたちと産業革命』C. ナーディネリ、森本真美訳、平凡社、1998
- 『産業革命』T. S. アシュトン、中川敬一郎訳、岩波書店、1953
- 『産業革命の技術』荒井・内田・鳥羽編、有斐閣、1981
- 『産業革命序説』染谷孝太郎、白桃書房、1976
- 『日本産業史1、2』有沢広巳監修、日本経済新聞社、1994
- 『産業革命を生きた人びと』荒井・内田・鳥羽編、有斐閣、1981
- 『女性の服飾文化史』日置久子、西村書店、2006
- 『ファッションの心理』ローレンス・ラングナ、吉井芳江訳、金沢

文庫、1973

- 『ファッション辞典』文化出版局、2008
- 『世界服飾史』深井晃子監修、美術出版社、1998
- 『ファッションの歴史』千村典生、平凡社、2009
- 『ファッションの歴史 ― 西洋中世から19世紀まで ―』ブランシュ・ペイン、古賀敬子訳、八坂書房、2006
- 『モードの歴史 ― 古代オリエントから現代まで ―』R. ターナー・ウィルコックス、石山彰訳、文化出版局、1979
- 『着装の歴史 ― 人間と衣服の相関 ―』R. B. ヨハンセン、中田満雄訳、文化出版局、1977
- 『生活の世界歴史 ― 産業革命と民衆 ―』河出書房新社、1975
- 『なぜ木綿』日比暉、日本綿業振興会、1994
- 『コットンの世界』馬場耕一、日本綿業振興会、1988
- 『テキスタイル・エンジニアリング(1)― 原料から糸へ ―』日本紡績協会、繊維工業構造改善事業協会、1991
- 『テキスタイル・エンジニアリング(2)― 織物・ニットから染色と仕上げへ ―』日本紡績協会、繊維工業構造改善事業協会、1991
- 『編組工学』米田秀夫、技報堂、1953
- 『世界綿業発展史』村山高、日本紡績協会、1961
- 『日本技術の社会史第 3 巻・紡織』永原・山口編、日本評論社、1983
- 『日本の産業革命』石井寛治、講談社、1997
- 『教草』樋口秀雄・大場佐一、恒和出版、1977
- *Spinning and Spinning Wheels*, Eliza LEADBEATER, Shire Publications Ltd, 1979
- *The Cotton Industry*, Chris ASPIN, Shire Publications Ltd, 1981
- *Looms and Weaving*, A. BENSON and N. WARBURTON, Shire Publications Ltd, 1986
- *Framework Knitting*, Marilyn PALMER, Shire Publications Ltd, 1984
- *Pillow Lace and Bobbins*, Jeffery HOPEWELL, Shire Publications Ltd, 1975
- *Rope, Twine and Net Making*, Anthony SANCTUARY, Shire Publications Ltd, 1980

- *Dyeing and Dyestuffs*, Su GRIER-SON, Shire Publications Ltd, 1989
- *Old Sewing Machines*, Carol HEAD, Shire Publications Ltd, 1982
- *The Silk Industry*, Sarah BUSH, Shire Publications Ltd, 1987
- *Egyptian Textiles*, Rosalind Hall, Shire Publications Ltd, 1980
- *David Dale, Robert Owen and the Story of New Lanark*, Moubray House Publishing, 1996
- *Cotton Spinning: Its Development, Principles, and Practice*, Richard MARSDEN, George Bell and Sons, 1888
- *The Story of the Evolution of the Spinning Machine*, B. Palin DOB-SON, Marsden & Co., 1911
- *Fashion's Favourite: The Cotton Trade and the Consumer in Britain 1660–1800*, Beverly LEMIRE, Oxford University Press, 1991
- *The Psychology of Clothes*, J. C. FLUGEL, The Hogarth Press, 1971
- *Costume & Fashion: a Concise History*, James LAVER, Thames and Hudson, 1988
- *Costume from 1500 to the Present Day*, Cally BLACKMAN, Jarrold Publishing, 2003

索　引

項目

〔あ〕

アーガイル ………………………… 115
アーツアンドクラフツ ……… 168, 183
アール・デコ ……………………… 182
アール・ヌーボ …………………… 182
アイアンブリッジ ……………… 96, 171
藍染め ……………… 82, 157, 205
アクリル ……………………… 222, 256
アクリレート繊維 ………………… 259
麻紡績（亜麻、苧麻）…… 48, 147, 211
アジア綿 …………………… 153, 231
アシエント権 ……………… 70, 74, 101
足踏み式手織り機 ………………… 67
足踏みミシン ……………………… 225
アセテート ………………………… 222
アップライトホイール ……………… 84
アニリン染料 ……………………… 224
アニリンパープル ………………… 223
アバンギャルド …………… 234, 267
アフリカ諸国の綿花栽培地 ……… 231
亜麻 ………… 26, 32, 47, 145, 213
亜麻梳き器 ………………………… 148
亜麻布（リネン）…………… 25, 29
亜麻紡績 …………………… 147, 213
編み機 ……………… 162, 221, 251
アルパカ ……………………… 111, 141
アルファベットライン …………… 232
あんぎん（編み布）………………… 37

アングロマニア …………………… 70
イオニア式コラム ………………… 108
イギリス更紗（ビクトリアン・
　チンツ）…………………… 106, 173
イギリス病 ………………………… 229
1髪・2化粧・3衣装
　…………… 181, 205, 232, 233
苺どろぼう ………………………… 191
遺伝子組み換えコットン ………… 255
糸車 ……………… 53, 63, 93, 196
『糸巻きの聖母』…………………… 47
伊予絣 ……………………… 82, 157
イングリッシュネット …………… 163
インダス文明 …………… 22, 25, 34
インド更紗 ……………… 90, 106
ウーステッド（梳毛）…………… 113
ウーマンリブ ……………………… 228
ウールホイール …………………… 64
ウーレン（紡毛）………… 113, 142
ウォーキングホイール …………… 64
ウォータージェット織機 ………… 250
ウォームビズ ……………… 238, 268
ウォルサム型 ……………………… 150
績む ………………………… 36, 46
運河 ………………………………… 170
運命の三女神 ……………………… 47
エアージェット織機 ……………… 250
エアージェット式空気精紡機
　…………………… 196, 242
エーゲ文明 ………………………… 25

Aライン 237

エシカルファッション

.... 235, 238, 260, 268

S字カーブスタイル 181

S撚り 50, 217

エデンプロジェクト 230

エドワードルック 187

エプロンローラー 195, 240

エリザベスカラー 80

エリザベス朝 71

エレファント袖 181

エンクロージャー（囲い込み）

.... 72, 101

円型梳綿機 211, 213

塩素漂白 166

延展機 213

円筒衣式 28

エンパイアスタイル 107

王室衣装 188, 258

王立植物園（キューガーデン）.................... 105

OHP 125

オーガニックコットン 231, 255

大阪国際繊維機械ショー（OTEMAS）

.... 247

大阪紡績会社 208

オートクチュール 184, 232

オープンエンド（OE）精紡機

.... 196, 242

オープンガウン 108

筬 50, 66

教草 204

オスマン帝国 53, 69, 98

錘機 50

織る・編む・組む 50

〔か〕

カーダー 88

カーディガン 115, 183

カード糸 194

カード織り 50, 52, 67, 95, 160

カード機（梳綿機）.................... 129, 193, 239

開繊機 129

回転織機 160

海島綿（シーアイランドコットン）

.... 74, 153, 238

貝紫 69, 224

改良型ジェニー紡機 117, 123

改良型水力紡機 121

化学繊維 221

化学染料 223

革新織機 228, 250

革新精紡機 228, 242

掛け衣式 28

囲い込み（エンクロージャー）

.... 72, 101

鹿児島紡績所 197, 207

傘歯車 120

飾り糸（ファンシーヤーン）.................... 245

カシミア（カシミア織り）.................... 111, 161

絣 82, 157, 205

カタナポリス 144

カバードヤーン 245

紙糸 260

紙衣（紙子）.................... 38

カラードコットン 255

柄編み 163

柄織り 160

からくり織機 219

カラコ 107

カラシリス 31, 50
ガラ紡 196, 204, 215, 247
カラムカリ 91
仮撚り法 245
冠位十二階 37
貫頭衣式 28
環縫いミシン 164
間紡機 134
機械破壊法 168
貴族ファッション 69, 81, 263
キトン 26, 38
絹紡績 213
絹様合繊 256
ギブソンガール 181
ギャザー 21, 23, 79, 181
キャッスルホイール 84
キャップ精紡機 127, 196
キャニオンズ 69, 78, 95
キャリコ 90, 92, 106, 111
キャリコ輸入禁止法 90
ギャルソンルック 183
キュプラ 222
キルトスカート 114
ギルド制 57
金糸・銀糸 83, 261
金地・銀地 84
金紗・銀紗、金地・銀地 84
空気精紡機（エアージェット式）....242
クールビズ 238, 260, 268
クオーリー・バンクミル 140, 151
クチュリエ 184
靴下編み機（ストッキングフレーム）
............69, 84, 95, 162, 168, 251
グラウンドマシーン 253

クラミス 38
クラン 114
グリッパー織機 250
クリノリン 109, 179
繰る 48
久留米絣 82, 157
グレートホイール 64
グレンチェック 115, 159, 220
クローク 38, 78
クロムフォードミル
.... 101, 103, 122, 132, 135
携帯用糸車 87, 179
毛織物加工 166
袈裟式 28
毛紡績 48, 212
ケミカルレース 256
毛モスリン 114
ケンタウロス型 179
原綿 140, 193, 254
ゴアード 181
コアヤーン 245
黄河文明 22, 25, 35
工作機械 167
工場制手工業 72
工場法 102, 143
合成繊維 222, 232, 255
合成染料 223
合理服協会 189
コープ 60
コーマ糸 192, 194
コーマ機 157, 194, 239
コーミング法 244
コーンドラム 133
国際繊維機械見本市（ITMA）....247

黒人奴隷 70, 74, 104, 201
極細繊維 258
ゴシック 59
古代エジプト文明 22, 25, 29
古代オリエント文明 25
五大発明 116
国会ファッション 266
コットンジン（綿繰り機）
　............... 154, 193, 197, 253
コットンジンハウス 199
コットンファッション
　.............99, 106, 115, 144, 176
コットンプリント 108
コットンベルト地帯（アメリカ）....199
コットンベルト地帯（インド）......103
コットンボール 201, 253
コットンリンター（リンター）......221
コトアルディ 60
コドピース 78
独楽（紡錘車）.................49
コリント式コラム 108
混打綿工程 193, 239
コンデンサーカード機 248
コンパクトヤーン 244

〔さ〕

サーキュラースカート 182
サーコート 54, 60
サープリス 60
再生綿（再生毛）............247
サキソニーホイール 46, 84
ザクセンホイール 84
座繰り 206
サスティナブルファッション 271

更紗（チンツ）............ 90, 106, 173
さらし粉漂白法 166
３Ｒ 268
三角貿易 74, 101
産業革命 89, 99, 103
産業技術記念館
　.......... 197, 211, 217, 220, 251
三草（綿・麻・藍）........................82
三大合繊 256
三大ドレープ 237
三大発明（クロマニヨン人）.... 29, 263
三大発明（フライヤー式糸車時代）
　.............................. 69, 115
三大発明（革新紡績時代）.....228, 263
三大発明（洋式紡績時代）.....176, 263
三大プリーツ 237
三大紡機 90, 101, 115
サンドブラスト 270
三分制度 101
シーアイランドコットン（海島綿）
　.............................. 76, 153
Ｇ型自動織機 219
ジーンズ 268, 270
シェトランド 115
ジェニー紡機 116, 196, 244
ジェントリー 56, 73, 100
ジゴ袖 109, 181
シシリアン・パープル（貝紫）........69
始祖三紡績所 207
湿式紡績法（亜麻紡）.............213
シップ運河（船運河）......145, 264
実綿 197, 253
自動織機 219, 250
自動ミュール紡機 125, 140

地機 67, 157

紙布 38

始紡機 134, 194

縞 82, 157, 205

ジムクロウ法（黒人差別法）........ 202

ジャージホイール 64, 117

ジャカード織機 161

ジャズ・エイジ 183

シャトル（杼）........ 50, 66, 93, 219

ジャパンブルー 205

ジャパン・ヤーンフェア 261

ジャムダーニ 92

シャンティ 28, 33

宗教服ファッション 54, 68, 263

十三植民地 98

十二単 62

縮絨機 166

種子毛繊維 152

十大紡 248

十基紡 206, 210

樹皮布 21

シュミーズドレス 108, 110

蒸気機関 99, 115, 158, 169

商業革命 75

植民地化政策 103

女子力 265

シリンダー捺染機（プリント機）
.... 107, 165

シルクライク合繊 257

シルクロード 36, 43

シルケット加工 223

しわしわファッション 238

シンガーミシン 176, 225

人絹 207

新合繊 228, 256

人工皮革 21, 258

伸縮性かさ高加工糸 245

人造絹糸 221

靭皮繊維 36, 47, 260

シンプレックス（単紡機）..... 194, 240

新町紡績所 211

新モスリン（新モス）............ 92

水車紡績 216

水平手織り機 50, 66

水力式綿紡績工場
.... 102, 135, 140, 149

水力紡機 116, 120, 127, 196

梳き作用 130

スチームエンジン（蒸気機関）
.... 99, 116, 158, 199

ステープル 256

ステープルファイバー 222

ストッキングフレーム 84

ストラ 41

SPA 270

スピンスター 46

スピンドル 46, 63, 117

スピンドル法 196

スフ（SF、ステープルファイバー）
.... 207, 222, 238

スフ紡績 207

スペースエイジ 232

スペンサージャケット 115

スポーツウエア 183

スライバー（篠）............ 129, 131

スライバー・ツー・ヤーン 196

スラッシュ 78, 80

スラブヤーン 245

スレイターミル 149
スロッスル精紡機 127, 208
スワデーシ（国産品愛用）.......... 178
聖衣服 60
精紡機 127
Ｚ撚り 50, 217
繊維束収束装置 245
全自動紡績（FAS）....... 240, 242
千住製絨所 206, 210
染色堅ろう性 224
せん断性 21, 23
セントポール・ドーム 109
前紡工程 129, 131, 135
綜絖 66, 159
ソージン 155, 197
粗糸 132
粗紡機 132, 194, 239
梳綿機（カード機）....... 129, 193, 239
梳毛織物（ウーステッド）..... 113, 141
梳毛紡績 212
空引機 160
ソルテール 141

〔た〕

タータン 114, 159, 220
体形式 28
大航海時代 53, 70, 74, 264
大切機 213
第二次エンクロージャー（囲い込み）
.... 101
大プランテーション 202, 254
高機 157
ダッカモスリン 91, 173
タック 181

ダッチルーム 93, 160
経編み機 162, 221, 251
経錘手織り機 50
ダブリット 54, 59, 81
ダブリング 132, 134
ダブルピラミッド 109
ダブルホイール 87
タペット装置 159, 161
ダマスク 161
打綿（機）............... 88, 129
ダルマチカ 41
ダンディファッション 112
単紡機 194
チャーティスト運動
（チャーティズム）............ 100, 168
チャルカ（糸車）....................... 178
中空繊維 258
チューブ法 196
チュニック 30, 38, 59
苧麻（ラミー）紡績 213
チンツ（更紗）........................90
チンツマダム 90
ツイード 113, 115, 188
紡ぐ、紬ぐ 48
吊り下げ法（紡錘車）....................45
ティーゼル（ラシャがき草）... 88, 166
ティーゼル起毛機 167
TPO 266
ディスタッフ 46, 63
テープ織り 95
手織り機 67, 93, 157
テキスタイル・マテリアルセンター
.... 261
デザイナーズファッション 184, 263

デニムファッション 255
手回し糸車（フライヤー式）.........64
デルフォス 185, 237
テンセル（リヨセル）..........223, 256
銅アンモニアレーヨン（キュプラ）
.......................221
『東方見聞録』...................53
『東方旅行記』...................54
トーマスミシン 224
トガ 35, 40, 43, 48, 237
特紡 247
独立戦争（アメリカ）......... 98, 102
ドビー装置 159, 161
飛び杼（フライシャトル）.......84, 93
飛び杼式手織り機 69
ドブクロス織機 159
富岡製糸場 206, 210
豊田式汽力織機 206
豊田式鉄製小幅動力機 219
トラバース機構 87, 89, 149, 212
ドラフト比 120, 122
ドラフト（ローラードラフト）
.... 119, 122, 132, 195, 213
トラベラー 128
ドラム型カード機 130
トランクホーズ 77, 95
トランペットスリーブ 59
トリコット 162, 221
ドリス式コラム 108
奴隷制（奴隷制廃止）....104, 201, 269
奴隷貿易（奴隷貿易廃止）
...................70, 75, 104
ドレーパー会社 218

ドレープ（ドレープ感）
.... 21, 26, 40, 237
ドレスコード 189
ドレス年間賞（DOY）..........234, 236
ドロップボックス 159

〔な〕

内国勧業博覧会 204
ナイフローラージン 197
ナイロン 222, 256
ナショナル・トラスト 141
捺染（プリント）............61, 106, 160
ナノファイバー 258
ナロー運河 145, 170
南北戦争 156, 177, 201
ニードルポイント 221
２千錘紡績工場（十基紡）.....204, 210
二大繊維時代 254
ニュートン色付き独楽 49
ニューラナーク工場村
.... 101, 103, 124, 137
ニュールック 231
二連式カード機 131
ネップヤーン 245
農業革命 75
ノースロップ織機 218

〔は〕

ハイカラ 205
ハイドラフト 195, 240
ハイブリットコットン 35, 255
バイユータペストリー 56
箱型糸車 87

パターン・チェン	159	ひげ針（ベアードニードル）	
パックスブリタニカ	177		95, 163, 221
ハックリング	147	ビザンチン帝国（教会）	27, 53
バッスルスタイル	179	ビザンチンドレス	41, 59
抜染技法	191	ビスコースレーヨン	222
ハッタスレイ織機	159, 220	ピッカー（綿摘み機）	201, 252
バッタン機	206, 219	ヒッピー	232
パニエ	78, 107	ビニロン	222, 257
埴輪	36	ヒマチオン（ヒメーション）	
パピルス	62		26, 35, 38
パフ	80	ピマ綿	153, 238
パラ	41	百年戦争	56
パリアム	38	漂白	48, 66, 166
ハリスツイード	114, 220	表面プリント	165
ハリソン織機	159	ピローレース	79, 164, 187
パルテノン神殿	26, 38, 40	広幅織り	52
バロック	77	ファージンゲール	78, 81
ハロック織機	158	プアールック	234
パンクファッション	233, 267	ファスチアン	
万国博覧会（ロンドン）	100, 176		65, 74, 90, 101, 118, 126
半袖ワイシャツ	238, 268	ファストファッション	235, 270
パンタロン	232	ファンシーヤーン	245
パンチカード（紋紙）	161, 163	フープランド（ウプランド）	
ハンドカード	88, 93, 129		54, 60, 81
ハンドティーゼル	166	フェアトレード	254, 268
半ドン制度	102	フェザーファン	181
反応染料	224, 228	フェルト	21, 25
反毛	247	富豪族ファッション	106, 109, 263
杼（シャトル）	50, 66	不織布	21, 259
ピーコック革命	232	船運河	145, 264
ビオネ	237	舟紡績	216
東インド会社	71, 90, 264	フライシャトル（飛び杼）	84, 93
ビクトリアン・チンツ	106	フライヤー	64, 86, 119, 120

フライヤー式糸車 46, 53, 65, 69, 84, 196
フライヤー精紡機 127
フライヤー粗紡機 134
フライヤー法 196
フラックスホイール 46, 79, 84, 126, 212
フラットカード機 130
プラット（ブラザーズ）会社 144, 197, 208
フラッパー 181
プランタ糸車 147
プランテーション紡機 196
プリーツ 29, 30, 237, 257
ブリオー 59
ブリタニア 28
プリンセスライン 187
プリントコットン 91
ブルーストッキング 110
ブルーマ 183
ブルジョアジー 99, 106, 108, 111
フレア 181
プレタポルテ 184, 232
ブロケード 111, 161
ブロックプリント 165
プロビデンス型 150
分散染料 224
ペイズリー柄 161
ペチコート 78
ヘッドドレス 60
ペニー 213
ペプロス 39
べら針（ラッチニードル）.....163, 221
ベル・エポック 182

ベルテント型 179
ベルパー工場 149
ヘレニズム 26
ベンハムトップ（独楽）............ 49
紡錘車 25, 29, 34, 37, 43, 49, 63, 196, 244
紡績 48
紡毛織物（ウーレン）............ 113, 142
紡毛紡績 212
ホーズ 59
ホームスパン 114, 115
ホールガーメント 251
ボストン型 150
ホットエアーバルーン型 179
ホットパンツ 234
ボビン 64, 86, 120
ボビンネットレース機 163, 187
ボビンレース 164, 221
ホモ・サピエンス 29
ポリエステル 222, 228, 256
ポリ乳酸繊維 259
ポロネーズスタイル 108
本縫いミシン 165, 224

〔ま〕

マーセル化（マーセリゼーション）............ 223
マーチャント・アドベンチャラーズ 58
前開き式 28
マカーシージン 197
巻き衣（式）............ 28, 39, 50
マグナ・カルタ 55
マジェンタ 224

マッキントッシュクロス 115
マドラス 91
マニュファクチャー 72, 93, 101
マニラ麻 260
丸編み機 163, 221, 251
真綿 45, 48, 64
マンチュア 79
マントル 54, 60
三子糸 249
ミズーリ協定 105
ミニスカート 232, 266
身分ファッション 25, 29, 34, 263
ミュール紡機 111, 116, 123, 196,
　　202, 208, 243
ミラニーズ編み 221
ミルガールズ 150, 203
無人紡績工場 228
無敵艦隊 70, 74
無杼織機（革新織機）............ 250
無縫製編み機 251
明治村機械館 197, 217
メイフラワー号 72
メソポタミア文明 22, 25, 32
メリノ種（羊）....................... 58
メリンス 92
綿花王国 156
綿更紗 73
綿紡績 98, 115, 192, 239
モーブ 176, 223
モールヤーン 245
モガ・モボ 205
モスリン 90, 91, 92, 106, 111, 114
モダーン 183
モッズ 232

モリス作品 190
紋紙（パンチカード）............ 161
モンドリアン 232
モンフォール議会 55

〔や〕

有杼織機 250
ユニバーサルファッション 235
腰衣式 28
洋式紡績 175, 192, 197
羊皮紙 62
葉脈繊維 260
横編み機 163, 221, 251
四大天然繊維 22
四大文明地 22, 25, 44

〔ら〕

ラインとトウ 145, 213
ラシャ 166, 210
ラシャがき草（ティーゼル）.... 88, 166
ラッセル編み 221
ラッダイト運動 99, 168
ラッチニードル（べら針）......... 163
ラップ製造機（ラップマシーン）
　　.......................... 129, 193
ラッフル 109, 181
ラフ（フレーズ）.......... 69, 79, 81
ラメ 261
ラメ糸 84, 261
ランカシャー織機 141, 158, 218
ランターン粗紡機 132
力織機 115, 158
陸上綿 153

295

リサイクル（反毛） 247
リネン室、リネンサプライ 61
リネンプリーツ 237
リネンレース 80
リバーレース機 163, 187, 221
流行の 3 形態 267
リヨセル 223, 255
リング精紡機
　　...... 127, 128, 195, 202, 240, 242
リングヤーン 245
輪作農業 75
リンター 254
『類聚国史』 82
ループヤーン 245
ルネサンス 70
レイバーの法則 234, 266
レーヨン 176, 207, 222
レーヨンスフ 222, 238
レギーファッション 251
レ・ザネ・フォル 183
レディンゴート 107
レピア織機 220, 250
練条機 131, 194, 239
連続自動紡績（CAS） 242
練紡機 134, 195
ロイヤルアスコット 189
ロインクロス 28
ローエルシステム 151
ローター式 OE 精紡機 244
ロードアイランド型 150
ロープメイキング 249
ローラー型カード機 129
ローラージン 197

ローラードラフト 119, 123, 194,
　　212, 213, 243
ローラー捺染機（シリンダー
　　プリント） 107, 165
ローン 111
ロココ 70, 77
ロココスタイル 107
ロコモーティブ 1 号 169
ロックステッチミシン 165, 225
ロバーツ織機 159
ロマネスク 59
ロマンチックスタイル 107

〔わ〕

若者ファッション 228, 263
和紙 38, 83
綿繰り器 89, 153
綿繰り機（コットンジン）
　　.................. 154, 193, 197, 253
綿摘み機（ピッカー） 201, 252
綿の木 54, 76
綿弓（綿打ち弓） 89, 157
ワットと馬力 169

人名・地名

〔ア〕

アークライト（リチャード）
　　...... 116, 119, 131, 135, 172
アジャンタ 35
アッシュレイ（ローラ） 233
アッシリア 25, 33

アトキンソン（ロバート）............205
アメリゴ・ベスプッチ 54
アルカディウス 27
アレクサンドロス3世 25
アン女王 72
アンチル諸島（大、小）..................76
アントウェルペン（アントワープ）
　..58
アントワネット王妃 107, 110
アンナ・ガースウエイト 111
井上省三 210
井上伝 157
ウイリアム1世 55
ウイリアム4世 100
ウイリアム・リー 95
ウィルキンソン（ジョンとオジール）
　..150, 167
ウィルソン（アレン）....................225
ウィルバーフォース（ウイリアム）
　...104
ウィンフィールド 222
ウエストウッド（ヴィヴィアン）....233
ウォルト（チャールス）........185, 223
エドワード1世 55
エドワード7世、8世 187
榎本武揚 212
エリアス・ハウ 165
エリー・ホイットニー 154
エリザベス1世 70, 76, 80
エルカノ（ジュアン）......................69
エンゲルス（フリードリッヒ）........99
エンリケ航海王子 69
オーエン（ロバート）....................137
オーガン・ホームズ 154

オーダハム 144
オクタヴィウス皇帝 26
オグルソープ（ジェームス）........105
オッシー・クラーク 232
オデリコ 53
オルソープ 188, 258

〔カ〕

ガースウエイト（アンナ）...........111
カートライト（エドムンド）
　..116, 157
臥雲辰致 204, 215
鍵谷かな 157
ガマ（バスコ・ダ）........................54
カルダン（ピエール）..................231
カルデア人 32
カロザース（ウォーレス）...........222
川久保玲 234
ガンジー（モハンダス）...............178
ガンダーラ 26, 35
ギップ（ビル）.............................237
ギブス（ジェームス）..................225
ギブソン（チャールズ）...............181
匈奴 28, 36
キルバーン（ウイリアム）...........184
ギルレイ（ジェームス）...............112
グーテンベルク（ヨハネス）..........62
クック（ジェームス、
　キャプテン・クック）...............105
クリスチアナ（ルーシー）...........185
グレイターマンチェスター 102, 144
クレイン（エドムンド）...............162
グレッグ（サムエル）..........140, 143
クロス（チャールズ）..................222

クロマニヨン人 29
クロムウェル（オリバー）........72, 74
クロムトン（サムエル）

　　　 ....116, 123, 126
クワント（マリー）........232, 237, 267
ケイ（ジョン）.................93
ケイ（ロバート）.................159
ゲインズバラ（トーマス）.........112
ケリー（ウイリアム）.............124
ゲルマン民族 26, 28, 36, 42
ケンジントン宮殿 188
コートルド（サムエル）.........223
ゴット（ベンジャミン）.........141
コルテス（ヘルナン）.........69
コロンブス（クリストファー）........54
コンティ 54

〔サ〕

蔡倫 38
桜田一郎 222
サッチャー首相 229
薩摩スチューデント 208
サバナ 105
サビール・ロー（ロンドン）........58
サムエル・グレッグ 140
サムエル・スレイター 149
サンサルバドル島 54
シェイクスピア（ウイリアム）........72
シェーレ（カール）.................166
シェトランド 115
ジェファーソン大統領 98
始皇帝 35
渋沢栄一 208
ジャーミンストリート 112

ジャカール（ジョセフ）.............161
釈迦牟尼 34
シャネル（ココ）.................185, 231
シャルドンネ（イレール）.........221
ジュール・ミシュレ 111
シュタウディンガー（ハーマン）....222
シュメール人 32
小アンチル諸島 76
ジョージ3世 100
ジョージ・バイロン 112
ジョージ4世 100, 112
シンガー（アイザック・シンガー）

　　　 ....165, 224
スティーブンソン（ジョージ）......169
ストラット（ジェデヂア）.....122, 135
スレイター（サムエル）.............149
ソープ（ジョン）.................128
ソルト（タイタス）.............111, 141
ブランメル（ジョージ）.........112

〔タ〕

ダーウェント渓谷工場群 137
ダービー3世 96
ダイアナ妃 188, 258
大アンチル諸島 75
タウンゼント（マシュー）.........163
高田賢三 234, 236
ダビッド（ジャック）.................113
ダ・ビンチ（レオナルド）

　　　 ....47, 77, 89
ダリ（サルバドル）.................191
ダンディジョージ 112
ダンフォース 127
チャールズ2世 72

長州ファイブ 203
ツイッギー（ロウソン）..............232
ディアス（バルトロメウ）............54
ディオール（クリスチャン）........231
デール（ダビッド）.......................137
テオドシウス1世 26
テオドラ皇妃 42
テナント（チャールス）...............166
テルフォード（トーマス）...........170
トインビー（アーノルド）.............99
トーマス・セイント 164
トーマス・モア 73
ドガ（エドガー）..........................191
トスカネリ（パオロ）....................54
豊田佐吉 206, 219
ドレイク（フランシス）................74
トレビシック（リチャード）........169

〔ナ〕

ナポレオン1世 98, 102, 107
西インド諸島 74
ニューコメン（トーマス）.............96
ネルソン（ホラチオ）...................103
ノースロップ（ジェームス）........218
ノーベル（アルフレッド）...........175
ノーリッジ 57

〔ハ〕

パーキン（ウイリアム）...............223
ハーグリーブス（ジェームス）......116
バーバリー（トーマス）...............186
バーミンガム 99

ハーン（ラフカディオ、小泉八雲）
....205
ハイルマン（ジョスエ）...............194
バイロン（ジョージ）...................112
ハウ（エリアス）..........................165
バクストン（トーマス）...............104
ハッタスレイ（リチャード）........159
パトウ（ジーン）..........................186
ハドリアヌス皇帝 28
ハムネット（キャサリン）...........234
ハロック（ウイリアム）...............158
パンクハースト（エミリン）........177
ヒースコート（ジョン）...............163
ビオネ（マドリーン）..........186, 237
ビクトリア女王 100, 111, 186
ピサロ（フランシスコ）................69
ビバン（エドワード）...................222
ピュー（ガレス）..........................237
ビル・ギッブ 237
フィレンツェ 58
ブーツ（カーク）..........................151
フォーセット（ミリセント）........177
フォスター（ノーマン）...............229
フォルチュニー（マリアノ）
....185, 237
ブシェ（フランソワ）...................113
ブラッドフォード 142
プラット（ヘンリー）...................144
フランドル 57, 166
ブランメル（ジョージ）...............112
ブリタニア 28
ブリッジウオーター（フランシス）
....145, 170
ブリンドリー（ジェームス）........170

299

ブルーマ（アメリア） 183

フルトン（ロバート） 169

ブルネル（イザムバード） 170

ペイズリー市 161

ヘイリック女史 104

ヘップバーン（オードリー） 232

ベラスケス（ディアゴ） 77

ベル（トーマス） 106, 165

ベルタン（ローズ） 110

ベンジャミン・ゴット 141

ヘンリー8世 71, 77, 81

ポアレ（ポール） 185

ホイットニー（エリー） 154, 197

ホーキンス（ジョン） 74

ホームズ（オーガン） 154

ポール（ルイス） 119

ホガース（ウイリアム） 76, 112

ホルバイン一家 76

ボロー（ジェームス） 158

〔マ〕

マーサー（ジョン） 223

マゼラン（フェルディナンド） 69

マッカートニー（ステラ） 234

マッキントッシュ（チャールズ） 115

マリー・クワント 237

マルコ・ポーロ 53

マンチェスター

.... 57, 94, 99, 102, 144

マンデビル（ジョン） 54

三宅一生 234, 237, 257

ミレー（ジャン） 46

ムアー（ジーン） 237

モズリー（ヘンリー） 167

モリス（ウイリアム） 183, 190, 233

〔ヤ〕

山辺丈夫 208

山本輝司 234

ユキ（鳥丸軍雪） 232, 234

ユスティニアヌス1世 27

吉田健作 212

〔ラ〕

ラッド（ネド） 168

リー（ウイリアム） 95

リーズ 99, 142

リーリー（ピーター） 76

リバー（ジョン） 163

リバティ 233

リバプール 99

リンカーン（アブラハム） 202

ルイ14世 98

ル・ブラン（ヴィジェ） 113

ル・ブラン（チャールズ） 77

レイノルズ（ジョシュア） 112

レイバー（ジェームス） 266

ローエル（フランシス） 151

ローデス（ザンドラ） 233

ローラン（サン） 231

ロシーア（ミッチェル） 237

ロバーツ（リチャード） 125, 158

〔ワ〕

ワイアット（ジョン） 119

和田英 210

ワット（ジェームス） 116, 169, 172

日下部　信幸（くさかべ　のぶゆき）

1962年岐阜大学工学部繊維工学科卒業。工学博士（東京工業大学）。愛知教育大学名誉教授。名古屋学芸大学特任教授、東京福祉大学教授、名古屋学芸大学客員教授を歴任。

【主な著書】
『子どもと楽しむ・衣生活のもの作りと科学実験』(2005)、『イギリスのテキスタイル・コスチューム博物館のすべて』(2002)、『生活のための衣服簡易実験法』(1996)、『生活のための被服材料学』(1992)、『楽しくできる被服教材・教具の活用研究』(編著、1990)、『小・中学校でできる被服材料実験』(1985)（以上家政教育社）。『新図解家庭科の実験・観察・実習指導集』(編著、2008)、『続図解家庭科の実験・観察・実習指導集』(編著、2000)、『図解家庭科の実験・観察・実習指導集』(編著、1997)、『図説被服の材料』(1986)（以上開隆堂出版）。『そだててあそぼう18・アイの絵本』(共著、1999)（農山漁村文化協会）。『新編被服材料学（改稿版）』(共著、1988)（明文書房）など。

糸とファッション
糸を紡ぎ、布を織る道具・機械の発展とファッションの変遷

2019年6月9日　初版第1刷発行

著　者　日下部信幸
発行者　中田典昭
発行所　東京図書出版
発売元　株式会社 リフレ出版
　　　　〒113-0021　東京都文京区本駒込 3-10-4
　　　　電話 (03)3823-9171　FAX 0120-41-8080
印　刷　株式会社 ブレイン

© Nobuyuki Kusakabe
ISBN978-4-86641-226-9 C3077
Printed in Japan 2019
落丁・乱丁はお取替えいたします。

ご意見、ご感想をお寄せ下さい。

[宛先] 〒113-0021　東京都文京区本駒込 3-10-4
　　　　東京図書出版